发展的政治经济学与新中国70年

任保平　何爱平　师　博／主编

西北大学『双一流』建设项目资助
Sponsored by First-class Universities and Academic Programs of Northwest University
教育部人文社会科学重点研究基地——中国西部经济发展研究中心建设项目
陕西省高层次人才特殊支持计划（2018）
陕西高校人文社会科学青年英才支持计划（2015）

中国特色

生态文明建设的政治经济学

Political Economics of the Ecological Civilization's Construction with Chinese Characteristics

何爱平◎等著

中国经济出版社
CHINA ECONOMIC PUBLISHING HOUSE

北　京

图书在版编目（CIP）数据

中国特色生态文明建设的政治经济学／何爱平等著
. --北京：中国经济出版社，2019.10
ISBN 978 - 7 - 5136 - 5788 - 4

Ⅰ.①中… Ⅱ.①何… Ⅲ.①生态环境建设 - 研究 -
中国 ②中国特色社会主义 - 社会主义政治经济学 - 研究
Ⅳ.①X321.2 ②F120.2

中国版本图书馆 CIP 数据核字（2019）第 161257 号

责任编辑　耿　园　贺　静
责任印制　巢新强
封面设计　华子设计

出版发行　中国经济出版社
印 刷 者　北京力信诚印刷有限公司
经 销 者　各地新华书店
开　　本　710mm×1000mm　1/16
印　　张　21
字　　数　301 千字
版　　次　2019 年 10 月第 1 版
印　　次　2019 年 10 月第 1 次
定　　价　89.00 元
广告经营许可证　京西工商广字第 8179 号

中国经济出版社 网址 www.economyph.com 社址 北京市东城区安定门外大街 58 号 邮编 100011
本版图书如存在印装质量问题，请与本社销售中心联系调换（联系电话：010 - 57512564）

总　序

发展经济学是第二次世界大战以后产生的研究发展中国家经济发展的经济学科，20世纪40年代后期在西方国家逐步形成，主要探讨贫困落后的发展中国家如何实现现代化和工业化、摆脱贫困、走向富裕等问题。但是西方发展经济学以西方经济学的理论与方法为指导，并没有为中国经济发展提供有效的理论指导。进入新时代，中国面临的重大发展问题是现代化发展问题，经济发展的主要任务是现代化强国建设。西方发展经济学不可能指导中国经济的现代化发展，中国经济发展的实践亟须构建具有新时代特征和中国特色的中国发展经济学。新时代中国特色社会主义政治经济学的创新要以马克思主义经济发展理论为指导，以新时代中国经济发展的经验、事实和材料为基础，把发展经济学与政治经济学相结合，构建发展的政治经济学理论体系，探讨新时代中国现代化发展的特殊规律。

一、中国特色发展的政治经济学的理论定位

随着中国特色社会主义进入新时代，中国发展经济学的研究对象不再是如何解决贫穷落后的问题，而是应该研究中国独特的现代化发展道路，探索新时代中国现代化发展的特殊规律。概言之，主要包括两方面的内容：一是我国如何由落后国家变为一个经济大国，研究如何由计划经济转型为社会主义市场经济大国的道路。改革开放40年来中国经济快速发展，实现了由计划经济体制向社会主义市场经济体制

的转型、由封闭经济体系向开放经济的转型，成功进入了中等收入国家行列，这一阶段的发展道路为世界其他发展中国家提供了新的范本，需要在理论上加以系统总结和研究，进而形成系统化的中国特色发展的政治经济学的理论学说。二是进入新时代，我国如何从一个经济大国变为现代化经济强国。就经济总量而言，目前我国已经成为世界第二大经济体，但还不是经济强国，作为发展中大国的国际地位没有变，仍然面临现代化发展问题。传统增长方式亟待转型，"中等收入陷阱"必须尽快跨越，社会矛盾不断加剧，发展的不平衡、不协调、不充分、不可持续问题更加突出，亟须建立新时代中国特色发展的政治经济学，为解决这些问题提供理论指导，从而使中国从经济大国转向现代化的经济强国。新时代中国特色发展的政治经济学以中国现代化强国发展道路为研究对象，回答的是"什么是新时代的现代化发展""在新时代如何实现现代化发展""新阶段的现代化发展为了什么"这三个根本问题。既要解释中国从低收入国家发展成为中等收入国家所走过的发展道路，又要研究进入中等收入国家发展阶段后走向现代化的发展道路。易言之，既要对中国过去的发展道路进行理论总结，又要对中国新时代的现代化强国建设的道路进行研究。

习近平总书记在主持中共中央政治局第二十八次集体学习时强调，要立足我国国情和发展实践，揭示新特点、新规律，提炼和总结我国经济发展实践的规律性成果，把实践经验上升为系统化的经济学说。这不仅是对中国特色社会主义政治经济学的要求，而且是中国特色发展的政治经济学构建要坚持的基本原则。因此，中国特色社会主义政治经济学为中国特色发展的政治经济学提供了基本理论和方法，中国特色发展的政治经济学要坚持以人民为中心的发展思想，把增进人民福祉、促进人的全面发展作为出发点和落脚点，体现中国特色社会主义共同富裕的本质特征。同时也"要按照立足中国、借鉴国外、挖掘历史、把握当代、关怀人类、面向未来的思路，着力构建中国特色哲学社会科学，在指导思想、学科体系、学术体系、话语体系等方面充分体现中国特色、中国风格、中国气派①"。新时代中国特色发展的政治经济学要在中国特色社会主义政治经济学所揭示的内在的本质的经济必然性的基础上，研究新时代中国特色的现代化强国建设的道路，总结我国现代化发展的规律，指导新时代现代化强国建设。

中国特色发展的政治经济学的核心是促进生产力的发展，继续坚持解放、发展和保护生产力。其基本立场在于实现以人民为核心的经济发展，坚持人民主体地位，一切为了人民、一切相信人民、一切依靠人民是新时代中国特色发展的政治经济学始终要坚持的核心立场。

二、中国特色发展的政治经济学的实践定位

新时代中国特色发展的政治经济学的实践定位应该是立足于新时代中国发展的实际、中国经济改革的实践和中国新时代现代化发展的实际，研究中国现代化发展的重大理论问题、重大实践问题，总结概括中国经济以及世界经济现代化发展的重大历史经验教训，提炼升华，探索其中的经济规律，进而上升为系统化的经济学说，这样才能促进中国特色发展的政治经济学的理论创新，才能从学理上阐释中国道路的成功，才能指引新时代中国现代化发展的道路。

从这一实践定位出发，中国特色发展的政治经济学创新的内容应大致包括：一是中国由传统农业国转变为工业国的发展道路。中国的农业工业化与其他国家不一样，改革开放之前通过国家工业化，奠定了工业化的基础。改革开放以后，发挥市场机制的作用，利用民间资本的力量，通过乡镇企业促进了农村工业化，加速了中国工业化的进程。二是中国特色的城乡一体化发展道路。作为发展中国家，中国具有发展中国家二元经济结构的典型特征，因而城乡问题是中国现代化

---

① 习近平. 在哲学社会科学工作座谈会上的讲话［EB/OL］. 新华网，2016－05－18.

发展的核心问题之一。"党的十八大提出的'走中国特色社会主义农业现代化道路，建立以工促农、以城带乡、工农互促的新型工农、城乡关系，形成城乡经济社会发展的新格局'是中国特色社会主义城乡一体化的伟大社会实践。"① 三是中国特色的社会主义市场经济道路。改革开放以来，我国成功地实现了从高度集中的计划经济体制向市场经济体制的转型，建立了社会主义市场经济体制的基本框架，走出了一条中国特色的社会主义市场经济发展道路。中国特色社会主义经济体制把市场经济的一般理论与中国的社会主义制度相结合，既具有市场经济的一般特征，又是与社会主义基本制度相结合的市场经济，是在积极有效的国家宏观调控下，市场对资源配置起基础性作用，能够实现效率与公平均衡发展的经济体制。中国特色社会主义市场经济道路的形成，是采用双轨过渡，从局部到总体，体制内改革与体制外推进相结合，改革、发展与稳定相协调，经济的市场化与政治的多元化相分离等方式建立起来的，因此，中国特色发展的政治经济学必须研究中国特色社会主义市场经济道路，总结其发展规律。四是中国特色的扶贫道路。作为最大的发展中国家，新中国成立以来，特别是改革开放以来，我国消除的贫困人数在世界范围内是最多的，据统计，改革开放以来我国的贫困发生率已由 1978 年的 30.7%下降至 2015 年的5.7%②。中国的反贫困为人类做出了卓越的贡献，中国特色发展的政治经济学的理论创新必须总结这一经验。

三、中国特色发展的政治经济学的理论基础

马克思主义经济发展理论和中国特色社会主义政治经济学是新时代中国特色发展的政治经济学创新的理论基础。新时代中国特色发展

---

① 彭国昌. 分离与融合：中国特色社会主义城乡一体化发展趋势与路径选择 [J]. 湖南社会科学，2014 (1).
② 孙久文，唐泽地. 中国特色的扶贫战略与政策 [J]. 西北师范大学学报，2017 (2).

的政治经济学是在马克思主义经济发展理论和中国特色社会主义政治经济学所揭示的内在的、本质的经济必然性的基础上进行理论创新，研究中国特色社会主义现代化发展的道路。

（1）马克思主义经济发展理论是中国特色发展的政治经济学的理论基础。马克思主义经典作家在研究资本主义经济的过程中，也研究了经济发展的一般规律，形成了系统的马克思主义经济发展理论。这一理论核心包括：①经济发展的终极目标是人的全面发展。马克思主义经济发展理论认为经济发展的目标是人的全面发展，物质资料的生产是人全面发展的基础。马克思人的全面发展理论体现在马克思和恩格斯1845—1846年合作完成的《德意志意识形态》一书中，马克思认为人的全面发展是指人的智力和体力的统一，精神劳动、物质劳动和享受的统一，生存和发展的统一，并使人的潜能和天资、兴趣和才能得到空前未有的充分发展，使人的身心、精神（道德）、才能、个性全面而丰富地发展。人的全面发展是在社会发展中不断得到实现的，马克思把这一点总结为"社会发展的普遍规律"，同时，人的全面发展又推动了社会的全面进步①。②经济发展的动力在于生产力的发展。马克思主义经济发展理论认为生产力是经济发展的动力和最终决定因素。要素生产力和协作生产力是马克思生产理论体系的两个维度。马克思在其生产力理论中，首先论述了要素生产力对经济发展的作用，他在《资本论》第一卷中论述资本主义劳动过程时，就分析了生产要素对生产过程的影响，指出："在劳动过程中，人的活动借助于劳动资料使劳动对象发生预定的变化。"② 经济发展中的生产要素包括劳动者、生产资料、劳动对象三个部分，其中人是经济发展的主体，也是经济发展的最活跃的要素。生产资料、劳动对象是经济发展的物质要素，是人的劳动借以进行的社会关系的指示器。同时，科学技术

①　戴跃侬. 人的全面发展理论与马克思主义中国化 [J]. 马克思主义与现实，2007（5）.
②　［德］马克思. 资本论：第一卷 [M]. 北京：人民出版社，2004：205.

也是生产力，科学技术决定着生产力要素中劳动者的素质，也决定着生产工具和劳动资料的水平。马克思在《资本论》的分工与协作中，还分析了协作生产力对经济发展的作用，协作生产力实际上通过劳动者与生产资料相结合的社会形式对经济发展产生影响。马克思分别研究了简单协作、工场手工业和机器大工业三种协作形式对经济发展的作用。③经济发展的持续性在于按比例协调发展。马克思主义经济发展理论中强调的按比例协调发展包括两个方面：一是国民经济各部门和各个生产环节按比例发展；二是人与自然协调发展。在再生产理论中他把社会生产划分为两大部类，认为两大部类之间相互影响、互为条件、相互制约，两大部类之间只有按比例协调发展，社会再生产才能顺利进行。同时，资本循环依次要经过三个阶段、变换三种职能形式，它们在时间上前后相继，在空间上同时并存，只有这样，资本循环才能顺利进行，这表明国民经济的各个环节必须保持协调关系。同时，马克思主义经济发展理论还论述了人与自然的协调关系，认为人与自然之间存在物质变换关系，在这个物质变换关系中，人与自然之间必须保持协调关系，在经济发展中既要遵循经济规律，又要遵循自然规律。④经济发展的效果取决于经济发展方式。马克思认为生产方式包括外延的扩大再生产和内涵的扩大再生产，前者是指生产场所的扩大，后者则是指生产资料效率的提高，同时，在地租理论中论述了粗放经营和集约化耕作两种方式。这实际上是分析了经济发展的两种方式：一是要素投入驱动型的发展；二是要素使用效率提高型的发展。如果经济发展主要靠要素投入来推动，就是粗放型经济发展方式；如果经济发展主要依靠要素效率的提高，则是集约型经济发展方式。马克思认为提高劳动生产率的途径是变革劳动过程的技术条件和社会条件，从而改变经济发展方式。

(2) 中国特色社会主义政治经济学是中国特色发展的政治经济学的理论基础。中国特色社会主义政治经济学与中国特色发展的政治经济学之间既有联系，又有区别。中国特色社会主义政治经济学是对中国经济改革发展的实践经验进行系统总结而形成的系统化学说，是研究和揭示中国经济发展和运行规律的科学，是最高层次的经济理论。中国特色社会主义政治经济学在方向性、基础性、战略性层面研究中国生产力、生产关系以及生产方式的发展规律和趋势，为新时代中国特色发展的政治经济学的创新提供理论指导。例如，新时代理论，解放、发展和保护生产力理论，创新驱动理论，共同富裕理论，社会主义市场经济理论，新常态理论，供给侧结构性改革理论，五大发展理念理论等，这些都是新时代中国特色发展的政治经济学创新要坚持的基本原则。而新时代中国特色发展的政治经济学是中国特色政治经济学的重要组成部分，新时代中国特色发展的政治经济学的创新可以深化中国特色社会主义政治经济学中经济发展理论的研究。新时代中国特色发展的政治经济学要依据中国特色社会主义政治经济学，研究"什么是现代化发展""现代化发展为了什么""为谁实现现代化发展"等问题。进入新时代，中国经济发展面临一系列的新问题，需要从理论上加以阐释，包括中国特色的市场经济道路、中国的现代化道路、中国特色的工业化道路、中国特色的市场经济道路、中国特色的城镇化道路、中国特色的"三农"现代化道路等，对这些问题的研究既要以中国特色社会主义政治经济学为指导，其研究成果又可以丰富和发展中国特色社会主义政治经济学。

四、中国特色发展的政治经济学的新境界

习近平总书记在全国哲学社会科学工作座谈会上的讲话中指出，构建中国特色哲学社会科学体系应该从我国改革发展的实践中挖掘新材料、发现新问题、提出新观点、构建新理论。同时，应该从学理上"系统总结改革开放以来中国社会主义现代化建设的丰富实践经验，回应我国进入中等收入发展阶段面临的重大发展问题挑战"①。因此，

---

① 洪银兴. 以创新的经济发展理论阐释中国经济发展 [J]. 中国社会科学，2016 (11).

中国特色发展的政治经济学必须开拓新的境界。

（1）发展观的新境界。五大发展理念是中国特色发展的政治经济学的发展观，开拓了中国特色发展的政治经济学中发展观的新境界，是发展观的一次重大创新。具体表现在：①创新发展体现了发展动力理论的新境界，创新是引领发展的第一动力，发展动力决定了经济发展的速度、效能以及可持续性。②协调发展的理念开拓了发展结构理论的新境界。我国进入中等收入阶段后，经济发展中的不平衡问题更加突出，需要转向协调发展，以增强新时代发展的整体性，使新时代的产业结构、供求结构、区域空间结构以及相应的发展战略趋向均衡。③绿色发展理念开拓了新时代经济发展财富理论的新境界，传统发展经济学的财富仅是指物质财富，绿色发展理念依据人—自然—社会复合生态系统的整体性观点形成新的财富论，进一步强调了自然资源的重要性。④开放发展的理念开拓了经济全球化理论的新境界，开放发展强调从融入全球化到主导全球化的转变，使我国由经济全球化的从属地位转变为主导地位。⑤共享发展的理念开拓了发展目的理论的新境界，体现了人的全面发展思想，要在新时代实现改革和发展成果全民共享。由此可见，五大发展理念开拓了中国特色发展的政治经济学中发展观的新境界，是发展观的一次重大创新。

（2）发展目标的新境界。党的十九大报告中指出，我国经济已经由高速发展阶段向高质量发展阶段转变，新时代中国特色发展的政治经济学要开拓发展目标的新境界，研究高质量发展。高质量发展要求以提高全要素生产率为目标，通过质量变革、效率变革、动力变革打造中国经济发展的升级版。质量变革是高质量发展的前提和基础，是高质量发展的环境保障。质量变革是指实现产品质量、生产质量和生活质量的提升，其关键是提升生产质量，增加有效供给，减少无效供给，提高供给体系的质量。效率变革主要包括生产效率、市场效率和协调效率三个方面。其中，生产效率强调要素配置效率、企业运行效率和生产组织效率；市场效率关注市场准入效率、市场匹配效率和市场交易效率；协同效率是经济与社会、经济与生态之间的协同运行效率。动力变革是指经济发展动力的调整，包括创新发展动力和结构发展动力。创新发展是高质量发展的第一驱动力，是提升生产能力、提高市场效率、增强企业竞争、实现协调发展的第一支撑力。结构发展动力是高质量发展的战略支撑，须通过产业结构、动力结构和要素结构的全面优化实现高质量的经济发展。

（3）经济发展任务的新境界。新中国成立之后，中国经济发展的目标是实现国家的繁荣富强，也就是实现国家富裕。进入新时代以后，国家富裕的任务已经基本完成，无论是经济发展、经济改革，还是现代化都应当考虑"富民"，即能不能给人民带来利益，能否使人民群众分享经济发展的成果，这既是新时代中国特色发展的政治经济学的任务，又是新时代中国特色发展的政治经济学经济发展任务的新境界。中国特色发展的政治经济学以"富民"为目标，不仅涉及加快经济发展问题，还涉及经济发展成果如何分配，才能使人民群众得到最大收益、最大的社会福利问题[①]。即一方面要实现经济又好又快发展，"快"是指速度，"好"是指质量，"好"放在前面，是发展观的新境界，也就是经济发展由数量型、速度型转向高质量发展型；另一方面，让人民富裕，不但要扩大中等收入者的比重，还要在收入普遍提高的基础上缩小收入差距，让居民生活质量普遍得到提高。

（4）经济发展模式的新境界。进入新时代意味着我们必须摒弃过去数量型的经济发展模式，探索质量型的发展路径，以提高经济发展质量为核心，把质量当成基础性和关键性的变量，通过转方式、调结构、创新发展，将中国经济引入高质量发展的轨道。实现从高速增长向高质量发展阶段的转型，必须进行发展模式的创新，开拓经济发展

---

① 洪银兴. 以人为本的发展观及其理论和实践意义 [J]. 经济理论与经济管理, 2007 (5).

模式的新境界。新时代背景下的经济发展与过去发展模式最大的区别就是要建立在质量效益的基础上，强调经济结构在诸多领域的全面升级，同时，经济发展方式逐步由粗放型向集约型转变，提高经济发展质量，实现高质量发展。新时代中国经济发展要从单纯的速度提升变为速度与质量效益的同步提升，不能仅以 GDP 为标准，更重要的是要着力解决发展的不平衡和不充分问题，提高居民生活质量，满足人民对美好生活的需求，让居民共同享受经济增长的成果，减少贫富差距和城乡差距。

（5）经济发展动力的新境界。处于低收入发展阶段时，经济发展的主要任务是摆脱贫困和实现快速经济增长，因此经济发展的目标是以规模扩张和要素驱动为动力追求经济发展的规模和数量。进入中等收入国家行列并成为世界第二大经济体以后，我国经济发展的目标由摆脱贫困转向基本实现现代化，由建设经济大国转向建设经济强国，为此，必须实现经济发展动力的转换，从要素驱动彻底转向创新驱动。因此，新时代中国特色发展的政治经济学需要强调经济发展动力的创新，不断强化创新引领新时代发展的动力作用。科技创新是全面创新的引领，应大力推动科技创新成为产业创新的动力，在提升自身在全球价值链上地位的基础上，实现知识创新与技术创新、科技创新与产业创新、产业创新与产品创新的深层次对接。

（6）经济发展动能的新境界。经济发展不同阶段的动能是不同的，当前中国经济正处于新旧动能转换的关键时期，培育经济发展的新动能是适应和引领中国经济新常态的必然要求。培育和发展经济新动能就是要给经济增长注入新的活力、新的动力、新的能量。新动能不仅是经济发展的新引擎，而且是改造提升传统动能、促进质量效益型经济发展的动力。新动能的形成需要供需双侧协调发力。供给方面，通过创新驱动、结构调整、制度变革等手段培育供给侧新动力；需求方面，通过消费、投资、出口需求协同拉动重振需求侧动力。由于新时代经济矛盾1的主要方面集中在供给侧，应将供给侧动力作为新时代现代化发展新动能的核心。概言之，中国特色发展的政治经济学要适应世界新产业革命的趋势，以科技创新为核心，以产业创新为抓手，以制度创新为保障，坚定走创新型经济发展的道路，以创新为抓手实现新动能的培育。

（7）发展战略的新境界。经过新中国70年，特别是40多年的改革开放，中国经济发展进入了新时代，我们面对的已经不再是单纯的发展问题，而是发展起来以后的现代化问题，相应地，中国特色发展的政治经济学必须进行发展战略的创新，开拓发展战略的新境界。具体而言，在战略思路上，新时代中国特色发展的政治经济学要以促进经济增长转向高质量发展为目标，以知识、技术、信息和人力资本等为先进生产要素，以创新为第一驱动力，构建现代化经济体系，实现以新型工业化为核心的新时代经济现代化，以追求效率、秩序、民主为核心的新时代政治现代化，以城市化和城镇化为特征的新时代社会结构现代化，以人的素质提高和生活方式变革为主体的新时代人的现代化。在战略目标上，新时代中国特色发展的政治经济学要由高速增长目标转向高质量发展目标，要由过去的制度创新转向以建设创新国家和现代化强国为内容的综合创新。战略措施上，新时代中国特色发展的政治经济学要由单一市场化路径转向市场化、工业化、城市化和生态化的协调同步发展，以"强起来"为目标构建新时代对外开放新格局，全面提高对外开放水平。

（8）发展型式的新境界。美国发展经济学家钱纳里提出了"发展型式"的概念，他认为"发展型式"就是经济发展过程中在重要领域的系统变化。中国过去的发展型式围绕解决贫穷落后问题而形成，这种发展型式以速度为目标，以要素投入为动力，以规模扩张为方式实现经济发展。进入新时代，我国社会的主要矛盾已经转化为人民日益增长的美好生活需要和不平衡不充分的发展之间的矛盾，中国经济面临的不再是发展问题，而是发展起来以后的现代化问题，此时就要依据变化了的问题和主要矛盾，开拓发展型式的新境界。要以发展质量为目标，以创新为驱动力，以效率提升为主要方式，以满足人民对美好生活的需要为终极目的，以现代化为主线进行发展型式的变革。

五、中国特色发展的政治经济学的理论体系创新

"中国是世界上最大的发展中国家，现在也是经济发展最快、最成功的国家，面临的发展问题最多、困难最大，实践经验和可供研究的资料最丰富，是最能够出发展经济学理论的地方，也是发展经济学研究条件最好、最有利的地方。"[①] 新中国成立以来特别是改革开放以来我国取得了巨大的发展成绩，有许多成功的经验需要总结，并从学理上上升为系统化的经济学说。因此，新时代中国特色发展的政治经济学创新的任务具有二重性：一是总结研究改革开放以来的新问题、新材料，形成系统化的学说以指导新时代的中国经济发展；二是形成系统化的学说，为世界发展经济学贡献中国方案和中国智慧。依据发展经济学的一般范式，中国特色发展的政治经济学理论体系的创新应该包括以下几个层次。

（1）中国特色发展的政治经济学的"中国特色"。这主要包括两个方面：一是新时代中国经济发展的特殊性。从新时代中国经济发展初始条件和主要矛盾的变化出发，从发展目标、发展模式、发展主题、发展道路等方面研究新时代中国经济发展的特殊性。二是在新时代中国经济发展特殊性分析的基础上，研究新时代中国特色发展的政治经济学的"中国特色"。

（2）中国特色的发展条件。经济发展的条件决定了经济发展的方式和模式，以及经济发展的道路。这一层次主要研究四个方面的问题：

---

① 简新华. 创建中国特色发展经济学 [J]. 生产力研究, 2008（18）.

一是中国发展条件与发达国家的比较；二是中国发展条件与其他发展中国家初始条件的比较；三是在比较的基础上研究中国经济发展的特殊禀赋条件、制度条件、市场条件、技术条件、基础设施条件、经济基础条件、文化条件等方面的中国特色；四是中国经济发展面临的特殊问题，从人口、资源、环境、就业、"三农"、贫穷、地区、城乡、工农差别等方面研究中国新常态经济发展面临的特殊问题。

（3）中国特色的发展道路。在中国特色发展初始条件研究的基础上，研究中国特色的发展道路，包括：中国特色的市场化道路、中国特色的改革发展道路、中国特色的工业化道路、中国特色的城市化（城镇化）道路、中国特色的信息化道路、中国特色的"三农"现代化道路、中国特色的开放发展道路，并进一步研究中国经济发展在上述"六化"中的特殊规律。

（4）中国特色的发展过程。这一层次主要研究如何实现新时代现代化发展的问题，依据五大发展理念和新时代主要矛盾的变化，研究五大发展理念的理论贡献，以及在实践上如何推进五大发展。重点研究如何在新时代中国经济发展中落实创新、协调、绿色、开放和共享发展，从而推动中国经济实现高质量发展。

（5）中国特色的发展模式。这一部分主要研究新中国成立以来以及改革开放以来我国所选择的不同于西方但又适合本国国情的经济发展模式。具体而言，一是中国发展模式的演变，包括计划经济时期的经济发展模式、改革开放以来的发展模式和新常态下的经济发展模式。二是中国发展模式的同质性与异质性，比较研究中国较其他国家发展模式的特殊性。三是中国发展模式的转型，依据世界经济发展的趋势，以及中国进入中等收入国家的现实状况，研究新常态下中国经济发展模式的转型。

（6）中国特色的发展战略。经济发展战略是指在一定时期内，国家关于国民经济发展的带有全局性、长远性、根本性的总体构想，及其为此实施的总体规划和方针政策。这一层次主要研究：一是中国经济发展战略的历史演变。主要包括：计划经济时期的赶超战略、改革开放时期的追赶战略、新时代的质量效益战略。二是发展战略的中国特色。从具体国情和发展阶段性特征出发，研究中国发展战略在选择、实施等方面的中国特色。三是新时代中国经济发展战略的转型，如何从长期的追赶战略转向质量效益战略。

（7）中国经济发展的前景。这一层次主要研究：一是中国经济发展对人类的贡献。总结大国发展的经验，总结中国发展模式、道路、体制等方面对世界的贡献。二是中国特色发展的政治经济学对世界发展经济学的贡献。总结概括中国经济发展的实践经验及可在发展中国家推广的理论。三是中国经济发展前景的估计。在对世界上各种关于中国经济发展前景分析的观点进行评价的基础上，估计新时代中国经济发展的未来前景。

六、"发展的政治经济学与新中国 70 年"丛书简介

"发展的政治经济学与新中国 70 年"丛书是教育部人文社会科学重点研究基地——西北大学中国西部经济发展研究中心和西北大学经济管理学院理论经济学科共同完成的一套系列丛书，也是我们在理论经济学建设方面的新成果。

西北大学理论经济学科过去以政治经济学的教学与研究见长，后来何炼成教授又提出了中国发展经济学的构想，政治经济学与中国发展经济学成为西北大学理论经济学科的主要研究领域。近年来，我们在研究理论经济学，特别是习近平总书记提出的中国特色社会主义发展政治经济学的过程中，逐渐形成了一个新的思想认识，即中国的问题是发展问题，而发展问题需要运用政治经济学的理论与方法来研究。在这种思想认识的基础上，我们把政治经济学与发展经济学相结合，提出了建立"发展的政治经济学"理论体系的思想认识。

在这一认识的指导下，我们首先开始写文章逐步阐释这一思想。2012 年我和我的学生钞小静在 2012 年第 11 期《经济学家》上发表了《从数量型增长向质量型增长转变的政治经济学分析》，逐渐通过经济增长问题来研究发展的政治经济学。在 2013 年第 5 期《经济学家》上，何爱平教授发表了《发展的政治经济学：一个理论分析框架》，阐释了发展的政治经济学的基本框架。2015 年我和我的博士生马强文又写了《经济发展方式转变的政治经济学分析》，在云南召开的第一届公共经济学论坛上我讲了这篇文章，阐释了发展的政治经济学的基本思想。在 2015 年第 3 期《黑龙江社会科学》上，我发表了《学好用好政治经济学 把握时代发展规律》的文章，指出"中国改革开放所面临的很多问题都是政治经济学问题，都需要用现代政治经济学予以回答。学好用好政治经济学对把握中国经济发展和改革的规律意义重大"。

2016 年，《西部论坛》杂志主编黄志亮教授专访孟捷、周文和我三人，专访稿发表在《西部论坛》2016 年第 5 期上，在我的专访稿《中国经济学的形成基础与体系构建》中，我提出中国特色社会主义政治经济学理论体系构建要抓住"发展"这个主题，中国经济学首先应研究中国发展的经济学，甚至可以称之为中国发展的政治经济学。

我在 2016 年第 6 期《中国高校社会科学》上发表了《"中国发展的政治经济学"理论体系构建研究》的文章，系统阐释了发展的政治经济学的思想，文中指出"当代中国马克思主义政治经济学的构建应该以中国特色经济发展道路为研究对象，主线是发展经济学与马克思主义政治经济学结合而形成的'中国发展的政治经济学'。在理论逻辑上，'中国发展的政治经济学'以马克思主义政治经济学为理论基础，既反映人类经济发展的一般规律，又反映中国经济发展的特殊规律，还能有效解释当代中国经济发展现象、指导中国经济发展实践。在实践逻辑上，'中国发展的政治经济学'要有效解释中国特色的发展道路，抓住'经济发展'这个主题，并直面中国经济发展的大问题、大矛盾。在发展经济学和政治经济学的结合中构建的'中国发展的政治经济学'理论体系，应该研究中国经济发展的初始条件、中国宏观经济发展的政治经济学、中国中观经济发展的政治经济学、中国微观经济发展的政治经济学、中国与世界合作发展的政治经济学等五个层次问题"。我在2018年第3期《天津社会科学》上发表了《创新中国特色社会主义发展经济学 阐释新时代中国高质量的发展》的文章，阐释了发展经济学与政治经济学相结合的问题，同时我多次在全国性的学术研讨会上介绍了我的这篇文章的思路。2018年我们给本科生开设了一门课程"中国特色社会主义政治经济学18讲"，把讲授内容组织大家写成文章，在《西北大学学报》连续发表，我的文章和师博教授的文章都体现了发展的政治经济学的思想，文章发表后先后被人大报刊复印资料和中国社会科学文摘转载。

围绕这些文章的思路，我们经过认真研究，提出了组织这套丛书的研究设想，恰好2019年是新中国成立70周年，所以我们把这套丛书的名称定位于"发展的政治经济学与新中国70年"，一方面，这套书是发展经济学与政治经济学相结合的产物；另一方面，这套书是新中国70年的经验总结和概括。

这套丛书包括：《中国特色发展的政治经济学》《发展的政治经济学：理论框架与分析范式》《中国宏观经济发展的政治经济学》《中国中观经济发展的政治经济学》《中国微观经济发展的政治经济学》《中国与世界合作发展的政治经济学》《中国特色发展道路的政治经济学》《中国特色生态文明建设的政治经济学》《中国特色绿色发展的政治经济学》《中国特色的企业发展理论》。

本套丛书得到了西北大学社科处的高度重视，同时，教育部人文社会科学重点研究基地——西北大学中国西部经济发展研究中心和经济管理学院共同完成了这套丛书。在丛书写作的过程中，我从经济管理学院院长转任到了西北大学研究生院院长的位置，但是我仍然担任教育部人文社会科学重点研究基地——西北大学中国西部经济发展研究中心主任，利用中心平台，在西北大学经济管理学院副院长师博教授的协助下，我们继续完成了这套丛书。本丛书的出版感谢西北大学各级校领导的支持，感谢社科处、学科办和研究生院的支持。感谢我的老师南京大学洪银兴教授等师长的支持，我的思路得到了老师们的支持和鼓励。同时，这套丛书的出版也得到了中国经济出版社霍宏涛副总编辑和贺静副编审的大力支持，在书稿修改、封面设计等方面他们也做了大量的工作。

"发展的政治经济学"是我们的一个新的构想，我们期待着学术界同人的关注和批评，我们将在这个领域中不断开拓，争取多出高质量的研究成果。

西北大学研究生院院长

教育部人文社会科学重点研究基地

——西北大学中国西部经济发展研究中心主任

任保平敬序

2019 年 1 月于缥缃居

目　录

第一篇　生态文明建设理论篇

第一章　生态文明建设的政治经济学解读 …………………… 3

　一、生态文明建设的政治经济学分析框架 …………… 3

　二、生态文明建设的制约因素 ……………………… 5

　三、生态文明建设的路径探讨 ……………………… 8

第二章　生态文明建设的研究进展 ……………………… 12

　一、国外研究现状 ………………………………… 12

　二、国内研究现状 ………………………………… 15

　三、对国内外研究现状的评价 …………………… 26

第三章　政治经济学视角下生态文明建设中的利益悖论及其破解

　　……………………………………………………… 29

　一、生态文明建设中利益悖论的新分析框架 …………… 29

　二、生态文明建设中的利益悖论 …………………… 32

　三、破解生态文明建设中利益悖论的路径 …………… 36

第四章　马克思主义政治经济学视角下生态文明建设的理论基础及其

　　路径选择 ……………………………………… 39

　一、生态文明建设的理论基础：马克思的人与自然物质变换的

　　生态思想 ……………………………………… 39

　二、生态文明建设的现实反思：生态马克思主义对马克思生态

　　思想的拓展与延续 …………………………… 41

三、生态文明建设的路径选择：马克思主义政治经济学系列生态
思想的启示 ……………………………………………… 44

第五章　以全面、协调、可持续的发展理念看待生态文明 ……… 47

一、生态文明的本质：人与自然和谐统一、人与社会全面发展
…………………………………………………………… 47

二、生态文明的基础：自然生产力可持续发展 ………… 50

三、生态文明的核心：经济社会与自然协调发展 ……… 53

四、推进生态文明建设的具体举措 ……………………… 55

第六章　新时代中国特色社会主义绿色发展理念的科学内涵与理论
创新 ……………………………………………………… 59

一、新时代中国特色社会主义绿色发展理念形成的现实背景
…………………………………………………………… 59

二、新时代中国特色社会主义绿色发展理念的科学内涵 …… 62

三、新时代中国特色社会主义绿色发展理念的理论创新 …… 70

第二篇　生态文明建设实践篇

第七章　西部生态文明建设：困境、利益冲突及应对机制 ……… 75

一、丝绸之路经济带背景下西部生态文明建设的现实困境 … 75

二、丝绸之路经济带背景下西部生态文明建设的利益冲突 … 77

三、丝绸之路经济带与现行制度背景下西部生态文明建设主体的
行为选择 ………………………………………………… 80

四、丝绸之路经济带背景下西部地区生态文明建设的应对机制
…………………………………………………………… 84

第八章　城市雾霾天气治理的生态文明建设路径 ……………… 87

一、生态文明建设的缺失是雾霾天气频发的根本原因 … 87

二、雾霾天气治理的生态文明建设路径选择 …………… 90

第九章　中国农业污染的政治经济学研究 ……………………… 93

一、问题的提出 …………………………………………… 93

二、政治经济学视角下农业面源污染问题的理论分析 ……… 94

三、数据指标选择与模型设定 …………………………… 98

四、实证分析过程 ………………………………………… 102

五、结论与启示 …………………………………………… 109

第十章 西部大开发对西部地区绿色发展效率的影响 ………… 110

一、问题的提出 …………………………………………… 110

二、西部大开发政策效应的理论分析 …………………… 113

三、西部大开发政策效应的实证分析 …………………… 115

四、实证结果和相关检验 ………………………………… 119

五、结论与政策建议 ……………………………………… 125

第十一章 地方政府竞争、环境规制与绿色发展效率 ………… 127

一、问题的提出 …………………………………………… 127

二、地方政府竞争、环境规制对于绿色发展效率的作用机理

　　分析 …………………………………………………… 130

三、模型设定与数据来源 ………………………………… 132

四、实证结果分析 ………………………………………… 137

五、研究结论与政策启示 ………………………………… 144

第十二章 环境规制、技术偏向与绿色全要素生产率 ………… 146

一、问题的提出 …………………………………………… 146

二、环境规制对企业技术选择偏向影响的理论分析与假设

　　………………………………………………………… 149

三、中国工业行业绿色全要素生产率的测量 …………… 152

四、实证模型设计 ………………………………………… 155

五、实证分析 ……………………………………………… 160

六、结论及政策建议 ……………………………………… 167

第三篇　生态文明建设中的灾害应对专题篇

第十三章　灾害应对的政治经济学分析 …………………… 171

　一、中国自然灾害应对机制的历史演进 ……………… 171

　二、灾害应对中的利益变化与行为选择 ……………… 174

　三、中国灾害应对机制作用路径的经济学分析 ……… 178

第十四章　国外灾害经济影响及其应对机制研究进展 …… 181

　一、灾害对宏观经济运行的影响：实现路径与争论 … 181

　二、自然灾害与个体行为的互动：微观机制识别 …… 188

　三、灾害的应对机制：正式制度与非正式制度 ……… 194

　四、结　论 …………………………………………… 199

第十五章　我国灾害经济研究现状特征与发展趋势的文献计量分析

　……………………………………………………………… 201

　一、研究方法与数据来源 …………………………… 201

　二、统计结果与分析 ………………………………… 203

　三、结论及启示 ……………………………………… 211

第十六章　政府主导的国家灾害救助机制：以汶川地震为例 …… 213

　一、问题的提出 ……………………………………… 213

　二、实证分析 ………………………………………… 218

　三、实证结果及其解释 ……………………………… 224

　四、稳健性检验 ……………………………………… 232

　五、结　论 …………………………………………… 234

第十七章　灾害应对中市场化机制的作用分析：基于农业灾害的视角

　……………………………………………………………… 236

　一、问题的提出 ……………………………………… 236

　二、市场化机制应对灾害冲击的实证研究 ………… 239

　三、结语与启示 ……………………………………… 251

第十八章 地方财政支农支出提升农业生产抗灾能力研究 ········· 253

一、问题的提出 ··· 253

二、模型、变量与数据 ······································ 255

三、实证检验与分析 ·· 256

四、结论与政策建议 ·· 261

第十九章 预防自然灾害的激励机制研究 ······················ 263

一、预防自然灾害的现实约束：利益冲突 ··············· 263

二、预防自然灾害激励机制的着力点：经济补偿机制 ······· 265

三、防治自然灾害激励机制的发展：各主体防治灾害的长效机制

··· 267

参考文献 ··· 271

索 引 ··· 305

后 记 ··· 307

第一篇
生态文明建设理论篇

第一章　生态文明建设的政治经济学解读

我国经济在取得快速发展的同时，资源紧缺、环境污染、生态恶化等问题日益严重，传统工业文明难以为继，必须大力推进生态文明建设。本章基于利益—行为—制度—激励的视角，建立生态文明建设的经济学分析框架，并以利益激励和约束为基础，通过解析生态文明建设的内在机理，为我国生态文明建设的路径选择提供理论基础。

一、生态文明建设的政治经济学分析框架

随着生态文明建设中利益关系的变化，不同经济主体的行为也会随之调整。为保障生态文明建设目标的实现，必须作出适当的制度安排与激励机制设计。因此，可以通过利益—行为—制度—激励的框架来分析生态文明建设的路径选择问题。

（一）利益格局变化与协调是生态文明建设的核心

对利益的追求是经济发展的动力，利益关系问题也是经济学的基本问题。传统工业文明建立在资本高投入、资源高消耗、环境高污染基础上，生态文明则是人与自然和谐相处，经济、社会和生态环境协调统一的新的人类发展文明形态。生态文明建设是一场涉及生产方式、生活方式、价值观念及社会结构的革命。在传统工业文明向生态文明过渡的过程中，个人利益和集体利益、局部利益和整体利益、当前利益和长远利益之间存在矛盾；各种经济主体，包括企业、消费者、政府之间的利益格局会发生变化并存在利益冲突。在地区、企业、个人的生产活动和消费活动中，个人权益的

满足不能以侵占多数人的生态权益为代价，局部利益的获得不能以损害整体的生态权益为代价，当前利益的实现不能以破坏后人的生态权益为代价。利益矛盾的存在是经济发展中产生资源、生态和环境问题的根本原因。因此，研究各种利益关系的变化并协调利益冲突是生态文明建设的核心问题。

（二）经济主体行为调整是生态文明建设的基础

在市场经济中，企业与个人作为微观经济主体，分别以利润最大化和效用最大化为目标，政府作为宏观经济主体，通过发挥调节作用参与经济发展过程。各经济主体为实现自身利益最大化，会采取相应行为并展开博弈。经济发展中的外部性问题可以被解释为微观经济主体之间的合作博弈或非合作博弈。如果是合作博弈，讨价还价的结果是有效率的；如果是非合作博弈，在完全信息条件下其结果是有效率的，在信息不完全的条件下则不可能实现有效率的结果。环境污染基本上都是信息不完全条件下的非合作博弈。公共物品的供给也是如此。生态文明具有较强的公共物品性质，由于其不可分割性和非排他性，存在不付成本而共同享用的"搭便车"问题。上述情况说明，微观经济主体的非合作是无效率的，需要政府通过适当的制度安排，诱导微观经济主体达到合作均衡，消除环境污染。然而，中央政府与地方政府在推进生态文明建设时的目标并不一致。中央政府以长远利益和全局利益为导向，考虑国家经济社会发展战略目标，注重经济社会发展与资源生态环境相协调；地方政府则以地方经济增长为导向，追求地方利益和短期内经济的快速发展。在生态文明建设过程中，中央政府作为委托人将实际执行权和控制权移交到地方政府这一代理人手中，地方政府借助经济实权和信息不对称的信息资源强势，可能会扭曲和偏离中央政府的政策目标，以谋取自身利益最大化。因此，通过有效的制度安排协调各经济主体的行为是生态文明建设的基础。

（三）制度安排是生态文明建设的保障

适当的制度安排对生态文明建设十分重要。党的十八大提出要加强生态文明制度建设。合理的制度安排能够节约交易成本，对经济主体产生激励并引导其采取合理行为。缺乏制度或制度设计不合理则无法实现资源有效配置，使微观经济主体难以实现合作均衡，从而导致公共资源的过度使用和破坏。在生态文明建设中，制度安排能够确立生态文明建设的总体框架、战略目标和具体政策实施机制，使各类经济主体在生态文明建设中拥有制度保障。

（四）激励机制设计是生态文明建设的方向

激励机制能够规范经济秩序，降低交易的不确定性。与制度相配套的、设计合理的激励机制不仅能够保障制度安排的正确方向，还能提高制度安排的效率，从而使生产要素实现合理配置并发挥最大作用。在生态文明建设中，设计与制度安排相配套的激励机制，能有效解决集体利益与个人利益之间的矛盾冲突，形成推动生态文明建设的有效激励，使经济主体的行为方式、结果符合集体利益最大化的目标，实现个人利益与集体利益目标的一致，从而更好地促进生态文明建设。

二、生态文明建设的制约因素

随着经济的发展，传统经济发展方式越来越受到资源不可持续供给以及生态环境负担加重的限制。近年来，各级政府的污染治理和生态建设支出虽然不断增加，但资源、能源消耗快，生态环境恶化，自然灾害频发问题依然突出。这与长期以来片面追求经济增长的激励机制以及相应的制度安排产生的利益矛盾有直接关系。

（一）经济主体利益存在矛盾

生态文明建设是经济、社会、政治、文化的全面变革，必然会在政府、企业和消费者之间引发利益冲突。主要表现在三个方面：一是作为生产主体的企业与其他经济主体之间的利益矛盾。生态文明建设的提出会给企业带来一系列变革，它意味着企业的生产方式、所用资源、产品结构和组织结构都将发生实质性变化。这不仅要求企业关注自身利益、当前利益，还要求企业考虑社会利益、未来利益。此外，在影响企业自身利益的同时，生态文明建设还会涉及企业之间、企业与消费者、企业与政府等多方面的利益关系。二是消费者之间的利益矛盾。随着生活水平的不断提高以及物质消费品的丰富，奢侈型、享乐型的生活方式和铺张浪费的消费行为导致资源过度消耗，生态环境加速恶化。大力推进生态文明建设要求消费者改变生活习惯和消费行为，形成合理消费的社会风尚。这不仅会限制消费者的既得利益，改变消费者的预期消费目标，还会引起消费者之间的利益冲突。三是政府与微观主体之间以及各级政府之间的利益矛盾。一方面，政府作为生态文明建设的推动者和政策的制定者，将会引导与改变微观主体（包括消费者和企业）的利益诉求与利益关系。符合生态文明建设要求的微观主体或受益者出于自身利益考虑，会积极支持政府的有关政策和措施，而利益受损者则会产生消极排斥和抵触情绪。另一方面，中央政府和地方政府在一定程度上存在目标与职责不对应问题，在生态文明建设上存在利益矛盾。同时，不同地区的政府从本地区利益出发，偏向本地区的利益诉求，往往会损害其他地区的利益，如污染企业向落后地区的转移等。

（二）主体行为的制约

生态文明建设会导致不同主体利益关系的改变，政府、企业、个人会相应地采取不同行为。宏观层面，我国政府部门之间缺乏完善的协调机制和沟通机制，各个部门在某一事务上存在相互推诿的现象。微观层面，企业利润最大化目标在很大程度上是依赖资本驱动与资源消耗实现的，导致对自然资源的过度掠夺，造成环境污染和自然灾害。

（三）相关制度不完善

制度不完善或欠缺已严重阻碍和制约了我国生态文明建设的推进。具体表现在：一是资源环境产权归属模糊，资源环境产权制度不合理。产权归属模糊导致所有者和代理者权责不明确。法律上明确规定，资源环境归国家和集体所有，但实际上资源环境归地方政府、部门或当地居民所有。各主体争夺开发权，导致资源的掠夺式开发与浪费，生态环境遭到破坏。二是资源有偿使用制度不健全。市场经济条件下，自然资源的免费、低价使用是资源滥用、环境污染的根本原因。我国现有法律体系中没有系统、全面的有关资源有偿使用的规定，部分关于有偿使用的条款只作原则性或指导性规定，并未规定具体实施方法和有偿使用的途径等。三是生态补偿的制度不健全。我国虽然实行生态补偿比较早，但缺乏具体、可操作的办法，部分补偿方式和方法尚在探索与补充阶段。由于制度不完善，现有的成本分担和利益补偿安排使受益者不承担或少承担成本，而受损者得不到相应的利益补偿。这导致受损者缺乏保护环境的动力，生态恶化的趋势难以从根本上得到遏制。

（四）激励机制单一

改革开放以来，我国确立了以经济增长为目标的发展战略，与此相适应地，确立了偏重经济增长指标的政府绩效考核体系。这种发展战略的实施使我国经济在较短时间内取得了举世瞩目的成绩，但"高资本投入、高资源消耗、高污染排放"的经济增长模式，过度消耗了资源，破坏了生态平衡和生态环境。可见，单纯的经济增长并不能反映国民福利的改善。一方面，在以经济增长为核心的国民经济核算体系中，只计算自然资源的开采成本而忽略资源消耗和环境成本，不反映自然资本存量的变化，实际上低估了经济过程的投入价值，高估了当期经济生产过程的新创造价值。而这些高估的产值实际上是环境价值和自然资产价值转化成的物质资产价值。另一方面，在经济增长过程中，政府治理污染的费用、治理水土流失的投入，甚至居民因环境破坏致使健康受损而增加的医疗费用都被计入国民收入。所以，单纯追求经济增长在一定程度上会鼓励决策者通过掠夺自然资源与破坏环境来实现所谓的经济高速增长，客观上导致地方政府片面追求经济增长速度，忽略经济增长带来的资源环境成本，忽视经济发展的质量和效益，阻碍生态文明建设。

三、生态文明建设的路径探讨

生态文明建设是一场全面、深刻的变革，会触动某些阶层或群体的既得利益，从而导致不同经济行为主体之间的利益冲突和矛盾。生态文明建设只有依靠经济主体利益和行为的调整、制度和激励机制的协调，才能实现预期目标。

（一）制定有利于生态文明建设的激励机制

首先，构建科学合理的政府绩效评价机制。环境质量是一种公共产品，是政府必须提供的基本公共服务。作为公共产品的良好的生态环境，包括清新空气、清洁水源，是人类生产生活的必需品、消费品，政府理应成为第一生产者和提供者。要改变以经济总量和增长速度为中心的考核办法，建立体现生态文明要求的目标体系、考核办法、奖惩机制。将环境损害、资源消耗和生态效益纳入经济社会发展的评价体系中，增加反映生态文明建设的各项指标在政府绩效考核中的权重，提高考核的质量和科学性。通过对生态文明建设活动的全过程跟踪，客观反映区域生态文明程度。

其次，构建有利于推进生态文明建设的创新驱动机制。建立以市场为导向、企业为主体、产学研相结合的技术创新体系。政府应继续加大技术创新投入，对采取节能技术、清洁生产或循环经济技术改造和技术创新的企业给予一定资金扶持，降低企业通过自主创新推动生态文明建设的成本。另外，设立节能减排和资源高效利用等方面的专利技术认证、保护和管理机制，鼓励企业对生产工艺等进行创新，同时提高企业创新激励和回报。

最后，优化资源配置机制。一是从资源产权明晰化和所有权与经营权分离入手，形成有利于资源节约和环境保护的资源配置机制。二是深化资源性产品的价格改革，构建反映资源稀缺程度及市场供需关系的价格形成机制，包括可再生资源与不可再生资源的价格和环境价格形成机制，使价格能够真正反映资源的价值和稀缺性，通过价格杠杆限制对不可再生资源的使用，引导对可再生资源的利用。三是调整产业结构，大力发展节约资源、废弃物排放少又具有市场潜力的生态产业，促进建立控制污染和无害环保的机制，实现经济、资源和环境的良性循环，形成与生态文明建设相适应的产业结构。

（二）促进生态文明建设的制度转型

制度建设是生态文明建设的重要内容。当前，我国的制度体系总体上还是有利于传统经济发展模式、传统技术和传统消费方式发展的制度。资源耗竭和环境问题的根源在于制度缺陷。制度转型是实现生态文明的根本保障。为适应生态文明建设的需要，激励新技术、新产业的产生，应探讨有利于资源环境与经济社会协调发展的有效组织制度和激励机制，积极进行制度创新，促进传统制度体系向有利于生态文明建设的制度体系转型，从而解决传统经济发展模式带来的资源耗竭和生态环境恶化问题。

首先，促进源头治理，实现全过程生态环境保护制度转型和环境税费制度转型。一是建立国土空间开发保护制度。完善水资源管理制度、耕地保护制度、环境保护制度，如建立限制开发国家重点生态功能区和农产品主产区的制度。二是改变以往的末端治理，在源头推行清洁生产制度，对生产全过程实现系统的环境保护管理。三是实施更加严格的环境质量标准，严格环境保护行业准入制度，使经济发展政策和环境政策充分融合。通过政策倾斜或发放污染许可证的方法，保护生态环境。四是完善环境和生态税费制度，科学、系统地设计生态环境税，将生态环境污染内部化。

其次，促进产权明晰的资源环境产权制度与交易制度转型。建立有效的资源环境产权制度，明晰和强化资源所有者和代理者的权利与责任，避免责任主体缺失，确保资源使用权的排他性和交易性。建立和完善资源产权一级市场，开放资源产权二级市场。探索资源使用权在地区间、产业间和企业间的交易制度，优化资源配置，提高资源利用效率，从而更好地发挥其经济刺激作用，实现资源环境的合理开发。构建和完善环境产权制度，包括享受良好环境的权利和排污权交易制度。目前，我国排污权交易只在少数地方实行，排污权交易制度急需完善。

再次，健全资源有偿使用制度和生态补偿制度。一是建立系统的、操作性强的资源有偿使用制度，完善具体操作办法。对资源使用加强管理，保证资源科学、合理、可持续利用，保护环境和生态平衡。根据资源性质，对可再生资源和不可再生资源区别对待。保证可再生资源可再生性，保证资源使用不超过资源再生阈值，必要时制定资源使用限制条款，从而有效限制水资源、土地资源及能源的过度使用或奢侈消费；对不可再生资源，制定严格的使用标准制度，通过制度强制规定，确保有限资源实现高效、节约与合理利用，从而保证不可再生资源的可持续使用。二是完善以财政支付和财政转移为主要手段的生态补偿制度。调整利益相关者在生态建设中的环境利益和经济利益分配关系，体现生态价值和代际补偿，实现生态补偿规范化和制度化。对循环经济、低碳经济、绿色经济等促进生态文明建设的行为给予研发资助、财政补贴。

最后，建立健全环境损害赔偿制度和生态环境保护责任追究制度。加强生态环境监管力度，防止人为因素造成的环境破坏。一是完善生态环境管理信息公开制度和环境立法听证制度。在环境保护法中，对环境管理信息公开范围和内容作出明确规定，扩大环境立法听证范围，通过法律手段赋予公众监督环境管理信息的权利，建立和完善环境保护有奖举报制度。二是制定地方环境保护条例，形成宽领域、多层次的环境保护法规体系。完善环境公益诉讼制度，使公众可以对损害或可能损害环境的行政行为提起诉讼。三是抓好环境执法监管。严厉打击各类环境违法行为，建立严格的生态环境责任追究制度，有效保障人民群众的生态环境权益。

（三）引导生态文明建设的行为调整

推进生态文明建设，要求政府、企业、个人以实现生态文明为导向调整自身行为，使经济主体行为符合人与自然、经济与社会和谐发展的要求。

首先，调整政府行为。作为生态文明建设的推动者和公共政策的制定者，政府应继续推进经济发展方式转变，加快调整生态文明建设的政策导向，加大对生态文明建设的政策倾斜，增加政府环保投入占财政支出的比重，加快构建循环经济模式。政府在推进生态文明建设时，应主要依靠法律手段和经济手段，减少直接参与，从而减少寻租和腐败滋生。应加大对使用清洁能源或可循环利用资源、改进生产工艺以减少污染的企业的财政补贴力度，而对高耗能、高污染生产企业加大征税力度，从而将企业行为与政府目标调整一致。

其次，调整企业行为。企业要把生态文明理念融入日常生产经营活动中，从"先污染后治理"向绿色设计、绿色采购、绿色生产、零排放、循环经济转变，从以经济效益为中心向经济效益、社会效益和生态效益兼顾转变。将清洁生产理念贯穿企业生产决策，产品或服务设计，原材料、零部件及物资采购，生产制造、辅助制造和产品售后服务全过程。采用可降解或循环利用材料，减少从原材料提炼到产品最终处置的全生命周期中对环境的不利影响，将产品制造、使用及废弃再利用各环节对环境的影响控制在产品设计中。

最后，调整个人行为。个人作为生态文明建设最广泛的主体，其行为直接关系到生态文明建设的落实和推进。个人要树立人与自然和谐相处的生态文明观念，形成适度、低碳的消费观，改变不符合生态文明要求的生活行为与习惯，减少使用一次性用品。杜绝过度包装，提倡使用节水节电器具，减少浪费资源、破坏生态、污染环境的消费行为。提倡生态消费，鼓励多元化、低能耗的可持续消费方式，树立积极科学的新消费观念。

第二章　生态文明建设的研究进展

随着党和国家对生态文明建设的重视，生态文明也成为学界的热点问题。但学界目前并未对生态文明的本质及内涵边界形成统一认识。本章对生态文明的基本概念与理论基础、生态文明的指标体系与评价分析、生态文明建设的实现路径三个方面进行较为详尽的梳理与总结，并给出研究评述与展望，以期为推进生态文明建设提供参考。

一、国外研究现状

国外学者从经济学角度研究生态问题，形成了大量生态经济的理论，但是直接以生态文明作为研究对象的论著比较少见。生态经济问题研究是在工业革命以来人类与自然、生态与经济不协调，全球性生态问题日益突出的背景下产生的。20世纪20年代中期，美国科学家麦肯齐首次运用生态学概念对人类群落和社会予以研究，提出了"经济生态学"的名词。二战后，环境污染、生态退化、生物多样性减少、土地荒漠化、水土流失、地下水位下降、温室气体增加、全球气温升高等一系列社会公害不断恶化，越来越多的经济学家意识到传统经济学的局限性。1962年，美国生物学家莱切尔·卡逊所著的《寂静的春天》一书第一次揭示了近代工业带来的环境污染对自然生态系统的巨大破坏，引起了人们的广泛关注，促使人们开始思考近代工业对自然生态的影响。而后，经济学和生态学交叉发展，各种论述生态经济问题的著作相继问世。相关研究可分为以下几个方面：

一是对现代工业文明和发展模式进行批判，指出人类文明已经陷入危机并提出相关理论。如 Boulding（1966）的太空飞船经济理论。其简要含义是，人类赖以生存的最大生态系统就是地球，而地球只不过是茫茫无垠的太空中的一艘小小的宇宙飞船。人口和经济不断增长，最终将使这艘小小的飞船内有限的资源被开发完，那时，整个人类社会就会崩溃。因此，必须建立"循环式经济"以代替传统的"单程式经济"。Daly（1977）提出稳态经济思想，认为经济增长会耗尽自然资源，产生污染，因此要使人口和资本投资保持在一定水平上，只需要满足人类的基本需要即可。亨廷顿（1999）提出以自然生产力为基础的循环经济理论，通过控制人口、提倡适度消费、发展环保技术来消除对自然资源和生态环境的无节制的掠夺和破坏。Mol 和 Sonnenfeld（2000）提出生态现代化。莱斯特·R. 布朗（2006）提出可持续发展 B 模式。Preston（2012）指出，生态文明旨在实现经济发展与资源消耗的脱钩，将开放的生产系统转变为重复利用资源与节能的生产系统。Magdoff（2012）认为，生态文明是人与自然、人与人之间和谐相处的文明，是生态和社会可持续发展的文明。

二是进行生态经济综合评价并探讨生态与经济协调发展的实现。1972年联合国召开世界环境大会提出可持续发展思想至今，国外政府机构、综合性组织、科研院校以及相关领域的学者针对可持续发展的指标体系作了大量的研究。Christain 和 Leipert（1991）用 GNP 减去所有部门的"外部成本"构建调节的国民生产总值（ANP）来衡量可持续发展的成果。Pearce（1991）将自然资本的消耗和退化考虑进国民生产净值中，对其加以修正，用绿色核算（GNNP）来代表持续收入。Costanza（2000）指出，生态文明评价体系是以生态文明的根本概念为基础的，因此首先需要搞清楚生态文明的基本内涵，才能对生态文明进行评价。Ferng（2002）将生态足迹应用于环境经济政策分析的一般均衡模型。Joost（2002）建立了生态成本 P 价值比率模型。国际上的一些机构和组织制定了大量可持续发展的评价指标，如经济合作与发展组织制定的驱动力—压力—状态—影响—响应（DPSIR）评价框架，联合国可持续发展委员会建立的由社会、经济、环境和制度四大系统组成的可持续发展指标体系框架，联合国环境规划署和美国非政府组织提出的著名的社会、经济和环境三系统模型，欧盟委员会建立的环境压力指数，国际可持续发展工商理事会建立的生态效率指数，世界自然保护联盟和国际发展研究中心构建的可持续性晴雨表，世界银行提出的新国家财富指标。联合国开发计划署（UNDP）于 1990 年提出人类发展指数（HDI）。HDI 由平均预期寿命、成人识字率和按购买力平价（PPP）计算的人均国内生产总值等三个指标取对数再算术平均而得到。21世纪初期，可持续发展评价指标体系研究趋于成熟，这一时期建立的指数更多的是注重环境、发展、经济和社会的某一个领域，研究的对象也更为具体。如 2000 年联合国提出的千年发展目标，2001 年国际可持续发展研究院提出的可持续评价仪表板，2002 年世界经济论坛建立的环境可持续发展指数和环境表现指数，2005 年南太平洋地球科学委员会建立的环境脆弱指数等。Waekemagel（2009）在扩大生态足迹范围、运用投入产出模型分析以及增强生态足迹分析效用和强度三个方面，对传统的生态足迹法进行了重要改进。Costanza 等（2016）主张建立评价人类福利和生态系统健康状况的总指标，该指标应体现人类共同繁荣、发展成果共享以及生态可持续发展。Fritz 和 Koch（2016）通过对 138 个国家的生态可持续性、社会包容性和生活质量关系的实证研究，表明经济发展在促进社会繁荣和提高人们生活质量的同时导致了生态的不可持续性。Costanza 等（2016）提出建立能够动态、综合衡量人与自然互动关系的系统模型，构建能够反映生态系统活力与人们福利水平的评价指标体系，促进可持续发展。Drastichová（2017）利用反映区域和国家对可用资源影响的指标，通过生态足迹和总生物承载力及其构成要素来评估欧盟和世界其他国家的可持续性，并检测各国的生态足迹与人民生活水平和人类发展水平之间的关系。

三是其他视角的研究，如生态工业园、生态城市、国家生态安全、环境政策等领域的研究。Chertow 和 Ashton（2005）探讨了工业共生性。Norton（2005）强调了生态环境政策的适应性。Cobb（2007）提出了实现生态文明的三个实践步骤：形成一整套新的思考和行动方式、改善现有的土地使用状况以及寻找保护环境和经济增长二者之间的平衡点。著名生态经济学家、美国克莱蒙特研究生大学终身教授 John B. Cobb（2007）指出，人类文明的发展模式一直以来（尤其是近代工业革命以来）是同自然相疏离的，为消除危机，不仅应当发展环保技术，更应当改变或改善我们看待世界的方式和视角，从而回归到合乎生态的世界观与实践方式上来。Dryzek 和 Stevenson（2011）提出构建民众参与生态环境治理的生态民主协商制度。该制度包含公共空间和授权空间，公民社会和经济活动参与者在公共空间交流，通过国家多边共治、网络共治和市场共治的方式在授权空间进行决策，推动生态环境保护。Russell–Smith（2015）认为应该加强环境政策制定过程的民主化，提升政策实施效果，通过开展情景规划和具有针对性的民意调查，掌握公众的环境诉求，使环境政策的目标与公众愿景相一致，提升环境政策的实施绩效。Testa 等（2016）提出绿色公共采购可以增加人们对绿色环保产品和服务的需求，提高公共资源的管理效率，促进生产方式的生态化转型。Sang 等（2016）提出为推动生态文明建设实际工作的落实，政府要在生态文明建设中发挥主导作用，明确生态治理的职责和任务，寻求生态治理的新路径。

二、国内研究现状

国内对于生态经济问题的研究始于 20 世纪 80 年代。随着党的十七大把建设生态文明写入党的报告，并作为全面建设小康社会的新要求之一，学术界对生态文明建设展开了广泛的讨论。国内研究大体包括以下方面：

（一）生态文明的内涵与特征认识

生态文明的概念，最早是由叶谦吉先生于 1987 年提出的。他从人与自然之间的关系视角出发，认为生态文明就是人类既获利于自然，又还利于自然，在改造自然的同时又保护自然，人与自然之间保持着和谐统一的关系。此后，有学者沿着人与自然的物质关系视角进行了探讨，屈家树（2001）、李良美（2005）、尹成勇（2006）认为，生态文明是人们在改造客观物质世界时积极改善人与自然的关系，依赖人类自身智力，实现经济社会和生态环境的协调发展，从而建设有序的生态运行机制和良好的生态环境所取得的物质、精神、制度方面成果的总和。因而，生态文明具有人与自然关系上的文明发展的和谐性以及人与人关系上的文明发展的公平性两个特征。谷树忠、胡咏君、周洪（2013）从人与自然的关系、生态文明与现代文明的关系、生态文明与时代发展的关系三个方面系统阐释了生态文明建设的科学内涵。黄勤、曾元（2015）认为，生态文明不仅是人类社会的文明，也是自然生态的文明，是二者的有机统一，具有整体性、综合性和协调性，是比工业文明更高级、更先进、更伟大的文明。张惠远、张强等（2017）认为，生态文明建设是把人与自然看作一个生命共同体，把人与自然和谐共生作为根本原则和目标指向，把"绿水青山"就是"金山银山"和全社会共建共享作为基本路径，全方位、全地域、全过程推进生态文明全面融入经济、政治、社会、文化建设。于景祥、于洋（2017）认为，生态文明建设思想内涵丰富，包括"生态兴则文明兴，生态衰则文明衰"的生态文明观、良好生态环境是最普惠民生福祉的生态民生观、保护生态环境就是保护生产力的生态经济观、以"生态红线"为生命线的生态安全观。任恒（2018）认为，生态文明建设思想内涵体系主要涉及三个维度：一是以人与自然和谐共处、公平与民生福祉为价值依归；二是以建设美丽中国，实现人类社会永续发展为目标愿景；三是以顶层设计和制度建设同步推进为践履路径。

一些学者从人类文明发展历史角度来分析。俞可平（2005）、王治河（2007）、欧阳志远（2008）、徐春（2010）认为，生态文明是原始文明、农业文明、工业文明之后的一种后工业文明，与农业文明和工业文明构成一个逻辑序列，生态文明是物质文化的进步状态，更是对现代工业文明的反拨和超越。牛文元（2013）指出，生态文明是人类文明史的最新阶段。生态文明继承文明史上各个阶段的有益贡献，既是人类社会在现阶段的理性选择，又是发展现状的迫切要求，其一般标志是"理性、绿色、平衡、和谐"的集合名词。张瑶、杨丽坤（2016）认为，工业文明虽然带给了人类前所未有的生产力，但却严重破坏了生态环境，带来了一系列恶果，人类逐步进入生态文明的新时代。方亚丽、周强（2016）认为，生态文明是对农业文明、工业文明的深刻变革和积极扬弃，是人类文明史上的一种全新文明形态。生态文明不仅是遵循自然规律、经济规律和社会发展规律的文明，还是遵循大科学时代特殊规律的文明。夏爱君（2017）指出，生态文明是工业文明的进一步发展。工业革命引发人与自然之间的对撞和冲突，导致生态破坏、资源短缺、能源匮乏、环境污染等问题。生态文明旨在强调破解资源环境约束，实现人类社会永续发展。陈斯婷、陈凤桂（2017）认为，生态文明是人类反思工业化过程中出现的资源环境问题和自身生存发展问题后作出的理性选择，是生态时代发展的必然抉择，是人类可持续发展的迫切需要。任恒（2018）认为，古代农业文明总结出的"天人合一"思想，重在强调人的生产、生活要顺应万物生长规律，为生态文明思想中正确认识和处理人与自然的关系提供了丰富的文化渊源。生态文明是强调人与自然和谐共处的价值依归。解科珍（2018）认为，生态文明是在对传统工业文明和经济主义的批判中，以生态经济建设为中心，将经济发展建立在生态环境承载能力范围内，以最小的环境代价换取最高经济效益，最终实现经济增长和生态保护双赢。

还有学者从其他视角进行分析。夏光（2009）认为，生态文明作为发展中国特色社会主义和落实科学发展观的具体途径，应作为一种治国理念和手段来看待。高珊、黄贤金（2009）认为，生态文明是生态伦理理念在人类行动中的具体体现，即人类社会开展各种决策或行动的生态伦理规则。赵建军（2007）、张维庆（2009）、王玉庆（2010）认为，从广义上来讲，生态文明是文明的一个发展阶段，是在遵循人与自然和谐发展的客观规律基础上，实现人口、经济、社会与自然协调发展的高级文明阶段，生态文明包括政治、文化、精神等各个方面，是人类取得的物质、精神与制度成果的总和；而从狭义上讲，生态文明只是人类文明的一个方面，与政治文明、物质文明、精神文明并列，生态文明的中心思想是人类社会与自然界和谐共处、良性互动所达到的文明程度。郇庆治（2014）指出，生态文明及其建设在当今中国已经发展成为一个至少包含四重意蕴的概念，包括哲学理论层面上、政治意识形态层面上、社会主义文明整体和社会主义现代化的绿色向度。其中，前两者基础上的综合应该是一种更为完整的"生态文明观念"的概括，后两者在相当程度上只是不同学术视角和语境下的理论概括或表述。王越芬、张世昌（2016）认为，生态文明是着眼于构建人类命运共同体、缓解人与自然矛盾、实现生态认识由感性向理性转换、进入以经济建设为出发点的生态文化阶段和以人类长远发展为根本的生态文明阶段。王磊（2017）认为，生态文明建设思想是以实现发展和生态环境保护协同推进为现实目标，反映了推进人与自然和谐共生的社会主题，最终以改善人民生存环境和生活水平为价值归旨。陈碧容（2018）认为，生态文明是指具有保持和改善生态系统服务，并能够为公众提供可持续福利的文明形态。陈艳（2019）认为，生态文明思想是中华优秀传统文化中生态智慧的超越升华，是历代中国共产党人生态文明思想的承接开拓，是中国特色社会主义生态治理经验的深刻总结。

（二）生态文明的理论基础

生态文明的理论基础主要是探讨生态文明的依据、可能性等问题。一些学者从哲学的视角，运用历史唯物主义的观点以及辩证的分析方法，从生产力和生产关系原理方面考察人与自然之间的辩证关系以及人类的自然生态观变迁，分析生态问题产生的原因及解决对策，阐释自然异化的原因以及解决该问题的可能性。方世南（2008）、吕尚苗（2008）、陈墀成和洪烨（2009）、郭学军和张红海（2009）、赵成（2009）剖析了资本主义制度中的大工业生产方式和不合理的人类生产劳动对生态环境的破坏，认为其造成了人与自然之间关系的异化，指出生态文明是在理论形态上对西方生态哲学的扬弃与超越，提出了转变资本逻辑下的人与自然相对立的自然观、转变大工业不合理的生产方式，主张只有通过推翻资本主义制度才能从根本上解决生态环境问题。

一些学者从经济学的视角研究马克思学说中生态文明的思想，包括生态学思想、生态经济理论、循环经济思想等。刘思华（2006）强调："生态经济理论是整个马克思学说中最具有现实性和时代感的科学理论，充分显示了它在现时代的科学价值和强大的生命力。"华启和、徐跃进（2008）从技术维、知识维、制度维和文化维四个方面阐释马克思经济理论中的生态思想。钱箭星、肖巍（2009）从马克思的物质变化理论及生产排泄物消费排泄物再利用的分析中探讨马克思的循环经济思想。朱炳元（2009）从人类社会物质资料的生产和再生产中的人与自然的关系以及人与人的关系两类关系阐述了《资本论》中的生态思想。毛新（2012）指出，要用马克思关于人与自然的物质交换以及物质循环再利用的物质变换理论等有关理论观点来实现经济社会与自然生态的可持续发展。杨虎涛（2006）则通过对演化经济学与马克思主义经济学的比较考察，指出演化经济学主要从物质能量的流通平衡来阐释稳态经济，主张在人口系统和物质系统中均维持较低的流通率以实现生态文明。岳利萍、白永秀（2011）比较了马克思经济学与西方经济学的生态经济思想，指出二者分析视角与结论的差异性。钱春萍、代山庆（2017）指出，生态文明思想是马克思主义中国化的重要理论成果，继承和发展了马克思主义生态思想。邓世平、谢雪金（2017）指出，习近平生态文明思想对马克思主义生态观进行了继承和发展。翁洁（2018）认为，马克思、恩格斯在批判西方传统自然观的基础上，形成了人与自然和谐统一的生态价值观、可持续发展的生态生产力观以及稳定平衡的生态整体观等一系列丰富的生态思想，为当代中国生态文明建设和构建人与自然命运共同体提供了重要的理论基础。周宏春、江晓军（2019）认为，生态义明思想传承了中华文明优秀传统文化的思想精髓，是马克思主义生态观的时代发展和本土化，凝聚了反映发展中国家诉求的可持续发展国际共识，是历代中国共产党领导人的实践探索和认识升华。

（三）生态文明的指标体系与评价分析

学术界对于生态文明评价的指标体系构成、指标设置以及评价方法选择等进行了广泛研究，但由于对生态文明内涵认识的不同，指标体系的构建也存在较大的差异。现有文献包括省级、区级、市级等不同层次的研究。

从省级或区级层次对生态文明建设进行评价的研究，一般认为生态文明包含人类发展取得的全部成果，不仅涉及人与自然的关系，还涉及人与人、人与社会、自然与社会的关系，因而评价指标的设计涵盖面比较广，不仅测度自然生态环境，大多还包括经济或物质、社会、政治以及精神方面，有的还涉及与外部区域的关系。蒋小平（2008）以自然生态环境、经济发展、社会进步3个子系统共20个单项评价指标建立评价指标体系，对河南省生态文明进行评价。梁文森（2009）设计了从大气、水环、噪声、辐射、生态、土壤等环境质量方面来衡量生态文明的宏观评价指标体系。高珊、黄贤金（2010）构建了包含增长方式子系统、产业结构子系统、消费模式子系统和生态治理子系统在内的区域生态文明指标体系。杜宇、刘俊昌（2009）从自然、经济、社会、政治、文化5个角度设计出包含34个指标的生态文明建设评价指标框架，来衡量人与自然、人与人、经济与社会之间的互动关系。严耕等（2012）设计了一套包括生态活力、环境质量、协调程度、社会发展、转移贡献五大核心考察领域在内的省级评价体系框架。王会等（2012）构建了系统层包括生态环境、生态型物质文明、生态型精神文明、生态型政治文明与区域外部关系5个单元，下设目标层与准则层共计35项具体指标的评价指标体系。冯银、成金华、张欢（2014）构建了湖北省生态文明建设的资源环境供需模型和生态环境供需模型，并对湖北省2003—2012年的数据进行计算分析，在此基础上提出了提高湖北省生态文明建设水平的政策建议。胡彪等（2015）建立了反映生态文明建设目标的经济—资源—环境（ERE）系统评价指标体系，运用主成分分析法、回归分析法、隶属度函数构建ERE系统协调发展评价模型，测算了天津市1998—2012年ERE系统的综合发展水平及协调发展度。陈锦泉、郑金贵（2016）构建了生态经济发展、社会和谐、生态健康、环境友好、生态支撑保障5个体系为一体的评价指标体系。王雪松等（2016）从生态环境、生态经济、生态社会、生态政治和生态文化5个方面建立了我国生态文明建设考核体系。毕国华等（2017）从国土空间优化、环境资源友好、经济社会和谐与制度保障健全 4 个层次构建了中国省域生态文明建设评价指标体系。宓泽锋、曾刚（2016）结合熵权 TOPSIS 法和协调度模型构建耦合协调度模型，并从省域生态文明建设的内涵出发构建评价指标体系。杨红娟、张成浩（2019）根据云南生态文明建设现状，构建了包含社会、经济、资源和环境 4 个子系统的生态文明建设指标体系，通过分析 4 个子系统之间的相互作用和相互影响，运用系统动力学原理和方法，构建生态文明建设系统模型，并对模型设置的合理性和科学性进行检验。

市级层次的评价，评级对象范围相对较小，评价体系的设计针对城市的特点，从生态学的视域，从生态经济、生态环境、生态文化以及生态保护或治理几个方面来构建，很少涉及精神层面以及与外部联系方面。如朱玉林等（2010）基于灰色关联度的构建了包含生态经济、民生改善、生态环境、生态治理、生态文化 5 类一级指标的城市生态文明程度综合评价指标体系。何天祥等（2011）从城市生态文明状态、压力、整治和支撑 4 个方面构建系统的评价指标体系，并运用熵值法进行评价。陈晓丹等（2012）基于 AHP 法，构建了包括生态经济、生态环境、生态文化、生态制度 4 个准则层，涵盖 18 项控制型、5 项预期型和 14 项引导型，总计 37 项单项指标的评价指标体系。蓝庆新等（2013）构建了包括生态环境、生态经济、生态制度和生态文化在内的包含 30 项具体指标的评价指标体系。当然，不同于以上指标构建的模式，也有学者以独到的见解对生态城市的生态文明建设评价进行了探讨。马道明（2009）就以城市人类行为活动的链条构建了包含城市人居生态化、城市交通生态化、城市社会生态化、城市环境生态化和城市产业生态化的"五位一体"指标体系，并对常州市生态文明度进行了案例研究。在评价方法上，已有研究多采用灰色关联度法、遗传算法、熵值法和 AHP 法等指标赋权方法。关海玲、江红芳（2014）从生态文明的内涵及特征入手，构建了城市生态文明评价指标体系，运用熵值法对 2007—2011 年山西省市域生态文明发展水平进行了综合评价。高媛、马丁丑（2015）采用层次分析法，构建了兰州市生态文明建设评价指标体系，对其生态文明建设水平进行了综合评价。薛丹（2018）

从经济体系、环境质量、生态系统、体制机制、绿色生活5个领域选取核心指标，构建了深圳各区生态文明建设评价指标体系。费诚（2018）对株洲市2012—2017年生态文明建设情况开展了实证研究。刘姝芳、毛豪林（2019）以西安市为研究对象构建了水生态文明评价指标体系，计算试点建设之前（2011年）以及试点期末（2016年）的水生态文明综合指数，通过对比评价试点建设成效。

（四）生态文明建设的实现途径

国内学者从制度、政策、道德、发展方式转变、行为观念转变等多视角提出了生态文明建设的路径及对策。

一是强调构建有利于生态文明的正式制度安排。该视角的分析指出，生态文明建设的推进，最重要的是改变传统价值观念下的制度体系，构建以人为本、人与自然和谐相处的制度安排。余谋昌（2007）提出，要从制度层次的以人为本、精神层次的价值观以及物质层次的生产方式三个层次来建设生态文明。陈学明（2008）指出，生态文明最根本的意义在于建立一种人的新的存在方式，强调形成人的生态意识这一最大的生态共识，把生态文明建设的过程变成价值观念变革的过程，提出通过改革社会制度以及人与人之间关系的一切不完善之处来解决生态问题。王玉庆（2010）指出，要正确认识资源与环境的价值，通过从国家层面建立资源环境要素的市场经济，以及严格的环境保护制度来推进生态文明建设和环境保护工作。刘延春（2004）、刘爱军（2004）、郭强（2008）、孙佑海（2013）强调，由于法治具有规范性、稳定性和权威性的特点，其在推进生态文明建设中具有突出作用，指出我国虽然针对生态环境问题构建了一系列的法规和条例，但仍缺乏全面性与系统性，不能满足经济社会发展过程中保护自然资源与生态环境、推进生态文明建设的需要，因此，有必要对我国现有法律进行修改和完善，要科学立法、严格执法、公正司法、全民守法，进一步提高法治意识、用法思维和法治能力，以推进生态文明建设。王金霞（2014）指出，建立系统完整的生态文明制度体系，既是全面深化改革的重要内容，又是加强生态文明建设的核心任务。侯佳儒、曹荣湘（2014）指出，要将生态文明建设与法治建设联系起来，强调生态文明建设必须纳入法制化的轨道，"生态文明"必须是"法治文明"。朱坦、高帅（2015）从资源环境承载力和循环发展两个重点领域的制度建设角度进行了探讨，提出从实现国家治理体系和治理能力现代化的战略高度来认识生态文明制度体系建设。黄蓉生（2015）提出，要建立系统完整的生态文明制度体系，包括建立生态文明源头保护制度、建立生态文明损害赔偿制度、建立生态文明责任追究制度、建立生态文明环境治理与生态修复制度等。李仙娥、郝奇华（2016）认为，应当从生态文明制度的顶层设计、市场机制以及制度体系创新三个方面实现路径突破，促进生态文明建设。荣开明（2017）认为，要通过建立和完善最严格的源头保护制度、监管制度、损害赔偿制度、生态环境保护法治制度、责任追究制度等一系列制度推动生态文明建设。杨晶、陈永森（2018）提出，应构建起由自然资源资产产权制度、资源有偿使用和生态补偿制度、环境治理体系、环境治理和生态保护市场体系、生态文明绩效评价考核和责任追究制度构成的产权清晰、多元参与、激励约束并重、系统完整的生态文明制度体系，推进生态文明建设。

二是强调加强公众教育，树立正确的消费观念。有学者认为，消费的生态化转型是推进生态文明建设的重要突破口与切入点。高德明（2003）认为，生态文明是可持续发展的重要标志，是生态建设追求的目标，可持续发展要用生态文明来调节人与自然之间的道德关系，调节人的行为规范和准则。方世南（2005）认为，生态文明需要一种以人类的全面发展和对环境资源的永续利用为价值尺度的、与自然界充分和谐的、有利于生态环境优化和人的全面发展的绿色生活方式。包庆德（2011）认为，实现生态文明更需要的是要改变实践构序中人类生存、生活方式，特别要实现生产方式的生态化转换。牛文浩（2012）指出，生态文明以人类的全面发展和对环境资源的永续利用为价值尺度，需要政府和有关部门对人们进行长期的引导、教育，并制定必要的道德标准来加以约束，只有树立正确的消费观念、克制消费欲望、调整消费行为，从而建立生态消费模式，才能符合社会主义生态文明的要求，实现人与自然的协调发展。陶良虎（2014）认为，要建立同生态环境相适应、节能环保的生产生活方式，在全社会大力提倡绿色、低碳、健康、适度的消费模式，着力从消费源头上为建设生态文明扫清障碍。姚石、杨红娟（2018）倡导公众选择清洁能源等绿色生活消费品，从消费终端减少一个单位的产品消耗，可降低整个生态系统的污染物排放，以绿色的社会氛围为生态文明建设奠定基础。何爱平、李雪娇（2018）认为，要鼓励消费者自发自觉地用资源消耗低的消费品代替资源消耗高的消费品，用适度消费代替过度消费，通过对生态价值观的引导提高消费者对生态消费的效用评价，让绿色消费、低碳出行成为家庭消费选择的潮流和时尚。刘晓红（2018）强调培育城乡居民文化消费意识，培养人们树立和谐的、可持续发展的科学生态文明意识。郭佳（2019）认为，要大力弘扬绿色消费理念，积极营造绿色消费氛围，为解决当前绿色消费中存在的问题、培育绿色消费观、推进生态文明建设，创造有利条件。王有腔（2019）认为，要树立生态消费理念，把生产、消费融为一体，在生产消费全过程中坚持生态理念和生态行为，这种从生产端入手引导末端的消费模式，能够实现供给适应消费、消费催生供给的良性循环。

三是强调政府的职能在生态文明建设中重要作用，转变传统经济发展方式，实现低碳、生态、循环发展。常丽霞和叶进（2008）、王宏斌（2010）指出，生态文明建设与经济建设、政治建设、文化建设、社会建设并列构成中国特色社会主义"五位一体"的总体布局，是国家政治层面的战略部署，因而我国生态文明建设要以政府为主导，其推进的关键是找到政府在自然资源与生态环境管理中的职能定位，处理好资源生态环境保护与市场机制的关系，从观念范式、政策范式和实践范式上进行政府职能创新，从而推进生态文明建设。赵成（2007）提出，要消除工业化生产方式产生的消极环境成果，必须对工业化生产方式进行变革，形成生态化生产方式。孟福来（2010）认为，要建设生态文明，生产方式必须向"原料和能源低投入、产品高产出、环境低污染"转变，发展循环经济。何福平

（2010）指出，要在建设生态文明中切实推进我国经济发展方式的转变，要实现经济模式由高碳向低碳的转变、由重经济建设轻生态建设向经济建设和生态建设并重转变。周宏春（2013）指出，要从注重增长的速度和数量向增长的效益和质量转变，推动经济发展方式及消费模式转变，进而推动生态文明建设。刘希刚（2014）认为，落实生态文明建设归根到底要用生态循环型经济发展方式取代资源消耗型经济增长方式。李凌汉、娄成武等（2016）认为，应推进地方政府生态文明建设的绩效评估，不断提高评估质量。张惠远、张强等（2017）认为，应对领导干部及企业实行"生态环境损害责任终身追究"制度，决不容忍任何损害生态环境的行为。杜丽群、陈阳（2019）认为，要完善以资源节约、环境保护、优化国土空间为核心的地方政府监管性制度，生态环境建设不能只注重解决局部，还必须在整个社会有统一的规范，使局部行为有一个共同的标准，最终在整体层面有效促进生态环境建设。

四是从全方位的视角提出生态文明建设的实现途径。周生贤（2008）指出，生态文明建设不同于传统意义上的污染控制和生态恢复，是修正工业文明弊端，从思想上、政策上、措施上和行动上探索资源节约型、环境友好型的发展道路。张维庆（2009）提出，要通过观念、战略规划体制机制、绿色产业和政策体系的共同推进来建设生态文明。刘湘溶（2009）认为，生态文明建设要从科技与管理创新、劳动者素质提高、产业结构优化升级及推动新能源开发等方面来实现。张首先（2010）提出，生态文明建设需要全球化视域下多元治理主体之间相互作用，从而产生包含特定功能的运行机制来推进。赵兵（2010）则从生态理念、发展循环经济、培育生态产业和制度安排四个方面提出推进生态文明建设的现实路径选择。余谋昌（2013）提出，生态文明建设的推进要着力发展生态技术和工艺，形成节约资源和保护环境的生产方式、生活方式空间格局与产业结构。邵光学（2014）认为，只有从经济、制度、技术和思想文化四个方面加强生态文明建设，才能不断推进生态文明建设的深入开展。刘晶（2014）指出，生态文明建设是一个人类和自然依存、共生的复杂巨系统，若要维持这一巨系统的稳定运转，就需要将人类实践行动与文明进步同自然系统的保护与治理同步，积极探索一种基于复杂性思维的总体性治理模式。李全喜（2015）认为，推进生态文明建设需要做好顶层设计与部署、加强制度体系建设、培育和弘扬生态文化、密切注重系统合作。王祖强、刘磊（2016）提出，要大力倡导清洁生产和循环经济，推动末端治理向源头控制转变，实现点源治理向集中治理转变；以生态保护的经济激励，积极推行市场化的生态补偿模式。李文庆（2017）指出，生态文明建设的实施路径要从优化国土空间布局、推进城市生态化建设、加强工业领域生态环境建设、大力推进美丽乡村建设和加强环境保护综合整治五个方面出发。周杨（2018）认为，要在生态意识、生态技术、生态法律体系、生态文明体制方面积极探索生态文明建设的新路径，不断开创中国特色社会主义生态文明建设新时代。杨红娟、张成浩（2019）提出，生态文明建设的有效路径包括多方面：社会、经济、资源与环境必须协调发展；提高资源利用效率和加大对可再生能源的应用；充分发挥公众的环境监督作用。马新（2019）分别从经济、政治、文化、社会、生态方面提出了总体布局和战略布局下我国生态文明建设的有效途径。

三、对国内外研究现状的评价

从已有研究成果来看，相关研究的内容丰富、视角多样，但存在以下不足。

首先，对生态文明的内涵认识和理论阐释，不同学者的研究思路各有不同，研究的切入点相对分散。有从社会学、政治学、哲学角度来分析的，也有从马克思经济学与西方经济学的比较视角来进行理论阐释的，其中又以哲学和马克思经济学视角的居多。目前对生态文明的内涵认识和理论阐述还处于探索阶段，已有研究多将焦点放在工业文明遗留的人与自然之间矛盾关系的根源即人类中心主义的自然观批判上，缺乏对生态文明建设的制约因素、生态文明建设的推进规律及推进机制等的深入探析与挖掘，实践指导性并不强，难以为生态文明建设的具体推进实施工作提供有力的依据和指导。生态文明建设涉及方方面面，是一项巨大的变革过程，生态文明建设的核心是利益格局的调整，是一个政治经济学问题，现有研究缺乏以经济学视角从利益格局调整这一核心问题切入进行的深入的理论研究。因此，如何从经济学的视角，运用经济学的分析方法对生态文明建设进行经济学理论阐释，对生态文明建设的理论依据进行更为全面的挖掘和梳理，有待进一步研究。

其次，在生态文明建设的指标体系与评价上，国内外学者多从不同的视角、不同的侧重点发展了可持续发展指标体系，对指标体系的构建模式、具体指标的确定、指标的权重等作了大量、细致、开创性的研究。这些研究都在追求经济、社会发展的同时，关注生态环境的保护和自然资源的可持续利用，为我国生态文明建设指标体系的构建、生态文明建设现状的评价提供了积极的借鉴和有益的启示。但现有研究也存在问题：第一，以往研究多从经济、政治、社会、自然、文化、精神、物质等系统论角度建立生态文明建设的评价体系，难以反映生态文明包含的经济、社会与自然协调发展这一内涵，评价重点不够突出，存在生态文明建设的理论界定阐释与评价体系不一致的问题，指标体系层次设置也不够清晰。第二，已有研究多从生态文明的现状评价出发，对各省份的生态文明指数进行排序，侧重同一时间点上（一般是同一年份）各省份生态文明水平的差异，而生态文明建设是一项巨大的渐进工程，截面数据的现状评价并不能反映生态文明建设推进实施当中的动态变化情况，实践的指导性以及政策的建议性并不强，难以提出推进实施工作的具体政策建议。第三，现有的生态文明评价主要是针对省级和市级的，在指标选取上考虑不够全面，存在数据来源不同、数据统计口径不一致的问题，一些重要的具体指标由于缺乏连续的权威数据支撑，只能停留在评价指标体系的构建层面而未能展开实证评估，从而也无法在生态文明的现实评估的基础上对相似区域进行纵向比较分析，提出具有针对性的建议。第四，虽然生态文明建设的评价方法在不断地探讨与改进，但多数方法存在专家打分的环节，未能克服主观人为因素带来的偏差与影响，评价方法还不够成熟。因此，在生态文明建设内涵界定的基础上，探讨出一套更具规范性、准确性、可操作性的指标权重确定方法，对我国的生态文明建设状态进行评估，从而进行纵向比较研究，也是需要进一步研究的问题。

最后，对于生态文明建设的实现途径，已有研究从法律法规、制度、消费观念、政府职能、经济发展方式等方面作出了或有侧重或综合的积极探讨，但多是就问题谈问题，停留在现状层面，并未透过现象找到可持续发展战略实施近 20 年以及生态文明提出近 10 年来资源趋紧、环境污染、生态破坏等问题依旧不见好转的深层次原因。对于生态文明建设的实现途径，缺乏以经济学分析范式，在统一的逻辑框架体系下进行的整体性思考与剖析，理论阐释相对不足。我们认为，推进生态文明建设，其核心问题是政府、企业和消费者的利益格局变化以及利益冲突问题，因而生态文明建设的实现途径是一个经济学问题。随着生态文明建设中利益格局的变化，不同经济主体的行为也会随之调整。在一定的经济学理论框架下对生态文明建设推进过程中利益关系和障碍成因进行剖析，阐释政府宏观调控及微观主体行为方式，构建有利于生态文明建设的制度体系，设计相应的激励约束机制等一系列重要问题急需深入研究。

第三章 政治经济学视角下生态文明建设中的利益悖论及其破解

利益问题是人类生存和发展的根本问题。马克思指出，"把人和社会连接起来的唯一纽带是天然必然性，是需要和私人利益"，并且"人们奋斗所争取的一切，都同他们的利益有关"。当前的生态环境问题表面上看是人们对环境资源的攫取和掠夺、人与自然的利益矛盾造成的，实质上是人们追求利益过程中的利益冲突所致。本章从政治经济学的视角出发，借鉴西方马克思主义者塞缪尔·鲍尔斯的三维分析框架，从"竞争""统制"与"变革"的维度来研究生态文明建设中的利益悖论及其破解，为我国生态文明建设中利益关系的优化提供理论基础。

一、生态文明建设中利益悖论的新分析框架

塞缪尔·鲍尔斯指出，新古典经济学反映的是 17 世纪牛顿力学时代的世界观，只分析了经济生活的"竞争"这一个维度，从而将资本主义经济简单地看作一个市场体系。他指出，除此之外，还必须要考虑代表经济关系权威性关系的"统制"维度和代表历史演变关系的"变革"维度。生态文明建设中，"理性经济人"不可能都从生态利益公共性的基础上考虑并实现自身的利益，市场经济的机制"失灵"无法通过自我调节实现经济社会发展的生态转型，往往会陷入发展与生态危机并存的"锁定"状态，除非有强势外力的介入。因此，政府的适时介入非常必要。同时，自然资源的稀缺性和有限性意味着，一部分人超平均占有资源就是对其他人平均占有资源权利的一种剥夺。从长期来看，在机会不平等的客观前提下，一

味地考虑当代人的利益就会剥夺后代人发展的机会。因此，在生态文明建设的过程中，涉及生态资源在不同代际人之间的分配问题。因此，对生态文明建设中利益的理解不应只关注市场与"竞争"的维度，而要从"竞争""统制"与"变革"三个维度的视角进行研究。

（一）生态文明建设中利益的"竞争"维度

塞缪尔·鲍尔斯指出："经济中的竞争维度是一个水平维度……涉及的是权力的相对平等，这一平等存在于那些提供选择、从事交换以及与他人竞争的人们之间。"在生态文明建设中，市场经济中的微观行为主体都是"理性"的，都在一定的约束条件下追求自身经济利益的最大化。"求利，而且是追求最大的利益，构成了人类经济行为的'万有引力'，由此发动的市场行为仿佛牛顿力学中的惯性运动，一往无前地趋向利益增长的顶峰，受此动机驱策而驰骋市场的人们也仿佛永不满足的永动机，而市场本身则无异于利益搏杀的战场。"生态利益作为多数或全体社会成员的利益，要求生态文明建设能够保护并优化生态系统，保持生态生产力的可持续运行性，从而满足全人类整体的效益。然而，有限自然资源和生态环境对于市场中的"利润最大化者"来说，属于"公共领域"中的"共同财产"，利润"最大化者"能够独占利用其产生的物质，而破坏生态环境带来的后果却要由全体居民分担。这种"收益—成本"的比较，客观上鼓励了破坏生态环境的行为。并且，即使认识到环境问题的重要性和严重性，人们还是会采取以毁坏资源环境为代价的"贫穷污染"的发展模式。人与自然的关系变成了索取与被索取的关系，生态的恶化成为一种必然，从而陷入既依赖环境又破坏环境的、环境与经济互相促退的恶性循环，导致"生态文明的要求与非生态发展的激励"的两难矛盾。经济主体按照"唯利是图"的原则，通过市场这只"看不见的手""理性"地追逐个人经济利益的行为未必能保证社会集体利益的理性。马克思认为："人类理性最不纯洁，因为它只具有不完备的见解，每走一步都要遇到新的待解决的任务。""只要私人利益和公共利益之间还有分裂……那么人本身的活动对人说来就成为一种异己的，与他对立的力量，这种力量驱使着人，而不是人驾驭着这种力量。"对物质利益的追求"因为建立在掠夺性的开发和竞争法则的基础之上而赋予了力量，必然要在越来越大的规模上进行"，这就会不可避免地与生态环境发生冲突。因此，要真正实现人和自然的统一，研究生态文明建设中"竞争"维度的利益具有十分重要的意义。

（二）生态文明建设中利益的"统制"维度

统制被认为是"纵向因素"。鲍尔斯认为，统制的一种形式是"权力"。"统制不仅是让别人付出代价的能力，一个人或集团也可以通过控制别人的信息，利用他人的恐惧、愿望、不安全感或者其他情感来影响其行动，从而增进拥有权力的人或集团的利益。"因而，"统制"维度指的是经济生活中的纵向维度，是经济运行过程的重要环节。生态文明建设作为一项关系全局的举措，政府在其中主要扮演着主导者（制定宏观规划和法律法规）、引导者（引导企业生态化生产和公众采纳生态生活方式）、监督与维护者（对企业进行监督、审核并处罚违规企业）等角色。理论上来讲，政府作为国家权力的执掌者和公共利益的代表者，必然成为差异化利益的共同诉求对象，"站在社会之上……把冲突保持在'秩序'的范围以内。"按照委托—代理理论，政府以公共利益名义进行的施政行为是受公民委托并得到社会认同的，这种权威性通过法律程序上升为对社会公共利益的诉求，使政府对经济的干预活动具有合法性。企业削减污染物排放的努力会随着政府规制的增加而增强。与微观经济主体追求经济利益的行为相似，地方政府官员也关心中央嘉奖与职位升迁等物质利益，关注任期内地区经济利益的实现程度，在维护公共利益的同时追求本地区的利益。经济增长带来的利益比生态环境改善带来的利益更为直接和明显，因此，在追求GDP增长的过程中，地方政府有时会牺牲生态文明指标来完成体现本地区局部利益的指标。将环境治理等生态文明指标纳入地方政府绩效考核体系在我国（如浙江、内蒙古等）才开始试点，而且这些指标属于不具有约束力的"软指标"，对政府官员的政绩不能产生立竿见影的效果。政府官员为了取得更好的声誉、更多的收入、更广的职能和更大的权威等，没有足够的动力进行生态治理，不会去特别关注生态的保护与治理。因此，必须重视生态文明建设中"统制"维度的利益。

（三）生态文明建设中利益的"变革"维度

鲍尔斯认为，经济活动的运行在每一时点是不一样的，"每一种经济制度都有自己的历史，而它在某一特定时期的运行方式则部分依赖于它的历史"。在生态文明建设中，不仅当代人要消耗资源，后代人也必须依靠一定的自然资源才能保证生存和发展。但是生态资源是有限的，资源必须在不同代际人之间进行分配。由于对后代人利益的维护是由本代人代行的，代际财富需要本代人作出牺牲，本代人付出的代价越大，后代人的受益就越大，这就要求本代人具有较强的利他主义观念。但是，这一时空的跨越与长远的利益往往由于无法切实感受而被忽略，现实中完全的利他行为与代际利益的转移并没有扩展到整个社会中，同样的经济行为可以表现为当前利益与长远利益之间的对立。当代人追求物质利益，促使其加大对生态环境的征服力度，这种征服一旦超过一定的限度，就意味着对后代人生存条件的损害。恩格斯指出："在社会历史领域内进行活动的人，全是具有意识的、经过思虑或凭激情行动的、追求某种目的的人。"人们开发并利用自然资源时往往只会考虑眼前的利益，不会顾及自然生态的条件，为后代人保留资源的审慎常常屈服于当前更大的利益。当代人和后代人在生态环境的使用方面存在代际利益的冲突，从而导致自然资源不断地被破坏或趋于枯竭，加剧了解决当代生态危机问题的难度。因此，处理好生态文明建设中"变革"维度的利益是生态文明建设的关键问题。

二、生态文明建设中的利益悖论

生态文明建设作为由社会多方参与、政府调控的过程，本章对生态文明建设主体的选取基于塞缪尔·鲍尔斯"竞争""统制"与"变革"的三维分析框架。在"竞争"维度中，企业和家庭在市场领域中追求个人经济利益的最大化；"统制"维度中的政府作为以利益最大化为行为标准的组织，其生态职能从属于经济职能；从"变革"维度来看，生态文明建设长期、有效实施的关键在于人们的生态观念，各参与主体必须树立科学的生态文明理念。

（一）"竞争"维度的利益悖论：经济利益与生态利益的对立

对于企业和家庭而言，利润和效用最大化是其追求的目标。马克思在《资本论》中指出，"劳动首先是人和自然之间的过程"，企业的生产行为首先会引起人和自然之间的物质变换。利益驱动下的企业以资源无限供给和环境无限容量为前提，以线性经济为特征的"大量生产""大量排放"的生产方式对生态环境系统构成威胁。技术作为人类利用自然的手段和方法，使人们获得掠夺自然的最新手段的同时，将一切对自然的改造行为"合理化"。经济条件的人为控制、活动周期的极度压缩，导致资源短缺、环境污染日益严重，温室效应、臭氧层空洞、酸雨、不可降解废弃物等问题层出不穷。企业的生产活动在实现个人经济效益的过程中会损失生态效益。奥康纳指出："对资源加以维护或保护，或者采取别的具体行动，以及耗费一定的财力来阻止那些糟糕事情的发生（如果不加以阻止，这些事情肯定要发生），这些工作是无利可图的。利润只存在于以较低的成本对新或旧的产品进行扩张、积累以及市场开拓。"与此同时，市场经济以需求为导向，奉行"消费者主导"的原则，认为消费决定生产，需求决定供给，属于"需求约束型体制"。在"效用最大化"的驱使下，家庭在谋求自身利益的过程中不愿自己承担风险，不会采取有效的措施规避风险，更多的是通过消费区分社会结构，以此获得身份建构。这种符号逻辑使得人们在购买商品时不再执着于使用价值，而更关注商品背后的符号的价值，消费从满足个人物质需求变为一种无限的社会活动。在"见物不见人"的发展逻辑中，家庭消费活动中的"消费异化"遮掩了"劳动异化"，消费者沦为商品的奴隶。人们在过度膨胀的物欲需求下，加大了对资源和环境的索取，导致资源的过快消耗和环境破坏的加剧，进一步威胁到生态的承受能力。从全球变暖到物种灭绝，家庭消费都应当对地球所遭受的不幸承担巨大的责任。因此，在生态文明建设的"竞争"维度中，企业和家庭"为了直接的利润而从事生产和交换……他们首先考虑的只能是最近的最直接的结果"，无效的生产和过度消费造成巨大的浪费，使得经济系统出现整体性的高碳化，从而不负责任地将风险转移给了其他利益个体，最终危害全社会的生态利益。

（二）"统制"维度的利益悖论：局部利益与整体利益的冲突

政府作为经济、社会和政治领域中的行为主体，其身份的多重性决定了其行为和功能的复杂性。一方面，我国作为发展中国家，政府需将很大注意力放在促进经济增长上，使得我国中央政府需要认真担当"发展主义政府"的角色。另一方面，我国经济发展中导致的生态环境污染及破坏在广度和深度上都显而易见，我国经济持续健康发展面临的资源与环境约束越来越强，因此，中央政府作为公共利益的维护者，为了保证经济和社会的可持续发展、促进环境资源的合理配置，还需认真担当"生态政府"的角色。"发展主义政府"与"生态政府"两种角色应该而且可以统一，但在具体实践中要做到则非常困难。中央政府通常选择在此时此地优先发展经济，而在彼时彼地优先考虑保护生态环境，采用时间差与空间差的权宜策略。这种策略对于推动生态文明建设的作用十分有限。从政府职能的纵向分工来看，中央政府与地方政府在推进生态文明建设中的目标函数不一致。中央政府以长远利益和整体利益为导向，通盘考虑整个国家的经济社会发展目标，注重经济社会发展与资源环境相协调；地方政府则以地方政绩为导向，更多地追求地方利益和短期经济的快速发展。在实施生态文明建设的具体过程中，由于中央政府这一委托人的实际执行权和控制权被移交到地方政府这一代理人手中，地方政府便会以经济实权和信息不对称的信息资源优势，扭曲和偏离中央政府的具体政策，谋求自身利益最大化。

（三）"变革"维度的利益悖论：当前利益与长远利益的矛盾

首先，长远利益的不确定性使得人们作用于生态环境的实践活动具有实现利益的直接性。人们在选择经济行为时主要权衡其当前确定的利弊，将满足自身当前利益视为其活动的价值判断，将自然看作实践任意"驾驭"的对象，致力于将自身以外的自然转化为获取当前利益的物质性手段，以粗放型的经济发展方式换取当前短期的经济效益并将其作为标准引导生产和消费活动，不会顾及或忽视在长期不可预测的经济后果，不大可能从代际公平的角度出发，协调当代人和后代人之间的生态利益关系。

其次，生态利益的公共性使得"搭便车"行为普遍存在。人们热衷于占有更多的生态资源，竭力扩张自己当前的经济利益，却不愿为改善生态环境状况付出成本。美国学者科尔曼指出："当利润成为衡量企业活动的标尺时，其他的社会价值和伦理价值便溜之大吉。"当所有人都以这种思想去支配自己的行为时，生态环境就不可避免地面临过度开发并走向崩溃。

最后，人们的行为具有有限理性，不能充分认识到当前行为对未来的深远影响，认为自己的微小行为不足以对生态环境造成破坏。这种自以为"微不足道"的影响聚集起来便会形成损害生态环境的"微小行为的暴行"，导致生态系统在满足人们当前利益的同时，资源环境的再生能力与承受能力逐渐下降，生态系统服务的功能不断退化，影响后代人平等享有生态系统服务的权利。这一利益短视行为"是对自然界的真正的蔑视和实际的贬低"。马克思指出："不依伟大的自然规律为依据的人类计划，只能带来灾难。"人们肆无忌惮地开发自然的潜能，其"破坏性冲动"转变为"破坏性失控"，人与自然"新陈代谢"的过程中产生了"一个无法弥补的裂缝"。当前物质利益的获得使人们陶醉在"伟大胜利"之中，征服生态环境的诉求不断升级，出现"社会发展—经济增长—物质生产的扩大—对生态的破坏加剧—生态文明建设难度增加"的悖论。如果不"采取有力的行动，紧急制止贪婪短视的行为对生物圈造成的污染和掠夺，就会在不远的将来造成自杀性的后果"。

三、破解生态文明建设中利益悖论的路径

生态文明建设作为一场全面性的深刻变革，会触动各个群体的既得利益，导致不同经济行为主体之间的利益冲突和对抗。必须从"竞争""统制"与"变革"三个维度入手，在经济主体追求自身当前利益的前提下，统筹考虑生态利益、公共利益和长远利益，理顺各种利益关系，破解生态文明建设中的利益悖论。

（一）"竞争"维度：经济利益与生态利益协同化

生态合理性的逻辑"要求以'劳动、资本和自然资源消耗的最小化'来满足人们的物质需要"。因此，必须将人类对自然的改造限制在生态环境承载力和人身心健康的范围内，将经济活动限制在"生态系统的承载力"的范围内，使其具有"自然界的尺度"。积极地改善人与自然的关系，注重经济发展的持续性和协调性，在生产和消费活动中既要实现和维护个人经济利益，又要使自我的逐利行为不会危害生态环境，实现经济利益和社会生态利益的共赢。

首先，发展生态生产。对生产方式"实现完全的变革"，从生产投入、生产过程到生产结果都必须符合生态标准，使生态文明建设利己利他的理念融入整个生产过程，在经济绩效增加的同时提高生态效益；培育壮大节能环保产业，形成资源节约、环境友好的生产方式，在降低企业经济成本的同时提供有益于生态环境的产品和服务；改变技术工具化的倾向，"对于任何新技术，我们都要更加认真地看一看它给大自然带来的潜在的副作用"，以生态化为导向进行技术创新、开发并应用生态技术，在增加企业经济利润的前提下，使之成为有益于生态环境、实现人与自然和谐共处的助手。

其次，进行绿色消费。培育健康的消费方式，"靠消耗最小的力量"，合理地调节人与自然之间的"物质变换"，实现个人利益与生态利益的统一；转变消费观念，由追求自身利益而不考虑生态的片面消费观转变为在

满足生活的同时注重资源环境保护的消费观；以环保节能为消费选择的重要标准，选择有利于自身健康和生态环境保护的绿色产品。按照"生态理性"的原则，最终创建出"更少地生产，更好地生活"的存在方式与生活方式，改善生态保护和经济利益之间的紧张关系，把社会的全面进步和人的全面发展作为目标，从"人统治自然"过渡到"人与自然协调发展"，达到"人的实现了的自然主义和自然界的实现了的人道主义"，实现经济利益与生态利益的共赢。

（二）"统制"维度：局部利益与整体利益兼容化

生态文明建设是一场深刻的革命，牵动我国改革发展的全局。要使生态文明建设卓有成效，必须发挥各级政府和管理部门的作用。各级政府应当从社会的全局与整体出发，摆脱地方保护主义的束缚，以公共利益为行政的出发点和归宿，回归到追求公共利益的轨道上。

首先，完善政绩考核评价体系。将生态文明指标纳入政府官员政绩的考核内容，并使之成为具有"一票否决"属性的"硬指标"，以科学的考评规范政府的行为，引导各级干部由主要关心 GDP 变为全面关注经济、资源、环境的协调发展；制定符合生态文明建设要求的政府政绩核算方法，将生态文明建设的目标与要求转化为能够考核的客观标准，以生态保护为评判政绩的关键准则，让为自身利益而不惜牺牲社会公共利益的行为现形。

其次，构建生态补偿机制。中央和地方政府共同出资建立生态补偿专项资金，制定生态补偿的具体实施办法，从补偿资金、补偿方式等方面着手，逐步完善生态补偿标准，努力构建以生态优先为价值取向的生态型政府，"设计出一个与装载线相类似的制度，用以确定重量即经济的绝对规模，使经济之船不在生物圈中沉没"，最终实现"人的权益"与"自然权益"共赢的局面。

（三）"变革"维度：当前利益与长远利益统一化

人类的发展呼唤生态向度的转向，只有将生态观念真正深入人心，经济行为主体才能兼顾当前利益与长期利益，生态文明建设才能走出生态危机。

首先，变革思维方式。树立人与自然长期和谐共处、当代人与后代人生态利益平等的绿色思维，并使之内化为基本的精神信念与行为态度；意识到一切物质利益最终来源于自然，是在生态与社会系统中产生的，在实现当前利益的同时兼顾长远利益；强化生态危机意识，尤其是强化我国人口多、生态环境形势严峻的意识，认识到获取当前利益的过程也是创造长远利益的过程。

其次，构建生态利益观。以普及生态文明建设为宣传的着力点，将生态伦理教育渗透到企业、家庭和政府官员各个方面，以推动公众广泛参与为抓手，形成政府引导、社会参与的宣传新格局；建成统一当前利益与长远利益的宣传教育主阵地，不断加强信息公布的广度与深度，使协调当期和长期生态利益的思想成为人们深层次的自觉意识，认识到追求生态系统的平衡和稳定是对自身利益的维护；突破宣传的"瓶颈"，在全社会形成遵从生态平衡规律的社会氛围，使任何人在获取自身当前利益的同时能够保证"不削弱无限期地提供不下降的人均效用的能力"，使自然资源和生态环境在现在与未来都能够支撑起生命的健康高效运行，实现"人与自然之间的和谐、人与人之间的和谐、人与社会之间的和谐、人与自身关系的和谐"。

第四章 马克思主义政治经济学视角下生态文明建设的理论基础及其路径选择

生态文明作为人类社会更高级别的文明范式，是反思人类传统发展理论和发展模式后与时俱进的理性选择。围绕生态文明建设的相关理论，学术界开展了诸多探索。本章尝试从更广泛意义上的马克思主义政治经济学视阈对我国生态文明建设的理论基础及其实现路径进行深入全面的理论挖掘，以期对我国生态文明建设的理论和实践有所贡献。

一、生态文明建设的理论基础：马克思的人与自然物质变换的生态思想

人类社会发展史实质上是人与自然物质变换关系发展史，而马克思最突出的生态贡献就在于他的人与自然物质变换理论。

（一）人与自然物质变换的劳动纽带论

马克思认为，人与自然的物质变换是通过物质生产劳动实现的，劳动是人与自然物质变换的关键环节和连接纽带。他指出："劳动首先是人和自然之间的过程，是人以自身的活动来中介、调整和控制人和自然之间的物质变换的过程。"人类正是通过劳动，在发展自我的同时对自然产生了影响，劳动既是人与自然物质变换的媒介，又是调控这一变换的手段。一方面，人类为了生存和发展，综合运用自身的体力、智力，以在不断向自然界索取物质资料的同时不停向自然界排泄生产废弃物和消费排泄物的方式"作用于他身外的自然并改变自然"，实现人与自然之间物质变换的持

续运动；另一方面，人类对自然资源的大规模掠夺及滥用导致生态失衡和严重的环境污染，需要通过合理的实践活动调控人与自然的关系，使人与自然的物质变换过程变得顺畅，从而达到新的生态平衡。

（二）人与自然物质变换的自然制约论

自然界是人类赖以生存和发展的基础，是人与自然融合的前提，人的发展离不开自然，受自然制约。马克思认为："没有自然界，没有感性的外部世界，工人就什么也不能创造。它是工人用来显示自己劳动，在其中展开劳动活动，由其中生产出和借以生产自己的产品的材料。"恩格斯指出："我们连同我们的肉、血和头脑都是属于自然界和存在于自然之中的人对自然的依赖关系。这种依赖关系决定了自然界对人及其社会的制约作用。"人类延续所需的物质都源于自然，其所进行的劳动都是对自然资源和自身能力的运用，就连人本身也是与其所处环境一起发展起来的。马克思还认为，"劳动本身不过是一种自然力即人的劳动力的表现"，如果滥用和破坏人的劳动自然力，会使得劳动者精力衰竭；如果更直接地滥用和破坏土地自然力，土地也会日趋贫瘠。可见，自然界为人类提供了劳动的自然基础，自然力条件又对社会生产实践活动具有巨大的制约和决定作用，人类要生存和发展绝不能滥用自然、破坏自然力。

（三）人与自然物质变换的裂缝论

马克思强调，人类社会发展中"人和自然是同时起作用的"，正是人类不合理的物质生产实践造成了人与自然物质变换关系的断裂，从而产生生态环境失衡问题。他指出，人原本属于自然界，被异化劳动隔断了彼此的联系，"异化劳动使人自己的身体，同样使在他之外的自然界，使他的精神本质，他的人的本质同人相异化"，使自然界成了被征服和掠夺的对象，进而产生了自然的异化现象，即"异化劳动"必然引起"异化自然"，导致人与自然的物质变换出现"无法弥补的裂缝"。人类在工业文明时代一味追求物质财富的增长速度和积累程度，过度向自然索取并不加处理地向其大量排泄各种废弃物，导致自然界自我调节能力萎缩和环境承载力超

限。为了防止自然界"对人进行报复",需要"人类同自然的和解",只有
人与自然代谢循环顺畅,人类社会才能和谐进步。

(四) 人与自然物质变换顺畅的循环经济思想

鉴于异化劳动必然产生人与自然物质变换的裂缝,马克思提醒人们可
以通过适当的调节手段来实现人与自然物质变换的可持续循环,主张通过
排泄物的循环再利用和废料减量化等循环经济手段,实现人与自然物质变
换的顺畅进行。马克思认为,"消费排泄物对农业来说最为重要……生产
排泄物是指工业和农业的废料",其循环再利用均可降低生产成本。他指
出,废料减少的节约是"把生产排泄物减少到最低限度和把一切进入生产
中去的原料和辅助材料的直接利用提到最高限度",然而能少用多少资源、
减少多少排放及提高多少资源利用效率,均"取决于所使用的机器和工具
的质量"。这就要求从改进生产流程、提高工艺技术、开发新型材料和革
新产品设计等方面提高资源利用效率,通过"机器的改良,使那些在原有
形式上本来不能利用的物质,获得一种在新的生产中可以利用的形式",
如把废旧毛织物制成再生毛呢,把废丝制成有多种用途的丝织品等,且对
废弃物再利用的能力会随着科学技术进步不断提高。

二、生态文明建设的现实反思:生态马克思主义对马克思
生态思想的拓展与延续

继马克思之后,随着 20 世纪 60—70 年代现代生态学的兴起和工业社
会对生态环境破坏的加剧,西方出现了将生态学与马克思主义结合起来的
生态马克思主义学说。生态马克思主义在反思现实的基础上继承和发扬了
马克思的生态思想,其对生态环境问题产生原因的阐释对我们具有重要借
鉴意义。

(一) 生态环境问题的工具诱因:从批判技术到批判"技术的
资本主义使用"

生态马克思主义正是在人类社会普遍质疑科学技术对生态环境的破坏

作用的时候彰显了其价值。在绿色生态运动关注科学技术的背景下，早期西方马克思主义的法兰克福学派将科学技术与生态环境危机联系起来，认为"破除迷信的科学技术最终走向了对科学技术的迷信"，科学技术"已经成为万能经济机器的辅助工具"，并在科学技术和人类文明的关系层面表现出一种技术悲观主义和对技术的批判。

赫伯特·马尔库塞（Herbert Marcuse）扬弃了前人对科学技术的生态学批判，指出"科学是作为社会控制和统治形式的技术学"，强调"政治意图已经渗透进处于不断进步中的技术"，且这种技术统治正在"一边维护等级结构，一边又更有效地剥削自然资源和智力资源"。他认为"技术的资本主义使用"是科学技术产生负面影响的原因，应对人与自然关系异化负责任的不是科学技术，而是使用它的资本主义社会组织形态。他还指出"技术进步将超越必然王国"，即超越社会组织形态及其自身的限制，为消除现存社会中普遍的异化现象而实现人类的彻底解放提供物质条件，因此，不能对科学技术采取悲观的彻底否定态度。

（二）生态环境问题的意识缘由：从"控制自然"到"控制人与自然关系"

威廉·莱斯（William Leiss）继承了马尔库塞的观点，对西方资本主义社会"控制自然的意识形态"进行了重点批判。他认为，科学技术不是生态环境问题的诱因，科学技术之所以承担起控制自然的功能，是因为统治、控制自然的观念，且"这种观念已经上升为一种意识形态，而科学技术是人类控制自然意识形态的工具"。

生态危机的意识根源在于统治控制自然的观念，要解决它就要改变这一观念。在莱斯看来，改变观念不是根除观念，而是要"控制人与自然的关系"，其目的在于"伦理的或道德的发展"，其任务是"把人的欲望的非理性和破坏性的方面置于控制之下"。他设想通过"构建一个负责任的社会制度，限制人类欲望中的非理性和破坏性对科学技术的滥用，从而对人类和自然的关系加以控制，实现自然和人类的双重解放"。可见，面对不断萎缩的自然界和日益相互依存的生态系统，人类需要在观念变革的基础上通过构建制度来控制人与自然之间不协调的方面，以解决人类和自然之间的矛盾，摆脱人类生存和发展的生态困境。

（三）生态环境问题的消费诱因：从"异化消费"到"适度消费"

生态马克思主义者本·阿格尔（Ben Agger）的"异化消费"思想披露了资本主义市场扩张导致的"自然萎缩"的原因，认为"危机的趋势已经转到消费领域"，传统马克思主义生产领域的劳动异化已经在当代资本主义市场机制，如广告操纵、商品装潢的作用下转化为"异化消费"。在他看来，"异化消费"才是资本主义生态危机的根源，只有改变消费的异化现状，才能根除劳动异化，从而有效遏制生态环境危机。

莱斯和阿格尔等在继承马克思相关思想的基础上，强调消费的生态合理性，认为表现为过度消费或奢侈消费的"异化消费"将会超过生态环境承载力，严重破坏自然恢复力，使自然无法吸收、再生和补偿，并且矛盾激化将导致"期望的破灭"，产生社会主义革命；提出将消费的标准从量转向质、将人类的满足领域从消费转向生产、从过度物质消费转向充分重视教育培训等精神文化消费的"适度消费"思想，从而在更高层次实现人类和自然的双重解放。

（四）生态环境问题的制度根源：从"双重危机"到"生态社会主义"

在分析资本主义生态环境危机的过程中，詹姆斯·奥康纳（James O'Connor）提出，危机不仅是生产力与生产关系第一重矛盾引发的经济危机，还包括它们与生产条件之间的第二重矛盾引发的生态危机；认为在西方社会，双重危机是并存的，其根源在于资本主义积累，科学技术进步和发达国家发动的战争都是这一积累的逻辑延伸。他还探索将生态学和社会主义相结合，期望用生态社会主义解决资本主义双重危机，认为社会主义生产的目的不是利润，相对于资本主义制度来说具备了生态上的可能性，更能实现生态系统内部成员之间的平衡；指出社会主义国家生态环境问题的原因不是社会制度，而是现存政治经济体制中不协调的机制。

综上，可以看出，生态环境问题的根源在于资本积累的逻辑，在于资本反生态性的制度本质。人与人之间的资本关系原则影响了人与自然关系的调节，人与自然物质变换顺畅的关键因素是人。正是因为人与人之间以资本关系为导向，再加上资本在运动中无限增值的需要，劳动、消费和技术才一并成为资本增值的手段，处于异化状态，导致了人与自然物质变换的断裂，产生了生态环境问题。

三、生态文明建设的路径选择：马克思主义政治经济学系列生态思想的启示

马克思主义政治经济学科学地阐释了人类活动与其生存的自然环境之间物质变换关系的理念，蕴涵着循环经济、适度消费等生态经济思想。西方马克思主义者指出了生态环境危机的社会制度根源，对我国生态文明建设有着重要的启示意义。

（一）摒弃控制自然的意识形态，树立人与自然物质变换的生态文明理念

基于马克思的物质变换思想，生态文明建设可以被理解为为了防止人与自然之间出现关系裂缝，合理调控、维持并保障这一变换顺畅进行的实践，需要摒弃"控制自然的意识形态"，转变过度追求物质利益的发展观，树立人与自然物质变换的生态文明理念，用"生态理性"取代"经济理性"。具体可以通过舆论宣传让民众了解我国严峻的资源环境形势，增强人们的生态忧患意识；强调生态环境保护是功在当代、利在千秋的伟大事业，增强全民的参与意识和责任意识；树立绿色适度消费和绿色智能化生产的观念，强化"改善生态环境就是发展生产力"的环保意识；强调"绿水青山就是金山银山"的生态利益观，强化社会生态效益、资源环境指标优先于经济指标的新政绩意识等，使生态文明真正成为民众共同的价值观

念和自觉的行为规范。

（二）运用生态化技术创新，驱动生产方式的绿色转型

马克思主义的循环经济思想和生态环境问题的工具诱因分析中均强调科学技术进步对异化现象消除、人与自然双重解放的重要性。为了用物质闭环流动的循环经济方式开展生态化生产，同时避免技术的非理性发展，生态文明建设需要将生态文明思想注入技术创新的全过程，运用生态化技术创新驱动促进生产方式的绿色转型，为人与社会提供不竭的可持续发展动力。具体需要加大科技生态化创新力度，依靠绿色技术变革，调整、优化、升级产业结构；让绿色智能制造引领生产方式变革，用绿色智能产品拓展产业新领域，以网络信息化重塑产业价值链；在全社会鼓励绿色技术创新，推广环保节能和清洁生产技术，促进资源循环利用；推动科技在新能源、新材料等领域产生突破，创新使用自然力，破解经济发展的资源能源"瓶颈"，不断为人与自然的双重解放提供物质条件，实现经济社会与资源环境的协调可持续发展。

（三）遏制"异化消费"，助推生活方式的生态化转型

合理的生活和消费方式不但可以减少对资源的浪费和对环境的破坏，而且有助于引导生产方式的绿色转型。根据马克思主义"异化消费"思想，不良的生活习惯和消费行为对生态环境问题的产生负有不可推卸的责任，大力推进生态文明建设必须转变生活方式，从"异化消费"走向"生态生活"。具体可通过生态伦理教育引导人们反思现有生活方式，改变原有不合理的生活习惯，做到生态保护生活化，如平时注意节水节电节能、垃圾分类及绿色出行等，践行环保节约的生态生活方式；提倡适度消费，使消费与生产能力和经济发展水平相适应，不断增加绿色低碳环保产品及精神文化产品消费比重，形成节约适度、文明健康的可持续绿色消费模式；积极探索绿色消费立法、奢侈品消费税等法律和经济手段，以政府引导、舆论监督、市场调节及公众参与等多元化联动方式，改变"消费异化"现状，加快生活方式的生态化转型。

（四）促进体制机制创新，破解制约生态文明的制度建设难题

马克思主义政治经济学揭示了人与自然物质变换不畅的制度根源，指出社会主义国家具备规避生态环境危机的基本制度前提。但现阶段缺乏有效的协调人与自然关系的体制机制仍是生态环境问题产生的重要原因。因此，我国生态文明建设根本上还需要结合现实，通过弥补制度欠缺，创新体制机制，助力和保障生态文明建设。具体需要通过明确公民环境权的宪法地位、创设有毒有害物质污染防治法等法律法规、严格落实生态环境执法并为弱势群体提供法律援助等措施，完善生态文明建设的法律保障；完善自然资源定价、确权、用途管制及有偿使用制度，综合运用碳金融、排污权及水权交易等市场化手段，完善生态文明建设的市场调节机制；加大政府官员绿色 GDP 政绩考核制度建设，明确政府的生态责任且终身追究；加强社会监督制度建设，建立多方参与的政策制定机制和公众参与机制，从全过程及动力等综合视角健全制度体系，破解制约生态文明的体制机制难题，保障经济、社会与生态环境的协调发展。

第五章 以全面、协调、可持续的发展理念看待生态文明

马克思主义经济学在对生产力和生产关系的分析中阐述生态文明建设的思想，其人与自然和谐统一、人与社会全面发展，合理、持续地利用自然力，经济社会与自然协调发展的思想，为我国后工业化社会推进生态文明建设提供了理论依据和行动指导，对应对全球气候变化、空气污染加剧、资源约束趋紧和生态环境恶化具有一定的启发意义与实践价值。生态文明是马克思主义理论应用于当代实际问题的理论创新。马克思主义经济学从生产力和生产关系的视角，阐释了人与自然和谐统一、人与社会全面发展、合理可持续地利用自然力以及经济社会与自然协调发展的思想。全面、协调、可持续的发展不仅是生态文明建设的目标，更是生态文明建设的内容。

一、生态文明的本质：人与自然和谐统一、人与社会全面发展

工业文明中，人类片面追求物质财富，忽视精神层次的追求，甚至以自我为中心，不顾自然界其他生物的发展权利，造成人与自然相割裂，忽视人类社会的全面发展与福利增进。生态文明不仅追求人与自然和谐统一，更突出人与社会全面发展。

（一）人与自然和谐统一

人是自然的产物，自然是人生存和发展的基础。首先，人本身是属于自然的。马克思在《1844年经济学哲学手稿》中指出，人是自然界的一部

分，"现实的、有形体的、站在稳固的地球上呼吸着一切自然力的人"，"本来就是自然界"。只有在一定的空气、水分、阳光以及养料的自然条件下，才有人的存在，而人要维持生命必须要从自然界获得物质能量，否则，人将死亡。同时，人的生存活动构成了自然界物质能量交换链条的重要一环，人是和自然环境一起发展起来的。其次，人依靠自然界生存与生活。人作为一个自然机体，只有与自然界保持能量、物质、信息的交换才能够维持生命，自然界是人类生命活动的"唯一来源"。作为一个能劳动的个体，人的身体需要与精神需要的物质能量也源于自然界。自然资源和生态环境状况制约着人的生存，影响着人的生命状况。正如恩格斯指出的那样，"我们连同我们的肉、血和头脑都是属于自然界和存在于自然之中的人对自然的依赖关系。这种依赖关系决定了自然界对人及其社会的制约作用"。因此，要调节人与自然的关系，以良好的自然条件促进人的发展。

人与自然的关系通过劳动相联接。马克思指出："劳动首先是人和自然之间的过程，是人以自身的活动为中介来调节和控制人与自然之间的物质变换的过程。"自然界为人类的劳动提供了自然基础和自然条件，劳动改造了自然界，使其变成了人化的自然。"为了在对自身生活有用的形式上占有自然物质，人就使他身上的自然力——胳臂和腿、头和手运动起来。当他通过这种运动作用于他身外的自然并改变自然时，也就同时改变他自身的自然。"自然不仅为人类提供了劳动的对象，如森林中的木材、开采中的地下矿藏等，以及经过人们加工的棉花、钢铁等；还为人类提供了劳动工具、土地、厂房、道路等生产资料；而"劳动本身不过是一种自然力即人的劳动力的表现"，实质上是人利用其自身的自然力作用于外界自然力，变"自然资本"为"人造资本"的物质变化过程。人与自然的关系通过劳动的纽带相连接，劳动对人与自然的关系具有调节作用，违背自然规律的割裂人与自然关系的"异化"劳动必然会对生态系统造成破坏。马克思指出，大工业社会以来，人类的物质生产活动在生产输入源大规模滥用自然资源，在生产输出源排泄大量废弃物和污染物，导致生态环境被破坏。这是人类忽视本身自然属性，割裂与自然的有机联系，将自然视为被征服的对象，过度"控制"自然的不合理"异化劳动"导致的"自然异化"。而一旦对自然的破坏超过了生态系统自我更新修复的能力，就会造成巨大的灾难。

（二）人与社会全面发展

人与社会全面发展的前提是人与自然相和谐。自然是人类表现和确证他的本质力量所不可缺少的重要对象，人只有通过劳动与自然相联系、相作用才能实现包括愿望、价值和追求等在内的自身发展。而人的发展成果也将直接体现于自然，自然资源与生态环境的状况客观上反映了人类的发展与文明程度。也就是说，自然发展包含人的全面发展，也只有具有主观能动性的人的全面发展才能推动进而实现自然的发展。"社会是人同自然完成了本质的统一"，要通过优化人与自然的关系，改善不合理的社会关系，实现人与自然相和谐、人与人和谐共处。马克思指出，人们通过"一定的方式共同活动和相互交换其活动才能进行生产"，在生产中"人们不仅仅影响自然界，也在这些社会联系和社会关系的范围内相互影响"。也就是说，人与人的经济社会关系只有通过人与自然的相互作用才能实现，人与自然的关系是人与人的社会关系的基础。

人是经济社会发展中最具有能动性、最积极的因素。若没有具有一定劳动技能和劳动经验的人，即劳动者，一切生产因素都将化为死水，生产将停滞不前，更谈不上社会发展，因而劳动者是社会发展的细胞，劳动者劳动能力的发展是社会发展的基础。劳动力的全面发展包括劳动力的量的可持续发展以及劳动力的质的可持续发展。

从个人层面来讲，劳动力的全面发展侧重于劳动力的质的方面，包括劳动者个人才能、个性和精神需要等的发展。劳动力的质的可持续发展对社会发展具有很大的作用。马克思指出，"社会物质生产力的发展取决于物质生产归于个人完整发展的关系"。要促进劳动力的全面发展，不能以牺牲劳动者身心健康为代价来维持劳动力资源量的丰裕。虽然科技进步能够在一定程度上减少劳动者体力劳动的强度，但竞争还是会使劳动者身心疲惫、无暇放松与提升自我。从社会层面来看，由于劳动者是构成社会的细胞，劳动力的量的可持续发展是社会发展的基础。人是劳动力资源的所有者，"劳动力发挥即劳动，耗费人的一定量的肌肉、神经、脑等等，这些消耗必须重新得到补偿"。也就是说，劳动力在进行生产活动时，其自身是需要进行再生产活动的。要实现劳动力资源的良性循环、保证经济社会的可持续发展，就需要从自然界寻找必要的物质资料补给劳动力的消耗。当然，不同的自然条件下实现劳动力可持续发展的自然需要也不同。马克思指出，"由于一个国家的气候和其他自然特点不同，食物、衣服、取暖、居住等等的自然需要本身也就不同"，因而要依据具体的自然条件区别对待劳动力可持续发展的需要。而自然条件和生态环境影响着劳动者的生存与繁衍，如果生态遭到破坏，被污染的自然必然会危害劳动者的健康，乃至整个人类的生存与延续。因此，既要实现劳动力的量的稳定，又要实现劳动力的质的发展。这就需要不断完善社会发展，为劳动力全面发展创造条件，真正实现人与社会全面发展。

二、生态文明的基础：自然生产力可持续发展

人类社会的发展离不开劳动生产力的提高，工业革命大大提高了人类利用自然的能力，但过于追求人造资本增长，忽视了对自然资本的保护。生态文明强调自然生产力的基础支撑作用，注重自然生产力的可持续发展。自然生产力作为劳动生产力的重要组成部分，其合理利用不仅可以提高劳动生产力水平，还可以创造更多的社会物质财富。

（一）自然生产力是劳动生产力的重要组成部分

马克思认为，在劳动生产中"人本身和人外在的自然是同时起作用的"，劳动生产力包括自然生产力和社会生产力两部分。马克思指出："劳动生产力是由多种情况决定的，其中包括：工人的平均熟练程度、科学的发展水平及其在工艺上应用的程度、生产过程的社会结合、生产资料的规

模和效能以及自然条件。"这五点便包含社会生产力和自然生产力的两部分。前四点涉及人的是社会生产力，最后的"自然条件"则是自然生产力。自然条件是"不需要任何代价"并"未经人类加工就已经存在的自然资源"，如自然界中的阳光、空气、水、土壤、森林、矿藏、各种动植物等。虽然"蒸汽和水"是"不费分文"的用于生产过程的"自然条件"，但要使自然条件成为自然生产力，就需要一种"人的手的创造物"，比如，要利用电磁力就要让"电流绕铁通过使铁磁化"，要利用水的动力就要用水车将水抬高，要利用蒸汽的压力就要用蒸汽机产生蒸汽等。也就是说，自然条件只有被"人的手的创造物"所利用而产生出能力时，才是自然生产力。

（二）自然生产力对社会生产力具有制约作用

马克思在《政治经济学批判》手稿中指出，在整个劳动生产力体系中，自然生产力对社会生产力的影响巨大，自然生产力的条件对社会生产力具有制约作用。首先，自然生产力构成社会生产力的基础。马克思在《资本论》中就谈到，劳动生产力与自然生产力条件相关。自然生产力条件可归结为"人本身的自然和人周围的自然"。"人周围的自然"于经济上包括生活资料和劳动资料两类，不管是生活资料还是劳动资料都制约着社会生产力。其次，自然环境的差异直接影响到社会生产分工的发展和生产形式的多样化。社会分工是指体力劳动与脑力劳动的分化，体力劳动创造有形的社会物质财富，脑力劳动则创造人类精神领域的无形财富，如文化艺术的繁荣、科学技术的创新与思想理论的发展，会提高人类社会的文明程度。因此，在自然地理和生态环境较差的地区，人们的社会生产分工通常比较简单，生产形式往往也比较单一。最后，自然生产力条件还是国家社会生产力的重要影响因素。马克思谈到，"一个占有肥沃的土地、丰富的鱼类资源、富饶的煤矿（一切燃料）、金属矿山等等的国家同这些自然条件较少的其他国家相比，只要较少的时间来生产必要的生产资料"，劳动生产率较高，社会生产力越发达。因此，合理地开发和利用已有和潜在的自然生产力，能够提高一国的社会生产力。

（三）合理利用自然生产力可提高劳动生产力

马克思指出，"自然力是特别高的劳动生产力的自然基础"，"自然生产力的利用引起了劳动生产力的提高"。在整个生产力体系中，自然条件表面上看与生产过程无关，实际上则作为劳动对象或劳动手段以生产要素的形式进入了生产过程。马克思在《资本论》中指出，生产力的提高不一定非要通过增加某些方面的劳动消耗来实现。通过"应用机器的大规模协作——第一次将风、水蒸气、电等自然生产力从属于直接的生产过程"，使自然生产力变成劳动因素。也正是合理地利用了自然生产力，将巨大的自然生产力并入生产过程，才使得劳动生产力获得了极大的提高。但马克思特别强调了不能滥用自然，要"社会的控制自然力，从而节约地利用自然"，倘若"滥用和破坏劳动生产力，包括人类的自然力"，会使得"劳动者精力衰竭"，给经济社会以及人类自身发展带来灾难。因此，合理、可持续地利用自然力是提高劳动生产力的重要途径。

（四）自然生产力是社会物质财富的源泉

"自然界同劳动一样都是使用价值的源泉"，将自然资源纳入劳动过程使二者共同发挥作用才能创造使用价值。由于物质财富是由使用价值构成，自然生产力也是社会物质财富的源泉。可以说，在马克思视域中，社会财富的源泉有两个，一是生态源泉——自然生产力，二是社会源泉——劳动。在物质财富的产生过程中，劳动会出现中断，这恰恰是产品生产过程中必需的自然生产力作用的时间，是"受产品的性质和产品制造本身的性质制约的那种中断"，"劳动对象受时间长短不一的自然过程支配，要经历物理的、化学的、生理的变化"。工业生产中，"例如陶瓷业，产品制造要经过一个干燥过程"；在"鞋楦制造"中，"木材要储存18个月才能干燥"，"这样制成的鞋楦才不会收缩、走样"；漂白业需要把"产品置于一定的条件下，使它的化学性质发生变化"。林业的生产周期较长，"木材生产靠自然力独自发生作用，在天然更新的情况下，不需要人力和资本力"，

"只有经过长时期以后，才会获得有益的成果，对有些树木来说，需要150年的时间才能完全周转一次"。畜牧业的产品生产必须要保证有一部分牲畜在自然生长中即处于储备状态，只有少部分作为年产品出售。农业较易受气候和年景的影响，光照和雨水是农作物生长的必要条件，在播种和收获之间，农作物要经过漫长的自然生产力作用才能成为农业产品。可见，无论工业、林业、畜牧业还是农业，都离不开自然生产力，而采取新的生产方式与技术则能够有效地提高自然生产力的效用，创造更大的社会物质财富。

三、生态文明的核心：经济社会与自然协调发展

工业文明片面追求经济质量增长，无视资源消耗与生态环境破坏，造成经济社会发展与自然相矛盾，这是工业文明最主要的发展问题。生态文明突出资源的节约性、环境的友好性和生态的平衡性，强调生态系统循环是经济社会系统循环的基础，推行以"减量化""循环再利用"为理念的清洁生产方式，和以"适度"为理念的消费方式，修复经济社会与自然生态系统的关系，实现经济社会与自然的协调发展，这是生态文明的核心。

（一）生态系统循环是经济社会系统循环的前提

马克思指出，社会再生产是由生产、分配、交换与消费四个环节构成的连续不断且周而复始的再生产循环过程。四个环节的循环使得经济社会中的物质、能量与信息等得以交换与利用，从而促进经济发展、推动社会进步。如果由自然规律决定的生态系统的物质变换联系出现了裂缝，或是超出了生态系统的自身调节能力与可承载能力，以此为前提的经济社会系统循环就根本无法进行。而不顾生态环境污染和资源过量消耗的、以短期经济利益为着眼点的经济循环，必然会超出生态系统的承载范围，破坏生态系统的循环过程，给经济社会发展带来巨大灾难。因此，经济社会再生产循环要以生态系统的自我更新与修复能力和可承载能力作为前提条件，始终把握好生态阈值，协调好经济社会系统与自然生态系统的关系。

（二）清洁生产是推进经济社会与自然协调发展的途径

清洁生产不仅有实施的可行性，还有实施的必要性，是协调经济社会和人类自身发展与自然生态系统关系的途径。关于清洁生产的可行性，马克思指出，一方面，由于生产原料日益稀少而变得昂贵，人们不得不重新考虑废物的再利用性问题，同时，大规模生产和不变资本节约也使废物再利用具备经济基础。另一方面，科学技术的进步不仅发现了早前不可能实现的废物有用价值，还促进了机器改良与生产工业革新，从而大大提高了资源利用效率，为清洁生产的推进提供了技术上的支撑。关于清洁生产的必要性，马克思是通过不同产业的生产来说明的。在工业生产中，通过新方法的创造与使用，不仅可以将几乎毫无用处的本工业废料加以利用，还可以将其他各种各样的工业废料变废为宝，比如可以把原先的工业废渣煤焦油通过新工艺转化为染布的苯胺染料，把毛纺织过程中产生的废毛料、旧的破的毛织物加工成再生毛呢，把丝织业过程产生的"废丝加工成新的丝织品"。在农业生产中，消费的排泄物显得尤为重要，利用得好可以作为再生废料变废为宝，利用得不好则会成为严重的经济社会问题。

清洁生产以"减量化""循环再利用"的绿色生产理念为指导。马克思指出，要"把生产排泄物减少到最低限度和把一切进入生产中去的原料和辅助材料的直接利用提到最高限度"。也就是说，在生产源头减少资源的使用，在生产过程中减少废弃物的排放，这正是"减量化"的理念。而废弃物减少的程度则取决于生产过程中机器与工具的质量，因而需要从改进生产流程、提高工艺技术、开发新型材料和革新产品设计等方面来提高资源的利用效率。关于"循环再利用"的清洁生产理念，马克思指出，每一种产业都会产生废料，但对于不同产业，废料都具有重要的作用。废料本质上是生产排泄物，也是"放错了位置的原料"，它可以通过加工"转化成为该产业部门或是其他产业部门的新的生产要素"，使生产排泄物重新回到再生产的循环之中。科技进步"使那些在原先形式上本来不能利用的物质，获得一种在新的生产中可以利用的形式"，并且随着科学技术的不断进步，生产排泄物的再利用能力不断提高，废弃物循环再利用的效率也不断提高。

（三）适度消费是间接促进经济社会与自然协调发展的手段

消费是社会再生产的前提和必要条件，也是社会再生产的出发点和归宿。从社会再生产的过程来看，一旦离开消费，生产、流通、分配、交换的环节就会发生断裂，社会再生产便无法继续，因而在经济社会的运行机制上，生产的目的是消费，消费对再生产具有拉动作用。从社会再生产的要素来看，生产的主体是劳动者，劳动力再生产是社会再生产的重要组成部分，劳动者的消费过程就是其体力恢复和能力培养的过程，也是劳动力再生产的过程。消费是人类生存的必要，没有物质产品消费，劳动者的体力就无法恢复，劳动者的消费情况决定着再生产的水平。可见，消费能够刺激和影响生产，消费是间接调节经济与自然关系的手段，而生产与消费的内在联系则通过产品反映出人与人、人与社会人与自然的关系。

消费应当与生产能力和经济发展水平相适应，并通过发展社会生产力来发展消费能力和消费水平。恩格斯指出，要依据生产力与消费能力的关系来确定生产与消费的水平。过度消费会刺激生产，对生态环境的更新和恢复造成压力，而一旦破坏了生态环境的自我修复与更新能力、超过生态阈值，生态系统就无法吸收、再生和补偿自然力，造成不可逆转的生态危机。

四、推进生态文明建设的具体举措

当代人创造物质财富追求发展时，要将生态阈值作为必要的约束条件，经济社会发展不能超越自然资源的可持续再生能力、环境污染的吸收净化能力以及生态系统的修复平衡能力，把握好这一原则，才能既"满足当代人的需要，又不对后代人满足其需要的能力构成危害"，实现人与自然和谐统一、经济与自然协调平衡，人类自身与经济社会全面、可持续发展，从而促进生态文明建设。

（一）以人与自然、人与人和谐相处的自然观为思想指导，促进"以人为本"的全面、协调、可持续发展

一要树立人与自然和谐的理念。人与自然不是矛盾的，而是和谐共处的，人的自身利益与自然密切相关。人在关注自身发展的同时必须关心自然的命运与发展，必须认识到其他生物也有在自然界生存的权利。面对全球气候变暖、资源趋紧、生态环境恶化的问题，必须重新审视以往以人为中心的自然观，树立尊重自然，人与自然、人与人和谐相处的生态理念，要以良好的生态环境为共识，消除人与自然、人与人的隔阂，协调不同民族与地区之间、当代与后代的利益，实现人与自然的协调、可持续发展。二要特别重视人类自身以及经济社会的全面发展。发展的主体是人，人的力量特别是人的创造力，是经济社会可持续发展的源泉。马克思曾指出："表现为生产和财富的宏大基石的，是对人本身的一般劳动力的占有。"在科学技术高速发展的今天，人创造性的劳动能力，无疑是构成社会生产和物质财富的基石。创造性的劳动包括生产技术的革新、科学发明和成果应用。人的力量推动了社会生产力的提高，从而缩短了劳动时间，使劳动者有更多的自由时间来学习，满足物质、精神以及社会交往的需要，而人的发展又将进一步推动社会生产力发展，创造更多的物质财富，形成人与社会经济可持续发展的良性循环机制。

（二）以良好的生态系统为实现发展的自然基础，合理利用自然力，加快制度体系的生态化转型

生态系统循环是经济社会系统循环的基础，只有保障生态系统的良好运行才能实现经济社会的可持续发展。一要采取经济手段、必要的行政手段和法律手段，加强对生态环境、资源能源的宏观管理和调控。生态环境具有很强的公共物品性质，在缺少必要的监管和约束条件下，往往会造成资源能源的盲目竞争以及生态环境的负外部效应，因而生态文明建设需要政府发挥宏观调控作用，促进现有制度体系向生态化转型。正如恩格斯所指出的，"认识到自身和自然界的一致……要实行调节"，"但是要实行这

种调节，仅仅有认识还是不够的。为此需要对我们的直到目前为止的生产方式，以及同这种生产方式一起对我们的现今的整个社会制度实行完全的变革"。二要推动资源利用方式转变，加强资源循环利用，提高资源利用效率，大力发展清洁能源和可再生能源。三要"因地制宜、趋利避害"地发展地方经济，以自然资源禀赋为基础条件规划产业布局。我国幅员辽阔，东部、中部、西部及东北地区自然资源和气候条件差异较大，要适应自然力的分布优势，突出不同地方、不同区域的自然条件特点，将人力资源与自然力优势结合起来，合理制定产业发展规划，优化产业结构。

（三）以经济与自然相协调的绿色生产为途径，以适度消费为手段，加快经济发展方式转型，提高经济增长质量

我国依靠原材料、劳动力的低成本扩张，实现了经济的高速增长，但资源利用率低，环境污染严重，宏观经济数量性增长加重了生态系统自我修复更新的压力，导致经济发展的不可持续。因为经济是有限的生态系统的子系统，会受到生态系统边界的限制。生态文明以高效的经济资源配置、良好的生态环境状况以及最大化的社会福利为核心要求，摒弃传统工业文明片面强调经济增长的单一目标，追求经济社会与自然协调发展的复合目标。要形成资源节约、环境友好的循环生产方式以及适度消费、低碳节约的生活方式，通过内涵式扩大再生产，走低污染、低消耗、高效益的经济发展道路，提高经济增长的质量。一方面，促进产业结构从重型、高碳化向轻型、低碳化优化升级，促进社会生产的减量化、再利用与资源化，从源头上节约资源能源，在过程中减少污染物的排放。另一方面，树立节约能源资源、保护生态环境并符合生产力发展水平的适度消费观念，培养积极、友好、公平的消费理念，从我国国情出发，调整消费结构，引导微观消费主体转变盲目过度的消费模式。要增加可反复使用及使用周期长的商品消费，减少一次性易损耗商品的消费；增加可供多人共同使用的公用物品消费，减少只能独享的私人物品消费；增加环境友好型商品的消费，减少对环境有害、有毒商品的消费，倡导低碳出行、节能环保、绿色生活。

（四）以科技创新为发展的内在驱动力，构建关于生态环保的创新机制，为经济社会的可持续发展提供长久支撑

马克思主义经济学特别强调改良工艺机器设备、改进生产流程、革新产品设计等对改善人与自然关系的重要性，以及技术进步引起自然力利用效率提高对改善经济社会与自然关系的重要性。在我国现有环境下，技术进步的目标要由原先以提高劳动生产率、减轻劳动强度、节省劳动时间为技术进步标志的"经济效益"一元目标，转向兼顾"生态效益""社会效益"与"经济效益"的复合型目标，凸显节约土地资源、减少生产排泄物、促进资源循环再利用，以科技促进智慧生活、便利生活、低碳生活，将发展的成果共享于人民。推进生态文明建设、实现经济社会的可持续发展必须以科技创新为长久的驱动力。要加大对有关科技人才的培养，提供科技创新研究的财政资金和补助，构建产、学、研一体的高效生态环保创新机制，提高科技研发能力和科技成果转化能力。以科技创新挖掘新的自然力，变"废弃物"为循环再利用的自然力，变潜在的自然力为现实的自然力，从而突破能源资源对经济发展的制约，缓解经济社会发展与生态资源环境的矛盾，修复人与自然的关系，实现人类自身与经济社会的全面、协调、可持续发展。

第六章　新时代中国特色社会主义绿色发展理念的科学内涵与理论创新

绿色发展理念是推进生态文明建设、实现人与自然和谐相处的指导思想，是在吸收中华文化与马克思主义的生态思想、总结西方国家的经验教训、结合国内国际时代潮流的基础上形成的，是习近平新时代中国特色社会主义经济思想的重要组成部分，是中国特色社会主义政治经济学的新成果，也是我国经济绿色发展必须长期坚持的指导思想和行动指南。本章深入研究新时代背景下绿色发展理念的科学内涵，深度挖掘其重大理论创新，具有重要的理论与现实意义。

一、新时代中国特色社会主义绿色发展理念形成的现实背景

新时代绿色发展理念是针对我国经济发展面临的突出问题和挑战提出来的，是对我国经济发展实践经验的科学总结，是在统筹国内国际两个大局的基础上形成的，其产生具有深刻的现实背景。

（一）新时代我国经济发展面临严峻的生态环境问题

当前，我国在发展过程中积累的生态问题进入了一个集中爆发的阶段。我国大部分省份出现的雾霾天气、华北地区的饮用水安全问题、土壤重金属污染严重等问题集中暴露，人民群众反应强烈。据 2018 年 5 月生态环境部发布的《2017 中国生态环境状况公报》（以下简称《公报》），大气污染仍然比较严重，2017 年，全国 338 个地级及以上城市中，城市环境空气质量达标数占比只有 29.3%；水质情况也不容乐观，对全国地表水监测

结果显示，三类以下水质占到32.1%；而全国地下水水质达到较差或极差级别的监测点比例达到66.6%。由于滥用农药、过量使用化肥和塑料薄膜，农业污染严重，有资料显示，我国耕地单位面积的平均农药使用量是世界平均水平的2.5～5.0倍。同时，随着我国城市化进程的加快，城市垃圾的产生量和清运量也大幅增加，全国城市垃圾年总产量已超过2.15亿吨，城市垃圾的填埋和处理，不仅占据了大量土地，还造成了严重的环境污染。除了环境污染，我国的生态环境问题还表现为水土流失、土地荒漠化以及生物多样性减少等。《公报》显示，我国现有土壤侵蚀面积达356万平方公里，占国土面积的31.1%，是世界上水土流失情况最为严重的国家之一。我国土地荒漠化面积达261.16万平方千米、沙化面积达172.12万平方千米，土地退化加剧了土地供需矛盾，这一问题已成为我国最突出的生态环境问题。由于森林砍伐和植被破坏，许多野生动植物的栖息地和生长环境遭到破坏，动植物减少，珍稀物种加速灭绝，使得我国生物多样性面临威胁。如果我们处理不好环境与经济发展之间的关系，会产生严重的政治和社会问题。习近平总书记深刻认识到中国经济发展面临的资源环境问题的严重性，指出："从目前情况看，资源约束趋紧、环境污染严重、生态系统退化的形势依然十分严峻……我们在生态环境方面欠账太多了，如果不从现在起就把这项工作紧紧抓起来，将来会付出更大的代价。"① 正是基于对中国现实问题的准确把握，他多次强调："建设生态文明是关系人民福祉、关系民族未来的大计。中国要实现工业化、城镇化、信息化、农业现代化，必须要走出一条新的发展道路。"②

（二）国家间新发展模式的竞争日趋激烈

在当今世界日趋激烈的竞争环境下，各国都在努力寻找新的经济增长点，打造新的经济发展模式。虽然美国现任总统特朗普长期支持煤炭、油

---

① 习近平. 在十八届中央政治局第六次集体学习时的讲话[M]//习近平关于社会主义生态文明建设论述摘编. 北京:中央文献出版社,2017:7.

② 习近平. 在哈萨克斯坦纳扎尔巴耶夫大学演讲时的答问[N]. 人民日报,2013-09-08.

气等传统化石能源行业，不承认全球变暖，呼吁减少环境监管，退出《巴黎协定》，但是美国政府却大力支持发展新能源，争取在新一轮世界竞争中抢占先机。除了世界第一大经济体美国外，2009 年，韩国颁布了《国家绿色增长战略（至 2050 年）》。欧盟在 2010 年制定了"欧盟 2020"发展战略，明确提出发展绿色经济，实现从传统经济向低碳经济结构转变。日本在 2012 年的国家战略会议上提出了"绿色发展战略"。以印度、巴西等为代表的新兴市场国家也迅速加入了绿色发展的行列，大力推进本国经济发展模式向绿色转变。习近平总书记讲道："要坚持创新、协调、绿色、开放、共享的发展理念。这五大发展理念不是凭空得来的……也是在深刻分析国内外发展大势的基础上形成的。"① 绿色发展已经成为现在的时代潮流，面对日趋激烈的国家间竞争，我国必须抓住机遇，提出中国自己的绿色发展思想，乘势而上，将绿色发展作为新的经济发展模式，把环境约束转化为绿色机遇，加快制定绿色发展战略，以指导产业转型升级，促进新兴产业发展，寻找新的经济增长点，切实转变经济发展方式，实现产业结构升级，在未来世界市场经济竞争中抢占先机。

（三）西方发达国家在发展中产生的严重环境污染事件提供的历史经验教训

西方国家在发展过程中，忽视对环境的保护，造成了一系列严重的环境污染事件，如伦敦烟雾事件、马斯河谷事件、洛杉矶光化学烟雾事件。世界上大多数发达国家在发展过程中，都因为忽视环境保护酿成了许多公害事件，造成了人类健康和财产的损失。正是看到了西方国家在发展中因破坏自然而自食其果，习近平总书记提出，我们在经济发展过程中，不能一味地追求高增长，应该注重生态保护、资源节约，坚决不能走"先污染，先发展，后治理"的老路。"要实现永续发展，必须抓好生态文明建

---

① 习近平. 以新的发展理念引领发展,夺取全面建成小康社会决胜阶段的伟大胜利[M]//十八大以来重要文献选编. 北京:中央文献出版社,2016:825.

设。我们建设现代化国家，走欧美老路是走不通的"①，"古今中外的这些深刻教训，一定要认真吸取，不能再在我们手上重犯"。② 中国经济要发展，要实现全面建成小康社会的目标，必须走生态文明、人与自然和谐相处之路，走绿色发展之路。

二、新时代中国特色社会主义绿色发展理念的科学内涵

新时代中国特色社会主义绿色发展理念以绿色财富观为理论出发点，以绿色生产力理论为理论基础，以绿色技术创新与绿色产业体系理论为动力支撑，以绿色发展方式和生活方式转型理论为推进路径，并通过完善绿色发展制度体系理论保障绿色发展的实施与落实。

（一）绿色的财富观

财富观是人的价值观的一种反映，通过影响人们的价值选择进一步影响人们的实践活动。在中国改革开放后的很长一段时间里，由于我国的生产力落后，急需解决的基本矛盾是人们日益增长的物质文化需求和落后的生产力之间的矛盾，人们普遍形成了物质财富观，一味地追求经济增长的高速度，即使以生态破坏和资源浪费为代价也在所不惜。绿色财富观是习近平中国特色绿色发展思想的理论出发点。他指出："我们既要绿水青山，也要金山银山。宁要绿水青山，不要金山银山，而且绿水青山就是金山银山。"③ 可以看出，"两山论"是绿色财富观的核心，是对传统的物质财富观的否定，标志着财富的界定、财富的衡量、财富的创造与积累方式等方面的巨大变化。在新时代，我国社会的主要矛盾已经表现为人民群众日益增长的美好生活需要和不平衡不充分的发展之间的矛盾。在新时代，我国人民对美好生活环境的需求在不断提高，这就要求我们在发展中必须树立

---

① 习近平. 在广东考察工作时的讲话[M]//习近平关于社会主义生态文明建设论述摘编. 北京：中央文献出版社,2017:3.

② 习近平. 在青海省考察工作结束时的讲话[M]//习近平关于社会主义生态文明建设论述摘编. 北京：中央文献出版社,2017:14.

③ 习近平. 在哈萨克斯坦纳扎尔巴耶夫大学演讲时的答问[N]. 人民日报,2013–09–08.

绿色财富观，坚持在发展的同时保护环境，建设美丽中国。

习近平的绿色财富观是生态文明时代引领时代潮流的主流价值观。绿色财富的本质就是自然资源和生态环境，习近平总书记指出："绿水青山既是自然财富，又是社会财富、经济财富。"① 只有拥有一个良好的自然环境，才能真正拥有绿色财富，实现永续发展。绿色财富归人民所有，习近平总书记指出："良好生态环境是最公平的公共产品，是最普惠的民生福祉。"② 保护生态环境与追求发展不是对立的，良好的生态环境就是顺应了人民群众的期待。绿色财富的本质是自然资源，节约资源和保护环境是创造绿色财富的不竭源泉，只有坚持人与自然和谐发展，才能不断积累绿色财富。衡量一个国家绿色财富的多少，根据习近平的绿色财富的相关论述，就是看这个国家自然环境的好坏和自然资源利用程度的高低、是否具有可持续发展的能力。习近平总书记强调："生态环境是人类生存最为基础的条件，是我国持续发展最为重要的基础……生存环境没有替代品，用之不觉，失之难存。"③ 如果在发展中急功近利、因小失大、寅吃卯粮，那么发展也是不能持续的。一个自然环境优美、自然资源利用率高的国家，拥有的绿色财富也多，才是生态文明时代真正富裕的国家。所以我国在发展的过程中，注重对自然资源的节约利用和生态环境的治理保护，就是在创造、积累绿色财富。

（二）绿色生产力理论

绿色生产力理论是新时代绿色发展理念的理论基础。"绿色生产力"的概念是由亚洲生产力组织首先提出的，目的是在保护自然环境的同时，提高工业产业的生产力水平。在国外的实践中，提升绿色生产力主要是从减少资源投入和取代有毒物质两个方面展开的，集中在实际的操作方法方

---

① 习近平. 在参加十二届全国人大二次会议贵州代表团审议时的讲话[M]//习近平关于社会主义生态文明建设论述摘编. 北京:中央文献出版社,2017:23.

② 习近平. 在海南考察工作结束时的讲话[M]//习近平关于社会主义生态文明建设论述摘编. 北京:中央文献出版社,2017:4.

③ 习近平. 在青海省考察工作结束时的讲话[M]//习近平关于社会主义生态文明建设论述摘编. 北京:中央文献出版社,2017:13.

面。而习近平"保护环境就是保护生产力、改善生态环境就是发展生产力"①的科学界定，丰富了绿色生产力的内涵，开创了提升绿色生产力的新途径。中国特色社会主义进入新时代，生产力的进步受到资源环境的强约束，因此治理环境就是解放生产力；改善生态环境能直接提高自然生产力，因此改善生态环境就是发展生产力；保护环境就是保护劳动资料和劳动对象，因此从生产力要素组成来看，保护环境就是保护生产力。

发展生产力和保护环境看似是对立的两方面，因为要发展生产力，就会不可避免地或多或少会对生态环境产生一定破坏，而如果把保护生态环境放在第一位，也会制约生产力的进步。但是习近平的绿色发展理念指导我们辩证地看待两者关系，不仅要看到两者的对立关系，更要看到两者是一个统一的整体。要发展生产力，劳动主体、劳动资料、劳动对象必不可少。保护环境首先是保护劳动者。劳动者只有在一个良好的环境中生存，才可以保证身体的健康和心情的愉悦，才可以更好地发挥主观能动性，全身心地投入改造世界、发展生产力的活动中去。保护环境其次是保护劳动资料。劳动者改造自然必须要借助一定的劳动资料，而劳动资料只能源于自然。只有一个良好的自然环境，才可以为劳动者提供源源不断的劳动资料，让劳动者加以利用来促使生产力进步。保护环境最后是保护劳动对象。生产力水平除了与劳动者、劳动资料息息相关以外，还与劳动对象密不可分。自然环境作为劳动对象，如果遭到破坏，劳动者和劳动资料的发展程度再高，最终也无法持续地提高生产力水平。一个优美的生态环境可以为我们输送更多的劳动资料，也就有助于我们更快地发展生产力。在新时代，我国要提升生产力、解决新矛盾，改善和保护生态环境是必由之路。

（三）绿色技术创新与绿色产业体系理论

通过绿色技术创新构建绿色低碳循环发展的绿色产业体系是推进绿色发展的动力支撑。2015年中共中央、国务院制定的《关于加快推进生态文

---

① 习近平. 习近平谈治国理政：第一卷[M]. 北京：外文出版社,2014:209.

明建设的意见》明确指出，要"调整优化产业结构""发展绿色产业"。

构建绿色产业体系要求大力创新绿色技术、构建市场导向的绿色技术创新体系，通过绿色技术创新解决中国发展面临的资源环境约束问题，从资源要素投入转向创新要素投入，实现产业结构绿色转型，实现经济高质量发展。习近平总书记强调："实施创新驱动发展战略……是加快转变经济发展方式、破解经济发展深层次矛盾和问题的必然选择。"[①] 传统发展方式中经济增长对自然资源的依赖性很高，投入要素的单一化加快了资源枯竭与生态破坏。所谓绿色技术，一般是指能减少污染、降低消耗和改善生态的技术。传统的技术创新将重点放在提高生产效率、减少生产资源投入上，绿色技术创新将重点放在减少环境污染、开发新能源、资源循环利用上。

构建绿色产业体系要求发展绿色产业，推动传统产业的绿色转型。习近平总书记指出："让绿水青山充分发挥经济社会效益……关键是要树立正确的发展思路，因地制宜选择好发展产业。"[②] 与传统产业相比，绿色产业的优势在于生产过程中投入的自然资源更少、产生的废弃物更少，实现了资源循环利用，保护和改善了生态环境。不同于之前土地产业与工业产业发展中单一要素占据主导地位，绿色产业发展中，技术要素、资源要素、管理要素都发挥着决定性作用。绿色产业作为绿色发展的支柱产业，其自身发展与绿色发展提出的经济、社会、生态协调统一是高度契合的，绿色产业的发展状况直接反映了发展方式绿色转型的效果。习近平总书记指出："经济方式的转变必将孕育新产业的发展。"[③] 绿色产业作为一个新兴产业，它的发展可以为中国经济带来一个新的增长点，也是推动中国发展模式绿色转型的一个动力支撑。习近平总书记指出："绿色循环低碳发展……是当今最有前途的发展领域，我国在这方面潜力相当大，可以形成很多新的经济增

---

① 习近平. 为建设世界科技强国而奋斗[N]. 人民日报,2016 – 06 – 01(002).

② 习近平. 在参加十二届全国人大二次会议贵州代表团审议时的讲话[M]//习近平关于社会主义生态文明建设论述摘编. 北京:中央文献出版社,2017:23.

③ 习近平绿色发展三大思路:绿色惠民、绿色富国、绿色承诺[EB/OL]. 新华网,[2016 – 01 – 10]. http://news. xinhuanet. com/politics/2016 – 01/10/c_128613086. htm.

长点"。① 绿色产业也对国家间的经济竞争具有重要影响，各国绿色产业发展水平不同，但总体来看，中国和发达国家还处于同一个起跑线上，我国应该加大对绿色产业发展的扶持力度，争取在国际竞争中占据有利位置。

传统产业的绿色转型也是中国产业结构转型、构建绿色产业体系的一个重要方面。习近平总书记指出："根本改善生态环境状况，必须改变……过多依赖高耗能高排放产业的发展模式"，② 要"支持制造业绿色改造，引导实体经济向更加绿色清洁方向发展"。③ 改革开放以来，依赖劳动和资本等要素投入的传统产业一直是中国经济高速发展的主要动力支撑，但是进入新时代，中国产业结构面临资源紧缺和生态破坏严重的压力，要求我们加快对传统产业的改造升级，实现从粗放型经济向集约型经济转变，最终建成绿色低碳循环型经济。构建绿色产业体系要求在资源和能源消费结构中提高清洁能源的使用比例，习近平总书记强调："要控制能源消费总量，加强节能降耗，支持节能低碳产业和新能源、可再生能源发展，确保国家能源安全。"④ 清洁能源对资源的依赖程度低，对生态环境污染小，可以在实现经济增长的同时改善生态环境。实现绿色发展要求我们必须完成发展动力的清洁转换，逐步减少化石燃料的使用，加快发展绿色技术，加强对风能、太阳能等清洁可再生能源的利用。发展动力的清洁转换在缓解我国日益加剧的能源危机的同时保护了我国的生态环境，是我国构建绿色产业体系的必由之路。

（四）绿色发展方式和生活方式转型理论

形成绿色发展方式和生活方式是实现绿色发展的有效路径。习近平总

---

① 习近平. 以新的发展理念引领发展,夺取全面建成小康社会决胜阶段的伟大胜利[M]//十八大以来重要文献选编. 北京:中央文献出版社,2016:826.

② 推动形成绿色发展方式和生活方式 为人民群众创造良好生产生活环境[N]. 人民日报,2017 - 05 - 28(001).

③ 习近平. 在中央经济工作会议上的讲话[M]//习近平关于社会主义生态文明建设论述摘编. 北京:中央文献出版社,2017:35.

④ 习近平. 在十八届中央政治局第六次集体学习时的讲话[M]//习近平关于社会主义生态文明建设论述摘编. 北京:中央文献出版社,2017:45.

书记指出："生态环境保护的成败，归根结底取决于经济结构和经济发展方式。"① 绿色发展与我们每个人息息相关，能否完成发展方式的绿色转型决定了我们的生存环境是否优美，这就要求我们在生产中形成绿色发展方式，在生活中形成绿色生活方式。习近平总书记强调："我们既要创新发展思路，也要创新发展手段。要打破旧的思维定式和条条框框，坚持绿色发展、循环发展、低碳发展。"② 转变经济发展方式要求从粗放型增长转变为集约型增长，从高速经济增长转变为高质量发展，这就要求我们摒除传统发展中一味追求 GDP 增长而无视资源浪费和生态破坏的情况，走人与自然、资源和社会协调发展的道路。

绿色发展方式要求我们树立尊重自然、顺应自然、保护自然的绿色发展理念。习近平总书记指出，"绿水青山"与"金山银山"之间是良性互动的关系，"绿水青山和金山银山决不是对立的，关键在人，关键在思路"。③ 经济增长的同时要实现生态保护，生态良好产生良好的经济、社会效益，催生新的经济增长点。绿色发展方式是发展导向的转变，从追求利润转向追求可持续发展。绿色发展方式要以可持续发展为目标导向，不仅要实现经济利润的增加，同时要求兼顾生态利益和环境利益，甚至可以在发展中短期内牺牲一部分经济利益来换取生态利益。我国当前面临严重的生态问题，主动降低经济增长的速度，实现发展方式绿色化，才能真正实现经济发展、环境保护和生态建设之间的相互协调。

绿色生活方式要求我们在生活中形成简约适度、绿色低碳的生活、消费习惯。习近平总书记提出，"要加强生态文明宣传教育，强化公民环境意识，推动形成节约适度、绿色低碳、文明健康的生活方式和消费模式，

---

① 习近平. 在海南考察工作结束时的讲话[M]//习近平关于社会主义生态文明建设论述摘编. 北京:中央文献出版社,2017:19.

② 习近平. 深化改革开放,共创美好亚太[M]//十八大以来重要文献选编. 北京:中央文献出版社,2014:440－441.

③ 习近平. 在参加十二届全国人大二次会议贵州代表团审议时的讲话[M]//习近平关于社会主义生态文明建设论述摘编. 北京:中央文献出版社,2017:23.

形成全社会共同参与的良好风尚"①，"大力增强全社会节约意识、环保意识、生态意识"。② 改革开放初期，中国的生产力发展水平较低，物质产品的普遍匮乏导致在发展中对自然资源过度开采，环境保护需要让位于经济发展。在新时代，我国生产力水平已经提高，物质产品极大丰富，人们对美丽生存环境的需要大大加强。中国资源环境问题的严峻现实也迫使人们重新审视人与自然之间的关系，改变自己过度追求享乐的消费习惯，协调物质需求与精神需求之间的关系，形成低碳化、可持续的消费与生活方式，把建设美丽中国化为自觉行动。从长远来看，提高每个公民的环保意识，才是建设美丽中国、实现绿色发展的永续动力。

（五）绿色发展制度体系理论

系统完备、科学规范、运行有效的制度体系是绿色发展的保障。习近平总书记曾强调，"推动绿色发展，建设生态文明，重在建章立制，要用最严格的制度、最严密的法治保护生态环境"。③ 他提出，要按照系统工程的思路来开展生态保护工作，从"事前—事中—事后"三个环节，全方位、全过程地构建系统的绿色发展制度体系，全面推进绿色发展。

首先，在事前构建强制性制度与自发性制度相结合的制度体系。习近平总书记指出："要建立健全资源生态环境管理制度，加快建立国土空间开发保护制度，强化水、大气、土壤等污染防治制度，建立……资源有偿使用制度和生态补偿制度。"④ 要明确生态红线，建立自然资源产权与使用制度，为污染排放构建一套系统的指标与管理制度，通过制度来强制性规范企业的生产活动。"我国生态环境保护中存在的一些突出问题，一定程度上与体制不健全有关，原因之一就是全民所有自然资源资产的所有权人

---

① 习近平. 习近平谈治国理政：第二卷[M]. 北京：外文出版社，2017：396.
② 习近平. 在海南考察工作结束时的讲话[M]//习近平关于社会主义生态文明建设论述摘编. 北京：中央文献出版社，2017：19.
③ 习近平. 习近平谈治国理政：第二卷[M]. 北京：外文出版社，2017：396.
④ 习近平. 在十八届中央政治局第六次集体学习时的讲话[M]//习近平关于社会主义生态文明建设论述摘编. 北京：中央文献出版社，2017：100.

不到位。"① 由于我国市场经济发展不完善，产权界定、产权交易权安排和产权交易制度存在缺陷。我国目前的自然资源产权以公共产权为主，通过自然资源产权所有权代理和使用权市场化来实现公共产权市场化，从而减少政府在自然资源配置与保护中的失灵。政府应对自然资源使用权和经营权进行分离和市场化，明确使用者和经营者各自权能，引入非国有制企业参与自然资源的经营和竞争，形成多元化的自然资源经营制度。

其次，在事中完善环境保护督察制度与公众参与制度。习近平总书记指出："要……加强自然资源和生态环境监管，推进环保督查……完善环境保护公众参与制度。"② 实行环保督察制度是建立环境保护长效机制的重要环节。在我国发展过程中，一些地方政府为了追求经济的高增长，在执行中央政府的环境保护工作时大打折扣。这就要求我们建立完善长效的督察制度，确保地方落实中央的统一部署。完善环境保护督察制度，确保督察以问题为导向，确保督察工作的规范性、科学性。完善公众参与制度，首先要在法律上明确公民环境权，保障公众参与环境保护的权利；其次要完善环境信息公开制度和公众意见反馈制度，形成健全的知情、监督、表达、诉讼机制。

最后，在事后建立党政领导干部生态环保考核机制。习近平总书记指出："最重要的是要完善经济社会发展考核评价体系，把资源消耗、环境损害、生态效益等体现生态文明建设状况的指标纳入经济社会发展评价体系。"③ 在党政干部晋升环节的政绩考评中，不再唯 GDP 论，加入生态环境保护成效的内容，建立体现资源和环境保护的完善绩效评价体系，并探索编制自然资源资产负债表。地方不能不发展，也不能为了发展而牺牲环境，应该用绿色发展效率来衡量地方官员的政绩。除此之外，习近平总书记还强调："对那些不顾生态环境盲目决策、造成严重后果

---

① 习近平.关于《中共中央关于全面深化改革若干重大问题的决定》的说明［M］//十八大以来重要文献选编.北京:中央文献出版社,2014:507.

② 推动形成绿色发展方式和生活方式 为人民群众创造良好生产生活环境［N］.人民日报,2017 - 05 - 28(001).

③ 习近平.习近平谈治国理政:第一卷［M］.北京:外文出版社,2018:210.

的人，必须追究其责任，而且应该终身追究。"① 要建立对党政干部的问责制度，包括了环境破坏的终身追责原则、生态环境离任审计原则，以法律规定为标准，以事实为依据，对行政不作为造成生态环境破坏的地方政府追究失职责任。通过倒逼机制，督促各级党政领导干部加强对生态环境保护工作的重视。

三、新时代中国特色社会主义绿色发展理念的理论创新

（一）新时代绿色发展理念是对马克思主义生态思想的重大创新

新时代绿色发展理念继承地发展了马克思的人与自然辩证关系的理论。马克思将人与自然看作一个整体，人与自然相互联系、相互影响、密不可分。马克思指出："人创造环境，同样，环境也创造人。"② 马克思看到了资本主义生产给生态环境带来的巨大破坏，他认为减少废弃物，必须依靠科学技术的进步。虽然马克思没有明确提出"绿色发展"的理念，但是他的主张蕴含了绿色发展的思想。马克思只是在生产领域提出要实现废弃物的循环利用和再资源化，而习近平的绿色发展理念将生态文明融入经济、社会、政治、文化、外交各个方面。绿色经济体现在经济增长不以牺牲生态环境为代价。在社会层面，习近平的绿色发展理念提出，人要实现与自然环境协调发展，绿色发展是实现中华民族永续发展的唯一选择。在政治层面，习近平总书记指出，"自然生态要山清水秀，政治生态也要山清水秀"，③ 严惩腐败分子是保持政治生态山清水秀的必然要求。在文化层面，要求大力弘扬绿色文化，人人践行资源节约、低碳消费的生活模式，让每一个社会成员都可以勇担建设美丽中国的时代责任。在外交层面，习近平总书记站在人类命运共同体的高度，提出绿色发展就是对全球的生态安全负责，对人类未来的发展命运负责，对马克思的生态思想进行了理论创新。

---

① 习近平. 习近平谈治国理政：第一卷[M]. 北京：外文出版社，2018：210.
② ［德］马克思，恩格斯. 马克思恩格斯选集：第4卷[M]. 北京：人民出版社，1995.
③ 政治生态也要山清水秀[N]. 新华每日电讯，2015－03－08(005).

（二）新时代绿色发展理念是对马克思财富理论的重大创新

马克思将人和自然要素都看作财富的来源，认为通过交换而具有使用价值的稀缺的物品才是真正的财富。习近平绿色财富的相关论述中，认为生态环境也是人类的财富之一，拓展了马克思的财富含义。马克思认为，在资本主义社会，资本家对财富的贪欲导致了资产阶级和无产阶级的两极分化，资本主义制度也是生态环境破坏的根本原因；在未来社会，财富创造可以促进人的全面自由发展，财富创造与人的发展是一个相辅相成的过程。马克思指出："个人全面发展和他们共同的、社会的生产能力成为从属于他们的社会财富。"① 习近平的绿色发展理念将马克思财富理论与中国特色社会主义经济发展现实相结合，认为一味地追求财富也会造成严重的生态破坏。如果没有良好的生态环境，人类自然也没办法从大自然获得所需的资源，更无法创造物质财富。所以从根本上说，"青山绿水"才是人类最需要的、最基础的、最珍贵的财富。习近平的绿色财富观准确科学地阐释了人与自然相互依存、共生共长的关系，转变了人们的发展观与政绩观，促使人们在经济发展的过程中不断重视对生态环境的保护。

（三）新时代绿色发展理念是对马克思生产力理论的重大创新

马克思在生产力理论中提出，自然力也是生产力，他认为，自然界是构成生产力的基本要素，农耕文明之前的财富"与其说来自劳动不如说是来自自然本身"，而且"自然力……是特别高的劳动生产力的自然基础"。② 可见，劳动的自然生产力是自然界本身蕴藏着的、有助于物质财富生产的能力。生态环境与生产力之间是相互促进、协调发展的，而不是相互对立、相互排斥的，社会生存与再生产的动力来自社会生产力与自然生产力的结合。但是人们以往在理解生产力的时候，总是将人放在中心位置，认为自然界是为人类服务的，将对自然的破坏视为发展生产力的必要条件，

---

① ［德］马克思，恩格斯. 马克思恩格斯全集：第30卷［M］. 北京：人民出版社，1995：108.

② ［德］马克思. 资本论：第三卷［M］. 北京：人民出版社，2004：728.

完全忽视破坏环境带来的负面后果，导致生态退化、环境恶化，是对马克思主义生产力理论的误解。绿色生产力提出，治理环境就是解放生产力，生态环境破坏则限制了生产力，资源紧缺和环境破坏成为束缚中国经济发展的主要障碍，因此，治理环境、保护生态在新时代就是解放生产力，改善环境就是发展生产力。保护自然生态环境，不仅是对人类自身生存条件的保护，更是对劳动对象、劳动资料和劳动能力的保护。习近平的绿色发展理念拓展了马克思生产力理论，为我国经济增速减缓、环境恶化、国内主要矛盾转移的当下，指明了发展生产力的方向与方法。

（四）新时代绿色发展理念是对发展方式理论的重大创新

从古典经济学家开始，发展方式的选择就是人们不断探讨的话题之一。亚当·斯密认为，分工推动了社会的发展；重商主义提出，商业是社会发展的主要动力；重农学派认为，农业的进步是社会发展的基础；新古典经济学家认为，发展源于技术的进步。马克思将发展分为外延的发展方式与内涵的发展方式。发展经济学家而后又提出，资本、人力资本是推动发展的决定因素。阿玛蒂亚·森认为，拓展人的权利才是正确的发展方向。习近平强调："推动形成绿色发展方式和生活方式，是发展观的一场深刻革命。"[1] 他创造性地提出了绿色发展的思想，认为保护环境基础上的发展才是真正的发展，牺牲生态环境的发展决不可取。长期以来，经济增长与经济发展之间的区别被混淆，许多人片面认为经济增长就是经济发展，对于发展缺乏全面的认识。新时代绿色发展理念从可持续发展的理念出发，将经济、生态、资源的协调统一作为社会发展状态评价的核心，将人的全面发展、人与自然协调发展作为目标，提出低碳经济、循环经济、绿色经济是人类未来发展的方向，走人与自然可持续发展的绿色发展道路是构建人类命运共同体、实现人类永续发展的必由之路。

---

① 推动形成绿色发展方式和生活方式 为人民群众创造良好生产生活环境[N]. 人民日报，2017 - 05 - 28(001).

第二篇

生态文明建设实践篇

第七章　西部生态文明建设：
困境、利益冲突及应对机制

丝绸之路经济带是国家深化西部大开发、推动向西开放的新型经济发展倡议。西部地区是我国生态文明建设的重点区域，同时面临经济滞后和环境脆弱的双重约束，丝绸之路经济带建设一方面会改变西部生态文明建设面临的约束条件，另一方面会提高经济发展对生态文明建设的要求。本章从西部生态文明建设的利益格局出发，运用"利益关系—主体行为—制度安排—激励结构"的政治经济学分析框架，研究了丝绸之路经济带背景下西部生态文明建设面临的机遇与挑战，分析了丝绸之路经济带背景下西部生态文明建设面临的现实困境以及三大行为主体的利益冲突，阐述了现有制度安排的缺陷，研究了丝绸之路经济带政策影响下三大行为主体的行为选择过程，从调整激励结构的角度提出丝绸之路经济带背景下完善西部生态文明建设的应对机制。

一、丝绸之路经济带背景下西部生态文明建设的现实困境

（一）西部地区生态环境脆弱性与重要性的双重特征

古丝绸之路形成于 2000 多年前西汉使者张骞出使西域之后。这条贯穿中原与西域的丝绸之路由西北地区向外创造了联通东西方的国际贸易通道，在中国盛唐时期达到繁荣顶峰。但是中国西北地区的生态环境十分脆弱，地形复杂多样，集中了我国几个主要的高原和盆地，内部各地区间的层级和板块分布明显且带有各自的特征。以干旱半干旱气候为主，受季风

影响较大，降水的空间分布极不均匀。地形条件和气候特征影响了西部地区的河流和生物分布状况，使得西部地区内部生态脆弱的程度不同、类型多样。同时，受历史条件影响，战争和过度砍伐导致西北地区生态环境进一步恶化。生态环境恶化增加了商贸活动的成本，恶劣的自然条件提高了长途贸易的风险，古丝绸之路的衰落与西北地区生态环境恶化有重要关系。那么，在建设丝绸之路经济带时，就必须认识到西部地区生态脆弱的现实和西部地区生态文明建设的重要性。

生态环境脆弱只是西部地区生态文明建设面临的困难之一。作为中国的生态屏障，西部地区在全国生态文明建设中的关键性地位提高了其生态文明建设的要求。一方面，从西南地区的森林生态系统到北方的草原生态系统，组成了中国西部的生态防线，在调节气候、防治沙漠化等方面起到了重要作用；另一方面，西部地区是长江、黄河、澜沧江等大江大河的发源地，该地区的生态环境直接影响到全国的水资源状况。随着经济发展、人民生活水平提高、环保意识增强，人们对西部地区提供全国生态公共产品的要求也会提高。而随着丝绸之路经济带的不断发展完善，会有更多地区被纳入经济带中，西部生态环境的系统性作用会提高，生态文明建设的压力会增大。

（二）经济发展滞后条件下提供高质量环境产品的"责任错配"

西部地区生态环境的双重属性是由自然条件所决定的，这是西部地区生态文明建设必须面对的问题，也是丝绸之路经济带建设中必须克服的不利因素。但是，在自身经济发展滞后的情况下为全国提供高质量的生态环境产品，造成了西部地区生态文明建设的过度负担。从支出的角度来看，生态环境恢复和保护需要大量的资金支持，而西部地区的经济发展水平长期落后于全国，难以为生态建设提供充足的财政保障。从收入的角度来看，西部地区的生态环境建设在一定程度上限制了地区自然资源的开发利用。丝绸之路经济带的建设推动了西部地区与中亚地区深入开展能源合作。能源资源是西部经济发展的重要支撑，西部地区会面临生态保护与能源开发的矛盾。从消费需求的层次来看，优美的自然环境是高层次的消费，而基本的生活和生产消费则处在基础地位，发达地区用经济发展置换生态改善的意愿要强于经济落后地区。因此，西部地区在经济发展仍然滞后的背景下，还要为全国提供高质量的环境产品，可以被看作一种"责任错配"。这构成了西部地区生态文明建设的目标困境，在"责任错配"下，西部生态文明建设的滞后将阻碍丝绸之路经济带的建设。

（三）民族地区反贫困背景下生态文明建设的双重压力

西北民族地区与中亚地区在文化风俗、生活环境等方面具有很大的相似性，是与中亚地区广泛开展文化和旅游合作的重要区域。但是，西部地区也是我国最主要的贫困地区，特别是民族地区，贫困问题更加严重。2012 年新划分的 14 个集中连片特困区中，西部地区的贫困县有 502 个，占总数的 73.8%，其中少数民族地区国家级贫困县的数量占西部地区国家级贫困县总数的 59.7%。贫困导致经济发展中可投入的要素减少、经济发展对自然资源的依赖性提高，而大量的资源开发会对生态环境造成不利影响，在长期又会加剧贫困。丝绸之路经济带的能源合作加大了西部民族地区生态文明建设的压力，对解决西部民族地区贫困问题来说也是一把"双刃剑"。在经济合作中，经济开发与生态建设的良性互动将有助于解决民族地区的贫困问题，反之会造成生态恶化、加剧民族地区的贫困。因此，在丝绸之路经济带背景下，西部地区反贫困和生态建设面临新的机遇和更大的压力。

二、丝绸之路经济带背景下西部生态文明建设的利益冲突

作为一项重大倡议，丝绸之路经济带会改变西部生态文明建设各参与主体的利益格局，而利益问题是人类生存和发展的根本问题。马克思指出："把人和社会连接起来的唯一纽带是天然必然性，是需要和私人利益。"由于物质利益关系的变化，各经济主体会因利益冲突而采取不同行为，从而对西部生态文明建设产生重要影响。

（一）经济利益与生态利益的冲突

西部地区生态文明建设中涉及的最直观的利益问题就是各参与主体的经济利益与生态利益的冲突与对立，集中表现在地方政府和企业两个层面上。

从地方政府层面来看，丝绸之路经济带建设是西部地区发展经济的契机，各省份都充分认识到参与丝绸之路经济带建设的重要性，纷纷出台省级层面的建设规划，并与中亚地区达成部分合作项目。但从当前西部各省的实施情况来看，在丝绸之路经济带建设的初期，能源合作是西部各省经济合作的主要方向。如新疆提出在油气资源开发领域发展混合所有制，引进外部投资；陕西和国家能源局共同召开丝绸之路经济带能源合作发展会议研究对外能源合作；甘肃提出建设国内最大的铀储备、转化、浓缩以及后处理基地。开展能源合作会给西部地区经济增长提供新的动力，符合地方政府经济利益最大化的目标，但在生态环境极度脆弱的西部地区开展能源合作孕育着巨大的生态破坏风险，使得西部地区经济利益与生态利益的对立更加明显。

从企业层面来看，企业是经济合作的载体，也是丝绸之路经济带建设的执行主体。西部地区的资源型企业初始技术水平低，大生产和大排放在迅速提升企业利润、扩大企业规模的同时也会破坏整个地区的生态利益。正如生态马克思主义者奥康纳所言："对资源加以维护或保护，或者采取别的具体行动，以及耗费一定的财力来阻止那些糟糕事情的发生，这些工作是无利可图的。利润只存在于以较低的成本对新或旧的产品进行扩张、积累以及市场开拓。"丝绸之路经济带建设中，以企业为纽带的能源合作蕴藏着巨大的环境风险，这种环境风险正是能源开发的经济利益与区域环境利益的冲突导致的。

（二）局部利益与整体利益的冲突

丝绸之路经济带建设是西部地区实现区域经济快速增长、缩小与东部发达地区经济差距的重要契机，利用一切资源参与丝绸之路经济带建设符合西部地区的自身利益。在这样的背景下建设生态文明，西部地区面临局部利益与整体利益的冲突。

一方面，丝绸之路经济带建设中存在西部地区局部利益与全国整体利益的冲突。西部地区是丝绸之路经济带建设中向西开放的门户，对西部地区自身而言，通过能源合作等方式参与丝绸之路经济带建设符合西部地区经济增长的局部利益，而生态文明建设对全国的整体利益大于西部地区的局部利益，这种利益对比会导致西部地区在丝绸之路经济带建设中更偏好于大规模经济合作而降低在生态环境建设上的努力。但是，从丝绸之路经济带的长久发展来看，良好的生态环境是长期合作的基础，解决西部地区与全国之间的利益冲突至关重要。

另一方面，西部地区内部也存在局部利益与整体利益的矛盾，主要体现在城市与农村之间。丝绸之路经济带提出的互联互通、能源和贸易等经济合作都主要依靠城市经济展开，城市从中获得的收益最大，农村作为资源供给地获益较小。但是，西部生态建设的主要区域却在农村地区，生态保护的主体是农村居民而非城市居民。西部地区内部城市和农村之间经济发展差距大，大部分贫困人口集中在农村和偏远的少数民族地区。丝绸之路经济带建设可能会扩大地区内部城乡差距，使农村地区更可能在落后的技术手段下采取粗放式的资源开采来发展经济，不仅会造成资源浪费，也会严重破坏地区生态环境。在丝绸之路经济带建设中，注重平衡农村经济发展与区域生态环境保护的矛盾，引导农民主动参与生态文明建设，有助于形成生态文明建设的长效机制。

（三）政府利益与个体利益的冲突

政府利益与个体利益冲突集中体现在对经济资源和环境资源的争夺，以及政府对个体利益的侵占上。西部地区经济发展水平较为落后，生态文明建设面临着地方政府的财政约束。在经济落后地区政府主导的经济开发中，一方面，政府希望发展经济但又无法通过严格的环境规制降低企业环境污染；另一方面，政府需要建设生态环境却无法提供充足的财政支持。

从退耕还林政策开始，西部地区开始了大规模的生态恢复工程。退耕还林政策对生态环境的改善起到了显著作用，但随着财政补贴陆续到期，退耕还林农户的长远生计问题未能得到解决，补贴不到位也降低了政府信誉，使得农户长期参与退耕还林的积极性受损。丝绸之路经济带建设中的大规模经济合作同样面临类似问题。能源合作、管道铺设和基础设施建设过程中必然要利用大量生态资源，对生态环境造成影响，政府对居民生态补贴的缺失会加大政府利益与个体利益的冲突。

三、丝绸之路经济带与现行制度背景下西部生态文明建设主体的行为选择

利益冲突引发经济主体调整自身行为，而行为选择受到既定制度安排的影响。针对地方政府、个人和企业三大行为主体，现有的代表性制度主要有财政分权下中央对地方的转移支付制度、地方政府对个人的生态补偿制度以及各级政府对企业实行的环境规制制度。在这三种典型的制度背景下，地方政府、个人和企业在生态文明建设中选择了不同的行为策略，而丝绸之路经济带建设通过现有的制度安排对不同行为主体产生影响，最终影响西部地区的生态文明建设。

（一）财政分权下的转移支付制度使地方政府缺乏生态文明建设的积极性

西部地区生态文明建设的重要困难源于自身经济发展落后、地方政府财政收入水平低。分税制改革后，地区财政能力更加依赖于地区经济发展水平。有研究表明，财政分权制度会使得地方财政收入减少，进而降低地区的环境质量，特别是在经济落后地区，财政分权对环境的负向作用要高于发达地区。为了解决经济落后地区财政能力减弱导致的公共产品供给不足，中央政府通过转移支付等方式向地方政府提供财政补贴。西部大开发后的2000—2012年，中央财政对西部地区财政的转移支付累计达8.5万亿元，中央预算内投资安排西部地区累计超过1万亿元，均占全国总量的

40%左右。丝绸之路经济带建设同样会改变中央对西部地区的转移支付强度，改变地方政府的财政能力，进而影响生态文明建设。

中央政府向地方政府的转移支付是支持地方政府提供公共物品的重要手段。其中，总量性质的转移支付能部分地提升地方政府提供公共产品的能力。但在财政分权和基于政绩考核的政府竞争中，地方政府会对教育、卫生、环境等非生产性公共品的投资缺乏积极性，公共支出结构出现"重基本建设、轻人力资本投资和公共服务"的明显扭曲。丝绸之路经济带建设涉及互联互通、能源、商贸、旅游和产业转型等多领域合作，较多地涉及基础设施建设和生产性投资，会提高中央政府对西部地区的财政支持和政策优惠程度，从而提高西部地区政府的财政能力。配套性质的转移支付可以规定资金配置方向、调整地方政府公共产品供给结构，对地方政府建设生态文明具有重要作用。但是配套性质的转移支付要求地方政府提供与中央政府财政补贴相配套的财政支出。西部地区政府财政能力较弱，生态环境建设在短期又无法增加财政收入，因此，地方政府在配套性质转移支付项目的申请和执行上一直缺乏积极性。

一方面，丝绸之路经济带建设会提高政府的财政能力。但在财政能力提高的情况下，地方政府可能会更加偏向于生产性项目投资，借助丝绸之路经济带建设开展大规模资源开发和基础设施建设，对生态文明建设的投入力度和关注程度会降低。另一方面，从现实来看，各地区为了抓住丝绸之路经济带建设的契机，竞争性地开展经济合作，在生态文明建设上却缺乏统一协调框架，这可能导致经济开发与生态环境建设的脱节。

（二）生态补偿机制的不完善使个体参与生态文明建设的动力不足

作为公共产品，生态环境体现出生产成本自担、收益共享的特性，这会导致生态环境建设的"搭便车"问题。解决这一问题的关键是通过生态补偿机制完善生态环境资源的收益分配。丝绸之路经济带建设中的各项经济合作都会涉及资源的收益分配，特别是能源、旅游和基础设施建设中对资源、环境和土地的利用，会引发更加复杂的利益关系。但现有的生态补偿制度缺乏对生态文明建设行为主体经济利益的有效保护，政府对个人参与生态建设的补偿存在不可置信承诺。毛乌素沙漠治理就是一个典型案例。毛乌素沙漠是中国的四大沙地之一，近代以来向外扩张速度加快，成为中国土地沙化的重要沙源地。20 世纪 80 年代开始，在政府"谁治沙，谁造林，谁所有，谁受益"政策的激励下，民营企业和个体承包荒沙造林成为毛乌素沙漠整治的重要组织形式。按照规定，农民和民营企业通过承包沙地、植树造林等方式参与沙漠治理，自己承担承包和建设费用，政府根据农户的治沙完成面积提供一定的生态补偿款。但实际上，政府对农户的治沙行为主要给予了精神奖励，并未落实应有的经济补偿，其中具有代表性的人物，如石光银、白春兰、牛玉琴等治沙英雄，都因治沙工程的补偿欠款背负了千万元的债务。这个案例反映出，在生态环境资源的收益分配上，一方面，地方政府希望居民通过提供生态资源参与生态文明建设，但又不能按照起初的政策向居民提供相应的经济补偿；另一方面，政府期望居民提供的生态资源长期发挥环境建设的作用，以生态资源的公共属性为理由限制居民通过市场化的方式从中获取经济收益。两方面的权力限制导致参与生态建设的个体利益受损，陷入经济困境。

丝绸之路经济带建设中，能源开发和基础设施建设会占用生态资源，对个体的生态补偿直接影响经济合作的效果，补偿缺失会加大西部地区生态建设的压力。旅游合作对生态环境资源的影响更加明显，西部民族地区拥有丰富的旅游资源，但同样面临严重的贫困问题，旅游开发中的生态补偿不仅影响旅游合作的经济绩效，同时对解决民族地区的生态贫困问题具有重要作用。如果补偿机制缺失，个体就缺乏参与环境建设的动机，倾向于按照已有的粗放式资源开发方式获得经济收益，旅游合作也会丧失环境基础，经济落后地区陷入生态恶化和贫困的双重困境，西部地区生态文明的长期建设也面临更大困难。

（三）环境规制制度使企业面临能源合作和生态环境建设的现实困境

企业是丝绸之路经济带建设的执行主体，也是生态文明建设的主体之一。企业首先是追求利润最大化。正如马克思所说，"企业为了直接的利润而从事生产和交换⋯⋯他们首先考虑的只能是最近的最直接的结果"。但是大规模生产会对生态环境造成不利影响，财富增长的代价是日益严重的环境污染。从西部地区各省份参与丝绸之路经济带建设的现实来看，能源合作和基础设施建设是初期经济合作的主要内容。能源资源开发对生态环境的影响巨大，对资源型企业实行环境规制是不可避免的问题。但是，环境规制会对企业的产出效率产生不同影响。波特（Porter）1991 年提出，强力的环境规制会推动企业的生产技术进步，通过诱发创新来抵消企业环境维护的成本，在降低环境污染的同时提高厂商的竞争优势。但是，已有研究表明，波特假说的实现受到企业初始技术水平和地区经济发展状况的影响，在中国的东部、中部和西部地区存在较大差异，西部地区的环境规制并未形成对企业生产技术的推动作用。一方面，面对强力的环境规制，经济落后地区的企业无法通过技术创新来控制污染，转而通过贿赂环境监管部门来获得较轻的污染排放控制；另一方面，控制污染可能导致企业利润下降、企业产出下降甚至倒闭，对地方财政造成不利影响，地方政府有动机帮助企业规避环境规制。环境规制提升企业技术和控制污染的作用未得到有效发挥。

能源合作在丝绸之路经济带建设中占据重要地位，但是，能源产业本身具有污染性，能源开发强度提升会加大区域生态环境承载的压力，必须通过环境规制减少企业行为对生态环境的不利影响。因此，从企业层面来看，以能源合作为基础的丝绸之路经济带建设为企业发展提供了机遇，但能源开发过程中的环境风险和现有的环境规制制度又构成了企业参与丝绸之路经济带建设的现实约束。可见，在丝绸之路经济带建设中，如果严格控制企业行为对生态环境的影响，企业将面临参与能源合作和生态环境建设的现实困境。

四、丝绸之路经济带背景下西部地区生态文明建设的应对机制

丝绸之路经济带建设会对西部生态文明建设行为主体的利益产生影响，并通过现行的制度安排改变生态文明参与主体的行为。因此，应分析丝绸之路经济带背景下西部地区生态文明建设各参与主体间利益格局的变化，调整激励结构，引导新制度环境下生态建设各参与主体的行为选择，形成各主体广泛参与的生态文明建设新格局。

（一）强化财政监督机制，优化财政支出结构

丝绸之路经济带建设在为西部经济发展提供契机的同时，必然伴随着一定的财政支持和政策优惠，进而改变西部生态建设面临的投入约束。然而，理性的各地地方政府会以经济合作为契机，加大能够带来当前经济利益的生产性公共产品的供给，进而导致生态文明建设的相对投入水平下降。因此，在丝绸之路经济带建设的过程中，首先，必须以强化财政监督为抓手，加强对地方政府财政支出的监督管理，考评地方政府财政支出中生态环境建设占比的变动状况。通过设立生态文明建设的专项资金，将丝绸之路经济带建设过程中的能源资源开发、物流商贸合作、旅游产业发展与地区生态环境建设相结合。其次，在地方政府财政能力提高的背景下，重视财政支出结构的优化。中央政府应提高对西部地区配套性生态建设项目的支持力度，加大对西部地区生态环境建设的配套性转移支付，确保丝绸之路经济带建设中西部生态环境的稳定，避免地方政府为开展经济合作而忽视生态环境建设，进而实现丝绸之路经济带沿线经济发展和生态建设的协调统一。

（二）调整官员激励机制，实行差异化考核体系

西部地区生态文明建设的双重属性及资源禀赋使其面临生态建设和经济发展的困境。在丝绸之路经济带建设中，西部地区要为其他地区乃至整

个经济带提供良好的生态保障，其生态环境状况对沿线经济合作以及整个经济带的长久繁荣具有重要意义。在丝绸之路经济带建设的绩效考评中，应充分意识到西部地区为整个经济带提供生态保障的机会成本。因此，在地方官员的晋升考核中，应采取政绩置换的方式，优化不同地区官员晋升考核中生态建设和经济发展的占比，通过建立地区自然资源资产负债表、地区经济环境综合发展指数，促使不同领域的工作成果在官员晋升中都能得到体现。进而在经济平稳发展的前提下，将生态文明建设、寻求人与自然的平衡和谐作为政府行政的重要目标，全面反映地方政府参与丝绸之路经济带建设中的绩效，尤其是在经济开发和生态建设都取得成效的地区，通过对当地政府官员的晋升奖励，促使其将丝绸之路经济带的经济合作和环境建设放在同等重要的位置。

（三）完善生态资源产权界定，优化生态补偿机制结构

丝绸之路经济带建设中互联互通、能源、旅游等经济合作，在占用生态资源的同时会由于收益的归属问题加大政府与个人之间的利益冲突。为了激发广大社会个体参与生态文明建设的主动性，首先应完善生态资源的产权界定。产权界定清晰有助于保证农户在主动提供生态资源时取得一定的经济收入。在丝绸之路经济带建设中利用生态资源开展经济合作时，应明确划分经济收益的归属，让广大社会个体能从经济合作中获益，进而形成积极提供生态产品的动机。

与此同时，西部地区在我国生态环境中的特殊地位要求其在经济开发过程中注重环境效益，而部分地区和资源的限制开发必然会使该地区的广大社会个体丧失借助丝绸之路经济带发展经济的机遇。因此，在生态文明建设的补偿机制中，应把限制开发自然资源作为西部地区生态文明建设的机会成本，加入对西部地区的生态补偿中来。应设立专门的财政补助项目，对开发利用生态资源最少的地区实行额外补助，鼓励地方政府和居民个人保护现有的生态资源，转变以资源开发为支撑的经济发展方式，进而促使个人在参与丝绸之路经济带建设的同时兼顾生态文明建设。

（四）调整环境规制强度，推动企业技术创新

在西部生态文明建设的要求下，作为丝绸之路经济带建设的主要执行主体，企业参与丝绸之路经济带建设必然会面临政府环境规制的约束。在生态文明建设的进程中，西部地区首先应凭借大型经济合作项目，吸引国内外先进技术企业参与经济开发，并以技术进步带动产业转型，将技术合作在国家层面制度化，进而通过项目学习先进技术，提高企业自身的技术水平，实现环境规制下企业的创新发展，从而使得环境规制在增加企业的生产成本的同时能够推动企业技术的革新。另外，技术合作和产业转型需要较长的缓冲期，国家应设立专项资金支持企业学习先进技术，推动产业转型，通过孵化基金、研发补贴等途径降低技术创新的时滞给企业发展带来的不利影响，避免企业因大量技术研发投入陷入短期生存困境。对技术落后的污染性企业，以丝绸之路经济带中的产业转型和商品贸易合作为契机，通过环境规制和政策扶持等手段引导这类企业向生态物流、旅游等现代服务业转型。

第八章　城市雾霾天气治理的生态文明建设路径

城市雾霾天气越发严重，凸显了我国生态问题的严峻性以及传统发展模式的难以为继。本章从利益、行为、制度和激励四个方面剖析生态文明建设缺失对雾霾天气的影响，进而在理论分析基础上从四个方面提出城市雾霾治理的生态文明建设路径。

一、生态文明建设的缺失是雾霾天气频发的根本原因

雾霾天气的产生有自然因素，但根本原因在于生态文明建设的缺失。具体体现在：不合理的生产行为以及能源消费行为，这和人类片面追求经济利益忽视生态利益直接相关；而环境保护制度的不完善以及片面的 GDP 绩效激励则助长了环境破坏的行为。

（一）传统工业文明下的生产消费行为是雾霾天气频发的直接原因

首先，粗放式的经济发展方式导致废气、废水和固体废弃物的排放总量居高不下。生产中产生的工业"三废"所引起的环境污染给人类生存带来很大威胁。二氧化硫排放量在 2011 年达到峰值，为 2118 万吨，之后虽有下降趋势，但截至 2017 年依然高达 875.4 万吨。烟尘排放量在 2014 年达到峰值 1740.8 万吨，2017 年下降至 796.3 万吨。高消耗、高污染的传统生产方式给生态环境带来了巨大压力。其次，能源消费结构不合理。目前我国能源消费仍以煤炭为主，2017 年中国煤炭消费总量 35.9 亿吨，占

一次能源消费比重的60.4%以上，水电、风电、核电等清洁能源的占比仅为8%。此外，城市机动车尾气排放对雾霾的影响不断加大。随着城市生活水平的提高，城市机动车保有量以年均15%的增速不断攀升，而燃油标准的制定与实施都严重滞后。化石能源燃烧释放的 CO_2、SO_2、固体颗粒物和汽车尾气的二次化学反应，更加剧了城市雾霾的严重程度。最后，城市的盲目扩张。近年来，我国城镇化主要依靠房地产业的土地扩张式城市规模扩张来推动，缺少与之配套的基础设施与产业结构转化，服务业比重与城市扩张之间严重失衡，有限的污染防治措施严重滞后。当污染烟雾的排放与积累超出城市空气自洁能力范围时，必然出现雾霾污染。这种以牺牲环境为代价的城镇化直接导致城市建设与生态环境的冲突，与生态文明倡导的人与自然和谐的内涵相悖。

（二）传统工业文明片面追求经济利益、忽视生态利益是雾霾天气频发的深层原因

对利益的追求是经济发展的推动力，正如马克思所说，"人们奋斗的一切，都同他们的利益有关"。雾霾天气正是经济主体片面追求经济利益忽视生态利益的结果。一方面，工业文明下，微观经济主体只考虑眼前利益与自身利益，未考虑长远利益和社会利益，导致环境破坏。以利润最大化为目标的企业缺乏对生态环境的关注，不加处理地排放污染物，导致生态环境的带状污染；农户使用农药和化肥的成本比人工劳作更低，导致农药化肥的滥用，构成了生态环境的面状污染；广大居民只顾自身利益不顾社会效益的机会主义行为则造成了生态环境的点状污染。另一方面，各级政府的目标与利益冲突是生态环境被破坏的另一重要原因。中央政府以全局利益与整体利益为重，强调生态环境保护和经济社会的可持续发展，将具体管理与实现委托给地方政府。但地方政府不仅是中央政府的下属机构与代理者，更是本地区经济发展的管理者与自身利益的实现者。有着实现本地区经济利益强烈要求的地方政府，往往以牺牲生态利益为代价寻求短期内经济的快速发展。这种地方保护主义行为偏离了全局利益和长远利

益。此外，地方政府之间也存在利益冲突，不同地方政府以本地区利益为导向，忽视其他区域的利益诉求。如能源富集区火力发电的电力输出直接导致该地区生态环境污染，而有的地方的污染治理只是简单地将污染产业转移到经济落后地区。

（三）生态文明建设制度体系不健全是雾霾天气频发的制度原因

首先，生态环境保护制度不够完善。现行的环境保护管理制度体制是根据 2011 年 10 月《国务院关于加强环境保护重点工作的意见》建立起来的，这一制度体制为末端治理和事后弥补。此外，我国虽然于 2011 年建立了生态保护区制度，但由于除了各级环保厅局一级实行中央与地方双重管理外，其余地方环保局的管理权力全在地方，在重经济发展轻环境保护的认识尚未得以纠正的情况下，环境保护不得不在经济与环境发生冲突时"被动让步"，生态保护制度难以落实。其次，市场化的环境保护机制尚未建立起来。现有的资源产品价格体系不完善，难以反映资源的稀缺程度以及生态环境的效益；目前我国只有少数地方试行排污权交易制度，从而难以发挥控制污染总量的作用；民间社会资本难以参与，存在环境污染治理方式、环境保护力量单一的体制问题。最后，我国环境污染责任追究制度不足。虽然有关法律对环境污染的责任作了一些规定，但"守法成本高、违法成本低"的环境保护悖论严重制约了生态环境保护的步伐。由于缺少与之相配套的环境污染责任追求制度，企业缺少技术创新的动力以及减少污染物排放的约束，甚至助长了企业的排污行为，生态环境进一步恶化。

（四）不当的激励机制助长了生态破坏行为是雾霾天气频发的间接原因

传统的发展模式以经济增长为目标，在实践中表现为各级政府追求以 GDP 为中心的增长。这一模式使得中国经济在较短时间内取得了高速增长，但这种增长是以"高能源消耗、高污染排放"为特点的，虽然提高了生产力，却过度地消耗了能源，破坏了生态环境。以 GDP 为标准的政府绩效考核体系存在较多缺陷，如经济增长过程中政府治理污染的费用、治理水土流失的投入以及居民因环境破坏致使健康受损而增加的医疗费用都被计入国民收入。这种单纯追求 GDP 的绩效考核体系在一定程度上鼓励决策者通过破坏生态环境来实现所谓的经济高速增长，客观上导致地方政府片面地追求经济增长速度，只重视当前利益而忽略长远利益，忽视经济增长带来的生态环境成本，忽视经济发展的质量和效益，间接地造成生态环境的严重破坏，加重了雾霾天气。

二、雾霾天气治理的生态文明建设路径选择

雾霾天气是人类经济社会活动与自然不协调的表现之一，要治理城市雾霾天气、实现经济发展与环境保护的平衡与协调，就需要从实现经济主体行为转变、完善生态文明制度体系、构建生态文明建设激励机制、协调生态利益与经济利益等方面大力推进生态文明建设。

（一）实现经济主体行为转变

首先是政府的行为调整。应加快产业结构调整，鼓励能源消耗小、废物排放少且具有市场潜力的产业发展；依靠经济手段和法律手段积极推行产业生态化及清洁生产，引导清洁能源与可再生能源的使用，通过财政补贴和税收政策对企业排污行为加以约束和引导；加大农业财政支持力度，加强农业技术创新由高化肥、高农药投入的严重污染方式向可持续的农业发展方式转变；加强能源结构调整，深化能源产品的价格改革，鼓励使用清洁能源，减少污染排放，同时加速可再生能源与新能源的技术与开发，降低对化石能源的消费依赖；以产业发展和城镇化进程协同互动促进城市的良性发展，减少城市人口过快聚集导致的环境污染。

其次是企业的行为调整。企业要把生态文明的理念融入日常生产经营管理活动中，从"先污染后治理"向清洁生产、绿色设计、绿色采购、绿色生产转变；依靠科技创新来转变落后的生产方式，采用可降解或可循环的材料，避免污染的简单转移；要从以经济效益为中心向经济效益、社会效益和生态效益兼顾转变，实现企业经济利润与环境保护社会责任相

统一。

最后是家庭的行为调整。要提高家庭的环保意识，树立人与自然、人与人和谐相处的生态文明观念；要减少和反对极度自私的、挥霍的享乐型高消费，减少大排量汽车的消费，减少一次性用品的使用，杜绝过度的包装，提倡绿色出行、绿色消费以及低碳生活，自觉减少破坏生态、污染环境的生活消费行为。

（二）完善生态文明制度体系

首先，建立健全生态保护制度和环境税费制度。强化环境质量标准，严格环境保护的行业准入制度，限制高耗能产业对环境的污染，利用科学合理的、针对"高碳经济、线性经济、黑色经济"的生态税费控制生态环境质量，从而将生态环境的污染内部化。其次，明晰环境产权，完善环境交易制度。强化与明晰能源环境的真正所有者与代理者，明确各自的权利与责任，避免"公地悲剧"；完善并推广排污权交易制度，发挥其控制环境污染总量的作用。最后，完善生态环境责任追究制度与环境损害赔偿制度。要加强生态环境信息公开制度，以法律条文的形式将公开信息的范围与内容加以明确规定，完善环境公益诉讼体制与环境保护有奖举报制度；同时，严抓环境执法，严厉打击各类环境破坏与违法行为，对环境事件行政人员予以严厉的责任追究，对环境污染的民事行为人予以重罚，减少人为原因造成的生态环境破坏。

（三）构建生态文明建设激励机制

首先，以建设美丽中国为目标，将生态环境保护和生态效益纳入绩效考核体系，构建科学合理的政府绩效考核机制。将 PM2.5 指数纳入减排约束与政府绩效考核体系中，构建以生态环境保护为核心的责任考核体系。其次，加强对环境情况的监测与预报，加大信息公开力度，及时披露监测信息，引导公众关注生态环境质量，发挥公众的舆论监督机制，提高公众监督意识以及舆论监督效力。同时，加强政策制定以及工程项目的公众参与度，使广大公众参与到有关政策的制定和工程项目的评价中来，间接实现对生态环境的保护。再次，鼓励上市公司披露碳排放信息和环境保护业绩，形成保护环境的良好氛围，客观上限制相关经济行为者的污染环境行为。最后，鼓励与扶持民间绿色环保组织或团体，给予政策优惠与资金支持，帮助其开展生态环保教育宣传活动，推进生态环保社会化。

（四）协调生态利益与经济利益

生态文明建设是一场涉及生产方式、生活方式、社会结构、价值观念等方方面面的革命，因此要充分分析利益相关者的利益诉求，满足各利益相关者的物质利益，将边缘的、潜在的利益相关者纳入。要使各经济主体在有利于生态文明建设时获得足够的利益，在不利于生态文明建设时付出足够的代价、承担足够的损失和惩罚。对于企业，要将生态文明建设的社会整体利益和企业发展利益相结合，对受政府管制的企业加以再造、引导和补贴。对于消费者，要引导其理性消费、绿色生活，通过税收调节和财政转移协调个人利益和集体利益。不同经济主体积极、广泛地参与到生态文明建设中来，才能形成推动生态文明建设的巨大合力。

第九章　中国农业污染的政治经济学研究

新时代满足人民对美好生活的需要离不开优质清洁的农产品，农业污染问题不仅威胁食品安全，还不利于农业绿色转型。本章从政治经济学利益分析的视角切入，对农业污染问题进行了理论分析和实证考察，进一步分析了农业污染的区域异质性特征，提出防治农业污染应统筹好经济利益和环境利益的关系，完善相应的制度安排和监督管理机制，设计全面的政绩考核激励机制以及多样化的财政支农方式。

一、问题的提出

中国特色社会主义进入新时代，人民日益增长的美好生活需要和不平衡不充分的发展之间的矛盾成为新时代的主要矛盾。美好生活的需要不仅包括物质文化产品，还包括优质的生态产品。作为使用最广泛的生态产品，农产品的清洁程度直接关系到全体人民的生活质量和人身安全。二元经济结构下的城乡不平衡发展也需要农业生产方式的转变，促进农村经济的绿色转型是解决发展问题的重要途径。党的十九大报告中指出，"农业问题是关系国计民生的根本性问题"，要坚持农业农村优先发展，建立生态宜居、城乡融合的体制机制和政策体系。新时代背景下，满足人民对美好生活的需要、促进农业绿色转型，首先要求治理农业污染。农业污染一般指面源污染，即指种植业中化肥、农药等要素的过量施用以及养殖业中乱排乱放，导致土壤和水体养分过剩，从而造成地表污染。据统计，我国单位耕地面积的化肥施用量已经超出了世界平均水平的4倍，农药的过量施用提高了害虫的抗药能力，这又迫使农药浓度和使用频率不断提高，进而导致农村整个生态链的恶性循环。事实上，我国农业生产条件的利用率并不高。研究显示，化肥在我国的利用率只有35%，而真正到达害虫体内的农药不足1%，大量化肥和农药残留通过地表径流、农田渗漏进入土壤，甚至直接挥发飘散在空气中，造成水体、土壤和大气的面源污染，不仅危害农业生产安全，还损害居民身体健康，威胁整个社会的食品安全和人身健康。

从污染排放的绝对数量和增长速度上看，农田化肥施用是农业面源污染的最主要来源，从区域比较来看，虽然不同污染物的分布有所差异，但是东部地区和中部地区的面源污染问题总体上比西部地区更加严重。目前，相关研究集中于农业面源污染与经济增长的关系以及面源污染的成因分析。多数研究表明，在没有明显制度约束和政府治理的情况下，农业库兹涅茨曲线在中国是成立的，即农业面源污染与经济增长之间存在"倒U"形的关系。农业面源污染的成因有农业结构变迁、农民的环境质量需求、农民的私人利益、环境保护观念等，同时农业面源污染还会受到非农就业比例、环境管理政策体制等的影响。可见，有关农业面源污染问题的研究虽然丰富，但多为现状分析以及对形成原因的简单验证，而对于问题背后深层驱动因素的研究相对贫乏。本章基于政治经济学视角，立足于新时代的历史方位分析农业面源污染问题背后的物质利益诉求，研究经济主体行为的内在逻辑，探索制度和激励因素在农业面源污染问题中的制约和促进作用，从本质上挖掘农村面源污染的成因，力图寻求一条能真正解决农业面源污染问题的渠道。

二、政治经济学视角下农业面源污染问题的理论分析

利益问题是政治经济学的基本问题，因为"把人和社会连接起来的唯一纽带是天然必然性，是需要和私人利益"。马克思指出，"人们奋斗所争取的一切，都同他们的利益有关""追求利益是人类一切社会活动的动因"。列宁也认为，利益是"人民生活中最敏感的神经"，"推动着民族的生活和探索"。马克思认为，"'共同利益'在任何时候都是由作为'私人'的个人造成的"，然而"个人利益总是违反个人的意志而发展为阶级利益，发展为共同利益，后者脱离单独的个人而获得独立性，并在独立化

的过程中取得普遍利益的形式，作为普遍利益又与真正的个人发生矛盾"。利益冲突具有推动社会发展的动力作用，利益变化引发人们行为选择的调整，而建立在私人利益最大化基础上的个体行为的集合并非一定能带来公共利益的最大化。洪远朋（2006）在《社会利益关系演进论》一书中指出："制度的本质是协调社会利益关系的规则……制度变迁的过程就是社会利益关系演进的过程。"作为规范行为主体活动的规则，制度对主体最大化私人利益的行为进行约束，以避免个体行为对集体利益和长远利益的损害。激励机制决定了人们在"正确的行为选择"中行动的主观能动性，利益激励的方式包括正面激励和反面激励两种（王伟光，2010），正面激励是直接给一定的利益或扩大利益，引导利益主体选择有利于公共利益和长期利益的行为；而反面激励就是设置一种惩罚机制，从相反的方向刺激主体选择与集体利益相容的行为。因此，研究和解决农业污染问题，利益诉求问题是核心，主体行为选择是基础，制度安排的规范是保障，激励机制的设计是导向（见图9－1）。本章借鉴何爱平（2013）提出的利益诉求—行为选择—制度安排—激励机制的政治经济学分析框架来研究农业污染问题。

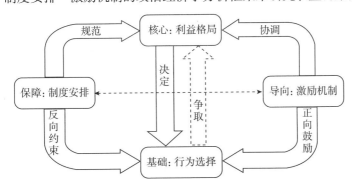

图 9－1　农业污染问题的政治经济学分析框架

"利益是一切社会时代人们改造自然、进行生产活动的直接动因和目的。"（王伟光，2010）毛泽东（1977）提出"必须兼顾国家利益、集体利益和个人利益"，邓小平（1983）认为"不重视物质利益，对少数知识分子可以，对广大人民群众不行，一段时间可以，长期不行"。而人的利益诉求是多方面的，不同的利益形式之间存在内部竞争，农户需要在其中作出取舍和选择。从生产者的角度来看，农业生产是农户获取经济利益主要的渠道，加大物质资本投入是扩大经济利益的重要途径，而环境利益的本质是一种未来利益，其实现过程具有一定的滞后性，容易被农民所忽略。从消费者的角度来看，农户长期居住在耕地附近，需要良好的生态环境来保障其生存质量，而这必然要求减少污染物的投入和排放。农村长期落后的经济社会现实和相对丰富的生态资源储备决定了农户在经济利益和环境利益的竞争中更偏向于前者。环境利益是整个人类历史角度的整体利益（洪远朋，2011），农村生态环境的共用性造成个人利益和集体利益的分化。生态环境为全社会共用的性质意味着个人行动的收益会被其他社会成员无条件分割，导致行为人的环境行为收益不能冲抵个人成本，这种"私人利益和公共利益之间的分裂导致人本身的活动成为一种与他对立的力量"（马克思、恩格斯，1995），降低了农民环境保护的积极性和主动性。农户对经济利益的强烈诉求和生态环境的共用性成为农业生产中化工产品过量投放的原始动力。

从主体行为选择来看，农村劳动力的转移和农民对短期利益的追逐造成了广泛的农业污染。劳动力的非农转移是农民化肥施用过量的重要原因，农业劳动力转移与化肥施用之间存在要素替代关系（栾江，2017）。城市基于自身的平台优势和积聚效应，提供了比农村更高的要素回报率和工资水平，拉动了人口、资本向城市的转移和土地所有权的变化，进而带动了人口城镇化和土地城镇化。保持农业生产的土地大多没有区位优势，留守在农村的老人、儿童和妇女的劳动能力和创新能力相对较低，优质生产要素的出逃必然会降低农村的生产质量。也正是农村大量生产要素的出逃，造成了农业生产中物质资本对人力资本的替代，化肥、农药和薄膜的使用弱化了农业生产对自然条件的依赖，提高了农业单位面积产量，然而这些石油化工制品的过量使用也给农村环境带来了新的威胁。长期来看，化肥、农药和薄膜等石油化工制品的过量投放会造成土壤、空气和水环境的污染，影响农业长期可持续发展；短期来看，在农业生产条件发展不完善的情况下，农作物不能完全吸收投入的生产资源，过量投放至少能带来当季作物产量的增长。农业生产中优质劳动力的匮乏和农民对短期产量增长的偏向是农业污染广泛传播的重要原因。

马克思政治经济学的制度分析采用了唯物史观和唯物辩证法（卢现祥，2006），认为制度的功能就是提供协调社会利益关系的机制，制度通过正式和非正式规则的交互作用为利益主体提供了一定的约束，从而发挥了利益协调的功能（洪远朋，2006）。制度安排对经济转型中的主体行为选择进行约束，保证争取私人利益和区域利益的行为选择在规则范围之内。中国政府一直致力于解决农村问题，2004 年以来连续 16 年的中央一号文件都与农业有关，2006 年全面取消了农业税，且对化肥、农药等农业生产资源给予价格补贴。自 21 世纪初农业面源污染的危害开始显现以来，国务院先后发布了《畜禽规模养殖污染防治条例》《土壤污染防治行动计划》《农药管理条例》等防治行动计划。制度安排对规定外的行为选择设置的惩罚机制，反向约束经济主体积极主动选择符合要求的行为组合，为提高经济发展效率提供保证。配套的监督管理机制是制度发挥作用的关键，而农业面源污染的随机性、广泛性和滞后性决定了其监督管理的高难度。农业生产的投入产出比工业更不易观测，即使国家已经作出制度安排来规范农户的行为，对应监督管理机制的匮乏也导致其形同虚设。因此，建立健全农业污染防治制度，并完善相应的监管机制能有效抑制农业面源污染。

激励机制的设计对政府治理和农户生产行为具有导向性作用。地方政府官员在经济激励和晋升激励的双重影响下，会选择性忽视农业污染问题。中国的财政分权制度给地方政府带来了强有力的经济激励，城市建设和工业发展在短期的高回报率备受青睐，而环境治理和农村经济成本投入大且收益周期长，不利于地方政府获得更多的经济留成，因此被选择性忽略。争取政治晋升几乎是每一个政治参与人的目标，作为政绩考核的风向标，经济增长是跑赢晋升锦标赛的重要因素。中国由上级选拔任命的官员治理模式，导致地方政府官员对上负责而对下不负责，表现为官员个人的政治晋升目标与广大人民追求美好生活质量的要求并不必然一致。正是地方官员之间围绕 GDP 增长而进行的晋升锦标赛带来了高昂的能源消耗和严重的环境污染问题（周黎安，2007）。受政绩考核的激励，地方政府更注重地方经济增长和短期内区域经济状况的改善，农业污染问题由于治理难度大、耗费时间长、经济投入高而被选择性忽略。从农户角度来看，生产资源的直接价格补贴变相降低了投入成本，增强了农业生产者的投放能力。研究显示，直接补贴的支农政策带来了化肥投放量的大幅上涨（于伟咏等，2017），却没有改变农业的生产方式和生产结构。因此，地方政府和农户单一的激励机制设计不利于农业污染的预防和治理。

经济水平的相对落后和农户的需求结构决定了农户优先选择经济利益而忽略环境利益，更注重短期利益而忽视长期利益，农村劳动力的非农转移促进了农业生产中的要素替代，增加了农业生产中化工产品的投入。制度安排规范能有效约束农户行为，降低农业污染水平。单一的激励机制不能刺激地方政府和农户积极主动选择环境保护行为，会加剧农业面源污染的强度。基于以上理论分析，本章提出三个研究假说：

假说1：经济利益和环境利益存在一定的竞争关系，农户对经济利益的追逐会降低环境利益诉求，对农业污染具有正向的促进作用。

假说2：制度提供协调社会利益关系的机制，环境制度能有效约束经济主体的行为，制度变量对农业污染具有抑制作用。

假说3：财政支农直接的价格补贴激励变相降低了生产资料的价格，导致其投放量的增加，经济增长激励会加重地方政府的城市政策偏向，不利于减轻农业污染。

三、数据指标选择与模型设定

（一）数据选择和指标说明

1. 被解释变量

根据农业面源各种污染物的占比，本章将化肥、农药两种主要污染源的污染排放总量作为被解释变量。已有研究表明，农业生产中的化肥流失是农业面源污染的最主要原因，而目前尚无科学方法能够精确计算出化肥、农药等施用过程的全部污染物排放量。毋庸置疑的是，农业面源污染的排放量与石油产品的投入量有直接关系，本章延续以往文献的普遍做法（李飞等，2014），用化肥、农药等石油化工产品单位播种面积的施用量乘以对应的排放系数计算得出农业面源污染排放量。其中化肥施用量利用实际地区化肥施用的折纯量计算，污染系数用 1 减去农作物的实际利用率得出，农作物对化肥和农药的实际利用率则直接利用以往文献的测算结果（赖斯芸等，2004；洪晓燕、张天栋，2010）。

农业生产中面源污染的估算方式如下

$$Pollution_{ij} = \sum_{1}^{j} PE_{ij}(1 - \mu_i) C_{ij}(EU_{ij}, S) \qquad (9-1)$$

其中，$Pollution_{ij}$ 为第 i 个地区第 j 种污染物在农业生产中产生的面源污染量；PE_{ij} 为农业和农业生产的产生量，即完全不考虑资源综合利用和管理因素时造成的农业生产污染总量；μ_i 为各每种农业资源在农业生产中的效率利用系数；$C_{ij}(EU_{ij}, S)$ 为单元 i 污染物 j 的排放系数，由单元和空间特征（S）决定，表征区域环境、降雨、水文和各种管理措施对农业和农村污染的综合影响。

2. 核心解释变量

（1）利益诉求

农村居民人均纯收入是农户利益诉求的外在表征和现实结果，考虑到农户的收入结构及其与农业面源污染的关系，本章采用农村人均纯收入中的生产经营性收入的对数值作为农户利益诉求的代理变量。

（2）政府行为

政府通过财政支出来表达自己的利益诉求，因此本章采用政府在农林水事务支出的拨款占比来表达政府对农业的支持力度。同时，这一变量还内含了政府在经济发展中的城市偏向。农林水事务支出比例越高，则城市偏向性越低。

（3）制度变量

本章采用樊纲等（2011）、王小鲁等（2016）测度的市场化指数，并以 1997 年为基期进行调整。由于西藏数据缺失严重，本章实证检验中剔除西藏样本。

（4）激励机制

经济增长速度是地方政府竞争中的重要衡量标准，也是地方官员升迁时的重要考量指标，因此本章采用地方经济增长速度刻画地方政府的经济激励。

3. 其他控制变量

（1）人均消费差距

中国历来有"不患寡而患不均"的传统，城乡之间的消费差距尤其是消费差距的绝对量能更直观地让农民感受到经济落后的现实，激发农村经济追赶和超越的积极性。因此，本章用平减后城乡消费差距的绝对值的对数作为城乡物质利益差距的替代变量。

（2）经济开放程度

20 世纪 90 年代后期，中国大部分农村已经成功实现了粮食的自给自足，经济开放程度决定了其农产品的交易量。本章用进出口总额在地方经济产值中的比重表示经济开放程度。

（3）经济发展水平

地方经济发展水平选择地区实际人均生产总值的对数来表示。

（4）劳动力质量

劳动力质量的本质是地区的人均资本存量水平，本章采用教育指标法即 6 岁以上人口的平均受教育年限来测度劳动力质量。具体计算公式为：劳动力质量 =（文盲和不识字人口 ×0 + 小学文化程度 ×6 + 初中文化程度 ×9 + 高中文化程度 ×12 + 大学及以上文化程度 ×16）÷6 岁以上总人口。

除制度变量之外，以上数据均来自历年《中国统计年鉴》以及各地方统计年鉴，缺失数据根据《新中国六十年统计资料汇编》进行补充。由于制度变量数据是从 1997 年开始测算的，本章采用 1997—2014 年的数据进行实证检验。表 9 - 1 给出了相关变量的描述性统计。

表9-1　变量的描述性统计

变量	均值	中位数	最大值	最小值	标准差	观测值	截面单元
农业面源污染	4.7687	5.0011	6.5683	1.9013	1.0769	540	30
化肥污染	4.3228	4.5583	6.1285	1.4563	1.0777	540	30
农药污染	4.7657	4.9981	6.5652	1.8983	1.0769	540	30
利益诉求	7.5991	7.5493	8.9154	6.3797	0.4645	540	30
政府行为	0.0830	0.0800	0.1829	0.0120	0.0343	540	30
制度变量	6.3760	6.0450	14.2788	1.2900	2.4682	540	30
激励机制	0.1410	0.1296	0.3227	0.0076	0.0580	540	30
人均消费差距	2.9868	2.9256	28.1201	1.6131	1.2324	540	30
经济开放程度	0.3105	0.1254	1.7222	0.0152	0.3909	540	30
经济发展水平	9.6698	9.6637	11.5639	7.7187	0.8588	540	30
劳动力质量	8.1825	8.1689	12.0284	4.6926	1.0840	540	30

（二）计量模型的构建

考虑到农业生产中面源污染的主要原因是经济主体追求自身利益诉求的行为选择及其面临的制度约束和激励机制，根据前文分析的利益诉求—行为选择—制度约束—激励设计的理论影响机制，本章将农业面源污染的计量模型构建如下：

$$\ln pollution_{it} = \beta_0 + \beta_1 inc_{it} + \beta_2 market_{it} + \beta_3 as_{it} + \beta_4 gcg_{it} +$$

$$\sum_1^j \phi_j X_{ijt} + \mu_i + \gamma_t + \varepsilon_{it} \qquad (9-2)$$

其中，其中 i 为样本截面单元；t 为样本时间单元；$\ln pollution_{it}$ 为用化肥和农药的污染排放系数和投放量估算的农业面源污染指标；inc_{it} 为用农村人均生产性收入刻画的农户物质利益诉求；$market_{it}$ 为用市场化指数测度的制度因素；as_{it} 为用财政支出比例刻画的地方政府对农村经济的投入力度；gcg_{it} 为用地方生产总值的增长速度刻画的地方政府面临激励机制；X_{ijt} 为一组控制变量，包括地区的经济开放程度、经济发展水平以及劳动力质量；μ_i 表示截面单元不可观测且不随时间变化的区域个体效应；γ_t 表示时间非观测效应；ε_{it} 为与时间、地区无关的残差项。

四、实证分析过程

（一）面板数据单位根检验

面板数据具有时间和空间双重维度特征，为避免面板数据可能存在的非平稳性导致的估计结果偏误问题，首先对面板数据进行平稳性检验。为了检验结果的稳健性，本章同时采用 Levin（2002）提出的 LLC 法以及 Maddala 和 Wu（1999）提出的 ADF - Fisher 法和 PP - Fisher 法进行变量序列的单位根检验，按照多数原则进行决策。检验结果表明，原始变量序列均存在单位根过程，属于非平稳序列，而差分后的变量序列均不存在单位根，属于一阶单整序列，可以进行进一步的分析和检验（见表9-2）。

表9-2 面板数据单位根检验

变量	LLC	ADF - Fisher	PP - Fisher	变量	LLC	ADF - Fisher	PP - Fisher
农业面源污染	0.6783 (0.7512)	19.0057 (1.0000)	28.3012 (0.9998)	Δ农业面源污染	-14.7543 (0.0000)	288.684 (0.0000)	643.207 (0.0000)
化肥污染	0.3387 (0.6326)	19.0926 (1.0000)	28.5671 (0.9998)	Δ化肥污染	-13.3990 (0.0000)	290.727 (0.0000)	644.948 (0.0000)
农药污染	0.6741 (0.7499)	19.0377 (1.0000)	28.3110 (0.9998)	Δ农药污染	-14.7502 (0.0000)	288.669 (0.0000)	643.147 (0.0000)
利益诉求	10.7374 (1.0000)	7.9430 (1.0000)	5.3924 (1.0000)	Δ利益诉求	-8.2564 (0.0000)	155.438 (0.0000)	213.632 (0.0000)
政府行为	-0.0746 (0.4703)	39.0256 (0.9836)	37.4028 (0.9903)	Δ政府行为	-16.3174 (0.0000)	300.780 (0.0000)	863.648 (0.0000)
制度变量	1.3340 (0.9089)	14.9886 (1.0000)	20.3904 (1.0000)	Δ制度变量	-13.3627 (0.0000)	212.863 (0.0000)	224.658 (0.0000)
激励机制	-0.3313 (0.3702)	40.6058 (0.9741)	64.6367 (0.3180)	Δ激励机制	-5.6225 (0.0000)	94.1527 (0.0032)	100.138 (0.0009)
人均消费差距	1.8156 0.9653	52.1600 0.7542	49.8240 0.8227	Δ人均消费差距	-12.1657 (0.0000)	201.842 (0.0000)	420.526 (0.0000)

变量	LLC	ADF – Fisher	PP – Fisher	变量	LLC	ADF – Fisher	PP – Fisher
经济开放程度	−29.218 (0.0017)	72.3705 (0.1314)	11.0943 (1.0000)	Δ经济发展水平	−7.6506 (0.0000)	123.979 (0.0000)	296.499 (0.0000)
经济开放水平	−1.4932 (0.0067)	55.6658 (0.6347)	47.8139 (0.8721)	Δ经济开放程度	−15.5794 (0.0000)	255.150 (0.0000)	294.886 (0.0000)
劳动力质量	−4.4426 (0.0000)	33.4856 (0.9978)	36.5163 (0.9928)	Δ劳动力质量	−20.5314 (0.0000)	391.757 (0.0000)	629.813 (0.0000)

注：Δ 表示一阶差分，表格中数据为相应的统计量，括号内为相应的概率。

（二）面板数据协整检验

变量序列单位根检验过程表明其均为一阶单整序列，可以进一步进行变量序列的协整关系检验，为后文的实证分析提供基础。根据变量序列的数据结构，采用 KAO 检验法检验变量序列间的协整关系。检验结果表明，以农业面源污染为被解释变量的变量序列的 t 统计量为 −1.81，伴随概率为 0.0352；以化肥污染为被解释变量的变量序列的 t 统计量为 −1.90，伴随概率为 0.0286；以农药污染为被解释变量的变量序列的 t 统计量为 −1.81，伴随概率为 0.0351。因此，可以判断变量序列至少在 5% 的显著性水平上存在协整关系。

（三）基准回归分析

本章首先检验了全国范围内农业生产中的面源污染效应，依照计量模型进行的基准回归结果如表 9 − 3 所示。根据 Hausman 检验值可以判定，应该选择固定效应模型。实证检验结果与理论分析基本一致，物质利益诉求、城市偏向的政府行为和经济增长激励显著增加了农业面源污染，而制度变量则显著降低了农业面源污染程度，且在加入控制变量之后核心解释变量的符号均未发生改变。

表 9 - 3　农业生产中的面源污染效应

变量	(1)	(2)	(3)	(4)
	固定效应	随机效应	固定效应	随机效应
利益诉求	0.447 ***	0.448 ***	0.312 ***	0.321 ***
	(17.63)	(17.55)	(9.01)	(9.02)
政府行为	0.467 *	0.459	0.0678	0.0788
	(1.67)	(1.63)	(0.24)	(0.27)
制度变量	- 0.0254 ***	- 0.0253 ***	- 0.0458 ***	- 0.0434 ***
	(- 5.38)	(- 5.34)	(- 7.01)	(- 6.47)
激励机制	0.523 ***	0.521 ***	0.419 ***	0.430 ***
	(5.71)	(5.64)	(4.44)	(4.43)
人均消费差距			0.00730	0.00734
			(1.62)	(1.58)
经济开放程度			- 0.0837 *	- 0.0960 *
			(- 1.69)	(- 1.89)
经济发展水平			0.145 ***	0.139 ***
			(4.96)	(4.62)
劳动力质量			- 0.0143	- 0.0182
			(- 0.69)	(- 0.86)
常数项	1.420 ***	1.413 ***	1.341 ***	1.352 ***
	(8.70)	(6.02)	(7.92)	(6.08)
观测值	540	540	540	540
Hausman	12.12		36.98	
Hausman - p	0.0332		0.0000	

注: 括号内为 t 统计量; * 表示 $p < 0.1$, ** 表示 $p < 0.05$, *** 表示 $p < 0.01$; 下同。

表 9 - 3 的结果显示, 农户的生产性收入以及地方政府的城市政策偏向均显著增加了农业面源污染水平。这说明, 首先, 现阶段农民的经济利益需求还处于增长阶段, 农户为追求物质财富增长, 不顾土地承载能力, 盲目追加农业生产资料的行为加剧了农业面源污染, 即农户普遍的经济利益诉求并未得到满足, 需求的有效升级还没有实现。其次, 地方政府重城市轻乡村的行为对农业面源污染的影响也得到了验证。政府支农规模显著增

加了农业面源污染水平。这一方面说明农村财政支出力度不足，对农业生产资料"一刀切"的价格补贴并未达到帮助农户改善生产环境、提高生产价值的目的，只是变相压低了农业生产资料的价格，使农户有能力投入更多的农业生产资料；另一方面说明财政支农结构和模式有待改善，财政对农业的支持并没有达到改善生产结构、创新生产技术的目的。然而，在加入经济开放程度、经济发展水平等控制变量之后，这一影响变得不再显著，可能是因为地方政府的影响被经济发展水平的提高和要素流动所抵消，即开放的经济体有助于消除政府财政支农行为带来的负面效应。地方政府的绩效考核激励在基础模型回归中也显著增加了农业面源污染水平，说明地方政府的激励考核机制不够合理，未能促进农村经济的绿色转型，多元化的政治晋升激励是有必要的。从自变量的影响系数来看，政府行为对农业面源污染的影响力度远远高于农户的个体行为，因此，在农业污染治理中应更重视地方政府的行为规范以及激励机制。

在农业面源污染的负向影响中我们发现，制度因素、劳动力质量和经济开放程度均显著降低了农业面源污染水平，这和前文的理论分析结果相一致。制度越完善，对经济主体的行为规范要求越强，越能有效降低农村的污染水平。加入控制变量之后，制度约束影响系数的绝对值在固定效应和随机效应中均变得更大，这意味着制度约束在农村经济的绿色转型中有着非常重要的作用，且这一作用会被经济体的其他作用所强化。地方的劳动力质量也显著降低了农业面源污染，这说明农村教育投入能有效提升经济主体的信息获取和处理能力，帮助农户正确认知各种生产资源的价值，加大农村教育的投入力度有助于农业生产实现绿色转型。

（四）稳健性检验

1. 主要污染物排放分别造成的农业面源污染

由于每种污染物的传播渠道不同，农业主要面源污染物排放量的直接加总有可能会造成实证结果的偏误，因此有必要对面源污染的主要污染源分别进行研究。表9-4显示了对于农业面源污染主要污染源的回归结果，前两列为化肥污染的实证分析结果，后两列为农药污染的实证分析结果。比较发现，两种主要污染源的实证结果与污染总量的回归结果基本一致，利益诉求和激励机制均显著增加了化肥、农药的污染排放量，制度变量则显著抑制了农业污染的排放。对比各种影响因素的系数可以发现，农户的物质利益诉求、制度变量、地方政府的财政支农规模以及经济增长激励对农药排放的影响的绝对量均高于化肥排放，意味着农药的施用量受外界影响更大。这与农药的实际利用率低于化肥的现实相吻合。正是由于农药较低的利用率，自变量引起的农药需求的微小变化就会带来农药施用量的大幅波动。由于农药污染排放系数远远大于其利用率，施用量的波动也就带来了农药污染排放量的大幅波动。

表 9 – 4　主要污染物排放造成的农业面源污染

变量	化肥污染		农药污染	
	固定效应	随机效应	固定效应	随机效应
利益诉求	0.312***	0.321***	0.312***	0.321***
	(9.00)	(9.01)	(9.01)	(9.02)
政府行为	0.00881	0.0202	0.0678	0.0788
	(0.03)	(0.07)	(0.24)	(0.27)
制度变量	−0.0448***	−0.0424***	−0.0458***	−0.0434***
	(−6.87)	(−6.34)	(−7.01)	(−6.47)
激励机制	0.413***	0.424***	0.419***	0.430***
	(4.38)	(4.37)	(4.44)	(4.43)
人均消费差距	0.00714	0.00718	0.00731	0.00734
	(1.58)	(1.55)	(1.62)	(1.58)
经济开放程度	−0.0817*	−0.0941*	−0.0837*	−0.0960*
	(−1.65)	(−1.86)	(−1.69)	(−1.89)
经济发展水平	0.144***	0.138***	0.145***	0.139***
	(4.92)	(4.59)	(4.96)	(4.62)
劳动力质量	−0.0151	−0.0190	−0.0143	−0.0182
	(−0.73)	(−0.90)	(−0.69)	(−0.86)

变量	化肥污染		农药污染	
	固定效应	随机效应	固定效应	随机效应
常数项	0.918 * * *	0.929 * * *	1.338 * * *	1.349 * * *
	(5.43)	(4.18)	(7.90)	(6.07)
观测值	540	540	540	540
Hausman	36.56		36.98	
Hausman - p	0.0000		0.0000	

2. 分区域的异质性检验

由于我国地区经济发展不平衡，各地区的城乡经济发展也不统一，因此，在分析全国农业面源污染的影响机制之后，有必要对农业面源污染的区域异质性进行分析。表9-5报告了东部、中部和西部地区的回归结果。

表9-5 农业面源污染的区域异质性分析

变量	东部地区		中部地区		西部地区	
	固定效应	随机效应	固定效应	随机效应	固定效应	随机效应
利益诉求	0.116 * *	0.120 * *	0.213 * * *	0.744 * * *	0.496 * * *	0.511 * * *
	(2.33)	(2.41)	(2.77)	(3.30)	(7.47)	(7.32)
政府行为	1.891 * * *	1.942 * * *	0.509	- 3.386	- 0.598 *	- 0.621 *
	(2.92)	(3.00)	(0.97)	(- 1.64)	(- 1.94)	(- 1.92)
制度变量	- 0.0338 * * *	- 0.0314 * * *	- 0.0207	- 0.0567	- 0.0104	- 0.00654
	(- 2.84)	(- 2.64)	(- 0.83)	(- 0.83)	(- 1.02)	(- 0.61)
激励机制	1.097 * * *	1.108 * * *	0.242	1.232	0.281 * *	0.280 * *
	(4.95)	(4.99)	(1.11)	(1.42)	(2.49)	(2.35)
人均消费差距	0.00373	0.00570	0.0498	- 0.552 * * *	0.00810 * *	0.00814 * *
	(0.11)	(0.16)	(1.14)	(- 3.93)	(2.18)	(2.08)
经济开放程度	- 0.168 * * *	- 0.173 * * *	- 0.0698	- 0.330 *	- 0.602 * * *	- 0.629 * * *
	(- 2.68)	(- 2.75)	(- 0.50)	(- 1.79)	(- 3.41)	(- 3.38)
经济发展水平	- 0.0192	- 0.0195	0.144	1.480 * * *	0.0681	0.0478
	(- 0.41)	(- 0.42)	(1.49)	(5.17)	(1.50)	(1.00)

续表

变量	东部地区		中部地区		西部地区	
	固定效应	随机效应	固定效应	随机效应	固定效应	随机效应
劳动力质量	0.0971＊＊	0.0869＊＊	−0.00200	−0.777＊＊＊	−0.0228	−0.0135
	(2.41)	(2.16)	(−0.04)	(−5.80)	(−0.93)	(−0.52)
常数项	3.228＊＊＊	3.262＊＊＊	1.947＊＊＊	5.086＊＊＊	0.659＊＊＊	0.649＊＊
	(8.65)	(6.01)	(4.07)	(3.44)	(2.61)	(2.08)
观测值	198	198	144	144	252	252
Hausman	8.55		129.02		31.51	
Hausman－p	0.3815		0.0000		0.0002	

对比表9−3和表9−5发现，区域回归的结果与全国基本一致，物质利益、城市偏向以及地方政府的增长激励对农业面源污染依然存在正向影响，而制度变量则对农业面源污染产生负向影响。根据 Hausman 的检验结果，中部和西部地区的影响应采用固定效应解释，而东部地区的影响则应采取随机效应来解释。比较区域异质性可以发现，东部地区各变量的影响系数与全国基本一致，中、西部地区则略有差异，这可能与地方经济发展水平和增长模式有关。首先，代表农户经济利益的生产性收入在三个地区均显著增加了农业面源污染，而且中、西部地区的显著性更强，影响系数更大，这进一步验证了农户对于物质利益的需求超过环境利益，且经济越落后，对环境利益的需求就越低。其次，制度变量对不同地区的影响效应产生了明显的地域差异。东部地区的经济发展水平高，制度相对完善，因此制度能够有效约束经济主体的环境行为，有效抑制农业污染；而对于经济发展相对落后的中、西部地区来说，制度安排更侧重于促进地方经济发展，虽然制度变量对农业污染的影响依然呈现出负向效应，但其抑制作用并不显著。与全国和东部地区相比，地方经济财政支农的规模虽然对中部地区也产生了正向的影响，但并不显著，财政支农规模在西部地区甚至呈现出负向效应。这可能是因为中部地区劳动力转移规模大、西部地区地广人稀，生产要素的替代比例高，造成地方政府财政支农的影响力过小，且西部地区的经济发展主要靠资源型产业带动，地方政府不够重视农业。

五、结论与启示

本章从分析经济主体的利益诉求出发，用政治经济学的视角对农业污染问题进行了理论分析和实证考察。研究得到如下结论：①农业污染问题是经济主体最大化自身利益诉求过程中行为选择的结果，农户对经济利益的过度追逐加剧了农业面源污染程度；②完善的制度安排能有效抑制农业污染，然而由于地区发展水平和发展模式的差异，制度安排对农业面源污染的影响表现出明显的区域异质性；③地方政府的城市偏向导致对农业的财政支持力度不足，直接进行农资补贴的政策也不利于农业污染的治理和改善，且地方政府面临的经济增长激励会加剧这一结果。

本章的政策启示主要包括以下几个方面：①明确生态优先、绿色发展和环境治理的主要目标和发展理念，促进农村各级经济主体认识并重视环境利益在长期发展中的作用，提高生态环境利益的价值排序。②健全农村的生态保护和环境治理制度，为农业清洁生产、农村环境改良和绿色发展提供制度保障；同时，完善农业污染防治制度的监督和管理机制，让制度真正发挥促进农业绿色转型的作用。③实行生态优先的财政支农方式，扩大财政支农的力度和规模。"一刀切"的资源价格补贴政策不利于农业绿色转型，拨付到农业的财政支持需向生态农业、低碳农业和清洁技术转移，以促进农业的绿色转型；同时，逐步消除政策的城市偏向，加大对农村和农业的财政扶持力度，让农村有财力、有能力实现绿色转型。④建立多元的政绩考核机制，将生态环境治理和农村农业发展纳入地方政府的绩效评价体系，促进各级政府和地方官员积极参与农业污染的预防和治理。⑤进一步扩大各地区的对外开放水平，促进经济发展和环境治理之间的区域合作。同时，重视地区的自然生态和经济发展特征，因地制宜制定农业污染防治政策。

第十章 西部大开发对西部地区绿色发展效率的影响

进入新常态以来，中国政府更加注重绿色发展，追求经济增长和环境保护的"双赢"。随着西部大开发战略的深入实施，西部地区的发展环境和条件逐步得到改善。本章在数据可获得性的基础上，以1995—2016年247个地级市的面板数据为基础，采用双重差分法和双重差分倾向性得分匹配法实证检验了西部大开发战略对西部地区绿色发展的影响及其作用机制，并提出了促进绿色发展的政策建议。

一、问题的提出

自西部大开发战略被正式提出以来，国家实施了一系列政策促进西部地区发展。当前，中国经济发展进入新常态，西部大开发战略的核心目标不再仅仅关注经济增长，而是更加注重创新发展和生态环境的保护和改善（张先锋，2016），绿色发展成为当今时代的主题。西部大开发实施近20年来，西部地区发展环境逐步得到改善，经济发展速度加快、水平增强，东西部发展差距趋于缩小，生态环境建设扎实推进（肖金成，2018）。但发展中的主要矛盾和深层问题仍未得到根本解决，西部地区的巨大发展潜力尚未得到充分释放，一些制约因素依旧束缚着西部地区经济的快速发展，生态环境脆弱性依旧存在。从经济发展的角度，西部地区人均生产总值从2000年的4601.7元增长到2017年的45576元；在生态文明建设方面，先后实施了退耕还林还草、重点流域水环境综合治理工程，西部地区国家级公益林10.6亿亩，占全国的65%。但是在生态环境部发布的2018

年上半年空气质量最好的十座城市中，西部地区仅有一座入围。那么，西部大开发政策究竟有没有促进西部地区经济环境发展，进而促进西部地区绿色发展？又是通过哪些机制影响了绿色发展？在西部大开发战略实施20年之际对其效应进行评估，不仅有助于客观地理解西部大开发政策与绿色发展之间的关系，还有利于抓住当前西部地区开放的新机遇，形成西部开发开放新格局，对实现新时代、新趋势、新要求下中国经济的转型升级具有重要的现实意义。

涉及西部大开发的研究较多，不同学者从不同视角使用不同方法对西部大开发政策进行了评价，但研究结论并未达成共识。部分学者通过研究西部大开发政策对经济发展的影响来评判政策的执行效果。有学者通过直接对比西部大开发实施前后的地区绩效作出判断（单差法），认为西部大开发政策对西部经济发展起到了重要支撑作用（魏后凯，2010；涂未宇，2011；李万明，2014）。肖金成（2018）指出，国家实施西部大开发战略以来，西部地区发展环境逐步得到改善，经济发展速度加快，经济发展水平增强。而从科学评价的角度看，这些研究均不能准确识别出西部大开发的净效应。因为即使没有西部大开发战略，西部地区同样会在其他因素的推动下取得相关成就，若要有效识别西部大开发的净效应，就必须剔除影响西部地区经济增长的其他因素。一些学者提出双重差分法、断点回归以及合成控制法，在此基础上反映了政策效果可能存在的促进作用与抑制性作用，但研究结论并未达成共识（张先锋，2016；王丽艳，2018；谭周令，2018）。刘瑞明（2015）研究表明，西部大开发并未有效推动西部地区生产总值和人均生产总值的快速增长，西部大开发的政策效应没有得到有效的发挥。而彭曦（2016）通过差分内差分方法分析表明，西部大开发政策的实施使得西部地区生产总值增长率得到显著提升。

缩小东西部之间的差距、促进区域经济协调发展是西部大开发的一大目的。一些学者从区域收敛的角度出发进行研究，认为该政策并未缩小东西部之间的发展差距。魏后凯（2004）认为，西部大开发虽然促进了西部地区的经济增长，但东西部的经济发展差距并未改善，东西部差距进一步扩大。乔宁宁（2010）利用广义矩估计的方法分析西部大开发政策的效果，研究表明，政策的实施使中国区域经济由收敛性增长转为发散性增长，也使得西部地区内部经济呈现出明显的发散迹象。淦未宇（2011）采用宏观经济水平、工业化进程、居民生活质量和生态发展状况等指标对西部大开发的效果进行系统评价，研究表明，东西部之间区域经济发展不均衡的系统格局并未改变，反而呈现出进一步恶化的趋势。而另一些学者对政策效果持积极态度（蔡昉，2000；王铮，2002；王小鲁，2004；刘生龙，2009；李国平，2011；刘克非，2013）。魏后凯（2014）认为，西部大开发政策实施后，西部地区经济取得长足发展，与东部地区的相对差距逐渐缩小。杨庆育（2016）通过对国内外区域发展理论的研究与借鉴，对中华人民共和国成立以来的西部开发政策，特别是西部大开发政策的特征和效应进行分析，结果表明政策增强了西部地区的自我发展能力。

还有一些学者从资源环境的角度评估西部大开发的政策效果。有学者从能源资源的开采和利用方面对该政策进行评析，认为其有益于全国经济发展而对西部的促进作用有限（Fan 等，2008；Huang 等，2011）。从资源诅咒、污染避难所问题着手，邵帅（2008）认为，实施西部大开发后，能源开发对科技创新和人力资本投入的负向作用有所增强，从而导致诅咒效应明显出现。而夏飞（2014）研究表明，西部大开发战略的实施缓解了西部地区存在的资源诅咒现象。张成等（2017）认为，西部大开发战略没有导致污染避难所。有学者进一步引入能源环境因素，在此基础上通过对比政策执行前后的变化反映政策的执行效果。荣建波（2015）、张先锋（2016）认为，西部地区实施西部大开发战略对西部地区的生态环境具有积极作用。而邓建（2015）、尹传斌（2017）研究表明，西部大开发政策并未有效促进西部地区能源效率与环境效率的提升。从节能减排的角度，郑佳佳（2016）认为，西部大开发政策显著提高了我国西部地区的碳排放绿色贡献度。对比其他区域性政策环境状况，Christopher 等（2015）肯定了美国东南部地区实施的生物能源政策产生的环境和经济影响。李汝资（2013）、徐欣（2017）认为东北振兴战略实施以来，东北地区生态环境压力趋于减小，生态环境状态趋于好转。董锁成等（2019）发现，中部崛起战略的实施加剧了中部地区的污染状况。

综上所述，已有研究在分析西部大开发战略的政策效应方面往往以经济发展水平、区域协调发展作为衡量依据，但实际上西部大开发战略涉及西部地区促进经济繁荣、提升生态环境建设、实现资源最优利用、提升人民生活水平和质量等多个方面。而在考虑资源环境因素的影响时，仅仅以单差法作为评判依据无法准确评估政策效应，而绿色发展效率考虑了经济发展、生态环境与自然资源等多方面的协调发展。将绿色发展理念融入西部大开发政策评价中，可以客观、准确地评估西部大开发在资源环境约束下的经济增长绩效，有利于我们更加正确地认识西部大开发过程中经济增长的资源和环境问题。

二、西部大开发政策效应的理论分析

绿色发展追求在经济发展的同时兼顾资源节约、生态保护，提高资源利用效率。西部大开发政策作为国家推动西部地区快速发展、缩小东西部综合发展水平以及推进西部地区生态环境建设方面的重大举措，对绿色发展效率的提升具有促进作用。首先，西部大开发政策具有优惠政策促进效应。政策明确了税收优惠政策、政府转移支付政策以及金融信贷优惠等一系列政策加大对西部地区的投资力度，为西部地区的经济发展提供资金和政策平台的支持，减轻西部地区经济发展的负担，有利于改善西部地区的投资环境和生态环境，提高西部地区的绿色经济发展质量，为后续经济的可持续发展提供支撑。其次，西部大开发政策具有产业结构转型升级效应。产业结构的转型升级对绿色发展水平的提升具有决定性作用。随着西部大开发的推进，国家积极进行产业结构的调整和升级，有利于西部地区构建现代产业体系，推动清洁生产技术和污染控制技术的进步，有助于减少资源能源消耗、减少污染排放、提升西部地区的环境质量，以创造出更具活力的市场，促进绿色发展水平的提升。最后，西部大开发政策具有城市化推动效应。西部大开发政策在执行过程中，随着城市的生活方式、价值观念等向农村的渗透和传播，可以相应地改变人们的思想观念和生活素养，使人们对环境资源的认识不断深化、资源节约意识增强、生态保护投入力度增加、新研发投入不断加大、绿色生产技术不断创新，为西部地区提供绿色发展的新动力。

对于西部大开发的抑制作用，首先，西部大开发政策的实施具有局限阻碍效应。在一定程度上，西部大开发的众多优惠政策缺乏法律法规提供的制度保障，尤其是自然资源、环境保护和生态补偿的制度安排滞后，使得这些优惠政策只追求经济发展的短期性而缺乏考虑生态环境的长期导向、政策执行力度较低且政策效果大打折扣，造成环境治理投资的减少、生态保护难度的加大，对提高西部地区的绿色发展水平具有明显的抑制效应。另外，众多优惠政策在加大资金投入力度的同时可能滋生寻租和腐败等，间接阻碍了绿色发展。其次，西部大开发具有产业结构拖累效应。由于西部地区的工业化比重较高，传统工业化道路导致经济粗放式增长，资源综合利用效率较低，经济发展的资源成本和环境代价大，很难摆脱传统工业化发展、实现新型工业化。而通过产业结构升级降低能耗和污染物排放的效果较差且难度较大，西部地区生态环境压力越来越大，进而引发一系列的生态环境问题，不得不投入更多的治理资金进行治理。同时，由于资源开发收益有限，在一定程度上抑制了西部地区的经济发展，产生了过度的外部性，抑制了西部地区的绿色发展。最后，城市化进程具有挤出效应。随着城市化进程的推进，人口密度不断增大，消费水平不断提高，资源消耗加速增长，使得生态环境压力大增。而且由于特殊的自然环境、人文社会环境，西部地区相应的硬性条件储备不足，资源配置机制尚不健全，难以形成对资源的高效利用，导致其对经济增长的促进作用降低。因此，西部大开发政策最终导致了低效率的促进作用。

通过上述分析可知，西部大开发通过不同的机制对西部地区绿色发展产生了不同的影响。为了验证西部大开发的具体影响和作用机制，本章利用1995—2016年247个地市级的面板数据，以绿色发展效率作为考察对象，研究西部大开发政策的实证效应。

三、西部大开发政策效应的实证分析

（一）基于超效率 SBM 模型的绿色发展效率

一般来说，衡量绿色发展水平主要有两类方法。一类是指数法，采用专家赋权法，指标体系的设计存在一定片面性与主观性。另一类是效率法，利用数据包络分析（DEA）等方法测度投入产出效率，采用客观赋权而且可以综合考虑多种投入产出变量的信息，反映绿色发展在综合考虑经济发展、资源环境因素下的核心特征（黄建欢，2014）。其中 SBM 模型在度量非期望产出的环境效率方面具有独特的优势，得到学术界广泛的使用和认可。SBM 模型属于非径向，松弛变量直接被加入目标函数，直接对输入和输出的松弛变量进行处理，解决了投入松弛性问题。同时，SBM 模型具有无量纲性和非角度的特点，能够避免量纲不同和角度选择的差异带来的偏差和影响，比其他模型更能体现生产率评价的本质。然而，经典的 SBM 模型不能解决决策单元效率大于 1 的排序问题。

Tone（2002）在 SBM 模型的基础上提出了超效率 SBM 模型。超效率 SBM 模型允许有效决策单元的效率值大于等于 1，解决了有效决策单元间的排序及差别问题。本章拟采取超效率 SBM 模型测算西部地区的环境效率。包含非期望产出的超效率 SBM 模型表示如下：

假设共 t 期 p 地区使用 N 种投入 $X_{tp} = (x_{1tp}, x_{2tp}, \cdots, x_{Ntp}) \in R_N^+$，生产出 M 种期望产出 $Y_{gtp} = (Y_{g1tp}, Y_{g2tp}, \cdots, Y_{gMtp}) \in R_M^+$ 和 I 种非期望产出 $Y_{btp} = (Y_{b1tp}, Y_{b2tp}, \cdots, Y_{bItp}) \in R_I^+$，并且要求所有投入和产出大于等于 0，每个地区观测值的权重是 λ_{tp}。将环境技术模型化，则 t 期生产性可能集合为：

$$P^t = \{(X_{tp}, Y_{tp}^g, Y_{tp}^b) \mid x_{ipt} \geqslant \sum_{p=1}^{p} \lambda_p^t x_{itp}, \forall i; y_{jtp}^g \leqslant \sum_{p=1}^{p} \lambda_p^t y_{itp},$$

$$\forall j; y_{rtp}^b \geqslant \sum_{p=1}^{p} \lambda_p^t y_{itp}, \forall r; \lambda_p^t \geqslant 0, \forall p\} \qquad (10-1)$$

若 $\sum_{p=1}^{p} \lambda_t^p = 1$，则表示生产技术为规模报酬可变的（VRS），否则表示生产技术为规模报酬不变的（CRS）。资源环境约束下测算某地区第 t 期绿色经济效率的序列 SBM 模型如下：

$$\rho_{0t}^* = \min \frac{\dfrac{1}{m}\sum_{t=1}^{N}\dfrac{\bar{x}_{it}}{x_{io}}}{1 + \dfrac{1}{s_1 + s_2}\Big[\sum_{j=1}^{s_1}\dfrac{\bar{y}^g}{y_{jo}^g} + \sum_{r=1}^{s_2}\dfrac{\bar{y}^b}{y_{ro}^b}\Big]}$$

$$\bar{x} \geqslant \sum_{j=1,\neq t}^{n}\lambda_j x_{ij}, i = 1,\cdots,m\ ;$$

$$\bar{y}^g \leqslant \sum_{j=1,\neq t}^{n}\lambda_j y_{rj}, r = 1,\cdots,s_1\ ;$$

$$\bar{y}^b \geqslant \sum_{j=1,\neq t}^{n}\lambda_j y_{uj}, u = 1,\cdots,s_2\ ; \qquad (10-2)$$

$$\lambda_j > , j = 1,\cdots,n, j \neq 0\ ;$$

$$\bar{x} \geqslant x_0, i = 1,\cdots,m\ ;$$

$$\bar{y}^g \leqslant y_0^g, r = 1,\cdots,s_1\ ;$$

$$\bar{y}^b \leqslant y_0^b, u = 1,\cdots,s_2\ 。$$

其中，n 为 DMU 个数；m 为 DMU 投入个数；s_1 为期望产出个数；s_2 为非期望产出个数；$\bar{x}$、$\bar{y}^g$ 和 $\bar{y}^b$ 分别表示投入、期望产出和非期望产出的松弛变量；y^g 和 y^b 分别为期望产出和非期望产出；λ 是一常数向量；目标函数 ρ^* 越大，表示决策单元效率越高。

（二）双重差分（DID）回归分析

西部大开发可被看作在西部地区进行的一项政策试验，通常使用 DID 方法对这种政策的效果进行评价。西部大开发的范围包括四川、重庆、云南、贵州、西藏、陕西、甘肃、宁夏、青海、新疆、内蒙古、广西 12 个省份，因此，本章将位于这些省份的地级市作为实验组，位于其他省份的地级市作为控制组。由于部分城市数据残缺，本章拟采用 1995—2016 年中国

247 个地级市作为样本。在本章的样本范围内，以 2000 年为时间节点，即 1995—1999 年为政策实施前，2000—2016 年为政策实施后，通过对比实施前后的变化来评估西部大开发政策。DID 方法的基准回归模型设定如下：

$$GTE = \beta_0 + \beta_1 policy_i + \beta_2 year_t + \beta_3 (policy_i \times year_t) + \mu_{it} \quad (10-3)$$

其中，i 表示地区；t 表示时间；GTE 表示绿色发展效率；$policy_i$ 表示地区虚拟变量，$policy_i = 1$ 表示地区 i 实行了西部大开发战略，$policy_i = 0$ 表示地区 i 没有实行西部大开发战略；$year_t$ 表示时间虚拟变量，$year_t = 1$ 表示 t 时期实行了西部大开发战略，$year_t = 0$ 表示没有实行西部大开发战略；μ_{it} 为扰动项。

模型（10-3）在一定程度上可能存在遗漏变量的可能，故在基准模型的基础上增加一系列控制变量。参考以往研究，这些控制变量能在某种程度上影响绿色发展效率。

$$GTE = \beta_0 + \beta_1 policy_i + \beta_2 year_t + \beta_3 (policy_i \times year_t) +$$
$$\sum \beta_j control_{jit} + \mu_{it} \quad (10-4)$$

其中，j 为第 j 个控制变量；$control$ 为政府规模、环境管理能力、要素禀赋、产业结构、城市化水平、人口密度、城市面积、地区生产总值等控制变量。

（三）指标选取与变量选择

本章数据来源于《中国城市统计年鉴》《中国能源统计年鉴》《中国环境统计年鉴》等，个别城市少数年份缺失数据采用插值法补全。

1. 绿色发展效率

在投入方面，综合考虑资本、劳动、资源三种要素投入。其中资本投入参考聂玉立（2015），为各市全社会固定资产投资总额。劳动力投入为全部职工年末人数。资源投入以各省份每年消耗的八种能源（煤炭、焦炭、原油、燃料油、汽油、煤油、柴油、天然气），在统计上转换为以标准煤为单位加总来衡量，并参考李卫兵（2017）的研究，以各省份能源消费总量乘以各城市生产总值的比重估算各城市的能源消费数据。

在产出方面，包含期望产出和非期望产出两类。其中期望产出用各地级市生产总值表示。本章以 1995 年为基期，利用《中国城市统计年鉴》中报告的按可比价格计算的地市级实际生产总值增长率，计算各年可比的实际生产总值数据。非期望产出用碳排放量表示。根据《2006 年 IPCC 国家温室气体清单指南》中能源部分提供的基准方法，利用各个地区的能源使用量估计各个地区的碳排放情况，具体方法参照陈诗一（2009）。

2. 控制变量

参考王兵（2010）、付京燕等（2018）研究，本章选取了政府规模、环境管理能力、要素禀赋、产业结构、城市化水平、人口密度、城市面积、地区生产总值等影响绿色发展率效率的重要变量作为控制变量。相应的指标选择如下：政府规模（ $government$ ）采用政府财政预算内支出占地区生产总值的比重来衡量；环境管理能力（ $environment$ ）选择工业烟尘去除率与去除量和排放量之和的比重来衡量；要素禀赋（ $\ln K/L$ ）取资本劳动比的对数值来衡量；产业结构（ $industry$ ）选择第二产业产值占地区生产总值的比重来衡量；城市化水平（ $urbanization$ ）选择地区非农人口占地区总人口的比重衡量；人口密度（ $\ln population$ ）、城市面积（ $\ln territory$ ）、地区生产总值（ $\ln gdp$ ）数据从《中国城市统计年鉴》获得并取对数值。

经过以上处理，本章所使用的主要变量的统计特征如表 10 - 1 所示。

表 10 - 1   主要变量描述性统计

变量	符号	最大值	最小值	均值	标准差
绿色发展效率	GTE	46.7684	0.1222	0.5464	0.7321
政府规模	$government$	126.5861	0.1439	8.2072	7.5509
环境管理能力	$environment$	0.9967	0.0082	0.8158	0.1605
要素禀赋	$\ln K/L$	13.8352	6.8679	11.0333	1.4556
城市化水平	$urbanization$	708.1134	1.6528	25.70456	23.0676
人口密度	$\ln population$	9.3557	3.0540	5.8206	0.7893
城市面积	$\ln territory$	12.1887	4.4308	9.1885	0.8368
地区生产总值	$\ln gdp$	19.0909	11.2824	15.4241	1.2439
产业结构	$industry$	90.97	14.95	47.7273	11.2549

四、实证结果和相关检验

（一）西部大开发政策实施前后简单对比分析

为了体现西部大开发政策执行前后绿色发展效率的变化，本章利用实验组和控制组政策执行前后的均值变化情况对此进行衡量。表 10 - 2 列出了实验组和控制组西部大开发执行前后绿色发展效率的变化情况。首先，在西部大开发执行后，实验组和控制组的绿色发展效率值都显著增加。但由于未考虑时序因素的影响，可能得到不恰当的结果。故表 10 - 2 列（7）给出了实验组的变动减去控制组的变动的结果，以消除时序因素的影响，结果表明绿色发展效率均值的双重差分结果显著。其次，本章试图区分省会城市与非省会城市绿色发展效率均值的变化情况。结果表明，省会城市绿色发展效率的双重差分值较非省会城市显著，初步表明西部大开发政策对省会城市的影响大于非省会城市。可能是因为西部地区的非省会城市自身发展素质不高，致使西部大开发战略对该地区绿色发展效率的促进作用不显著。最后，三个样本的初步结果都表明西部大开发政策使西部地区绿色发展效率值提高。虽然非省会城市的结果不显著，但也表明了其正向的影响效果。需要说明的是，这仅仅是在不控制其他重要影响因素的情况下进行的简单对比分析，西部大开发政策是否真正促进了西部地区的绿色发展效率还有待更加严格的实证检验。

表 10 - 2　西部大开发执行前后绿色发展效率的差异

变量	控制组		实验组		差值		DID
	执行前 (1)	执行后 (2)	执行前 (3)	执行后 (4)	(5) = (2) - (1)	(6) = (4) - (3)	(7) = (6) - (5)
全样本	0.519	0.544	0.459	0.517	0.025 *** (0.008)	0.058 *** (0.015)	0.033 * (0.017)
省会城市	0.533	0.479	0.293	0.333	- 0.054 *** (0.027)	0.040 (0.034)	0.094 ** (0.043)

续表

变量	控制组		实验组		差值		DID
	执行前 (1)	执行后 (2)	执行前 (3)	执行后 (4)	(5) = (2) - (1)	(6) = (4) - (3)	(7) = (6) - (5)
非省会城市	0.518	0.550	0.496	0.557	0.032*** (0.009)	0.061*** (0.017)	0.117 (0.019)

注：*、＊＊、＊＊＊分别表示在10%、5%、1%水平上显著，括号内为标准误。

（二）回归分析与稳健性检验

为了分析各变量对绿色发展效率的弹性，进而比较各变量之间的作用，本章采用双重差分法和双重差分倾向性得分匹配法（PSM - DID）探究西部大开发政策对西部地区绿色发展效率的影响及其作用机制。

1. 双重差分回归分析与双重差分倾向性得分匹配法回归分析

由于西部大开发政策是一项区域性的发展战略，在一定程度上可以视为一个准自然实验，因此，本章运用 DID 方法来评估西部大开发对西部地区绿色发展效率的影响。表 10 - 3 显示了双重差分的回归结果，其中列（10 - 1）为模型（1）的回归结果，即不增加任何控制变量。可以看出，回归结果在 10% 的水平下显著为正，说明西部大开发政策有效推动了西部地区绿色发展。列（2）是模型（10 - 2）的回归结果，增加了政府规模、环境管理能力、要素禀赋、产业结构、城市化水平、人口密度、城市面积、地区生产总值等控制变量。回归结果在 1% 的水平下显著为正，更加充分说明了西部大开发政策对西部地区的绿色发展具有显著的促进作用。

运用双重差分法需要假设在没有实行该政策时实验组与控制组的因变量变化趋势一致，实验组与控制组不存在系统性差异。然而，这一假设并不能在现实中得到满足。为此，本章采用双重差分倾向性得分匹配法进行稳健性检验，以环境管理能力、要素禀赋、城市化水平、城市面积为特征变量对实验组和控制组进行 Probit 回归，以预测值作为得分，然后采用最近邻匹配的方法进行一对一匹配，结果如表 10 - 3 所示。其中，列（3）不包含任何控制变量，而列（4）包含了控制变量。由表 10 - 3 不难看出，

核心解释变量 $policy \times year$ 均显著为正。通过与之前的结果对比分析，再次表明，西部大开发政策确实促进了西部地区绿色发展。由此可见，这一研究结论具有较好的稳健性。

表 10－3　双重差分回归结果

变量	DID		PSM－DID	
	（1）	（2）	（3）	（4）
$policy$	－0.0596 ***	－0.1303 ***	－0.3530 **	－0.0574 ***
	（0.017）	（0.045）	（0.156）	（0.021）
$year$	0.0248 ***	0.1909 ***	－0.0389	－0.0032
	（0.009）	（0.067）	（0.153）	（0.086）
$policy \times year$	0.0327 *	0.0965 *	0.3436 **	0.0673 ***
	（0.019）	（0.050）	（0.156）	（0.025）
$control$	无	有	无	有
样本量	5424	4042	2795	1603
R^2	0.01	0.136	0.220	0.055

注：*、* *、* * *分别表示在10%、5%、1%水平上显著，括号内为标准误。

2. 逐步加入控制变量

表 10－3 是采用双重差分法逐步加入控制变量的回归结果。模型（1）是不包含任何控制变量的基准模型，模型（2）到模型（8）依次增加了城市面积、城市化水平、环境管理能力、政府规模、要素禀赋、产业结构等控制变量。由表 10－4 可以看出，在依次增加控制变量的过程中，核心解释变量 $policy \times year$ 的显著性和系数符号均没有发生根本性的变化，在包含最多控制变量的模型（8）中，各变量均通过了显著性检验。这表明模型的估计结果比较稳健。

从本章的核心解释变量 $policy \times year$ 来看，其回归系数显著为正，表明西部大开发政策实施后显著提高了西部地区绿色发展效率。从系数的大小来看，西部大开发实施后西部地区的绿色发展效率提高了9%。从控制变量来看，要素禀赋、产业结构、城市化水平显著为负。表明地区的高资本劳动比制约着绿色发展。随着我国工业化的不断推进，资本劳动比不断攀升，并且呈现出粗放式增长的特征。由于资本密集型产品的清洁度低于劳动密集型产品，在粗放式工业化发展过程中资本劳动比的提高会降低绿色发展的程度，这与王兵（2010）的研究结果相近。就产业结构而言，第二产业占比越高越不利于绿色发展。在三次产业中，第二产业的污染相对最大，第二产业占比越高意味着相同地区生产总值下污染排放越高，绿色发展效率越低。城市化水平的结果表明，城市化进程的推进，在一定程度上抑制了西部地区的绿色发展效率。根据岳书敬（2015）的研究，城市化在一定程度上提高了城市单位空间内产出和各类生产经营活动密度，可以促进经济较快增长；经济发展给资源环境带来了一些破坏，环境调节能力不足以抵抗其破坏力，且其环境的负外部性进一步导致绿色发展效率的下降，抑制了西部地区绿色发展效率的提高。

环境管理能力系数显著为正，说明在现有基础上进一步提高环境管理能力可以促进绿色发展。环境管理能力表现为固体废物的综合利用率，直接表现为污染物的减少，意味着在今后，要充分发挥治理污染的积极性，增加治污投入。

从政府规模来看，政府支出对绿色发展的影响并不显著，但政府支出在某种程度上对绿色发展效率的提高具有正向的影响。从理论上讲，适度的政府支出有助于建立良好的法治和产权保护环境。

表 10 - 4　逐步加入控制变量

变量	（1）	（2）	（3）	（4）	（5）	（6）
policy	- 0. 1036 * *	- 0. 0992 * *	- 0. 0981 * *	- 0. 1186 *	- 0. 1183 *	- 0. 1137 *
	(0. 042)	(0. 044)	(0. 045)	(0. 061)	(0. 062)	(0. 060)
year	0. 1264 * * *	0. 0388	0. 0349	- 0. 2059	- 0. 2337 *	- 0. 3179 * *
	(0. 028)	(0. 032)	(0. 035)	(0. 194)	(0. 123)	(0. 139)
policy × year	0. 1033 *	0. 1007 *	0. 1033 *	0. 0853 *	0. 0856 *	0. 096
	(0. 054)	(0. 059)	(0. 061)	(0. 046)	(0. 047)	(0. 050)
industry						- 0. 0104 * * *
						(0. 003)

变量	(1)	(2)	(3)	(4)	(5)	(6)
$\ln K/L$					− 0.0073	− 0.0648 ***
					(0.027)	(0.018)
government				0.0184	0.0185	0.0156
				(0.017)	(0.017)	(0.016)
environment			0.0021	0.0039 ***	0.0037 **	0.0033 *
			(0.002)	(0.001)	(0.002)	(0.002)
urbanization		− 0.0003	− 0.0005	− 0.0013 **	− 0.0013 **	− 0.0001
		(0.001)	(0.001)	(0.001)	(0.000)	(0.000)
$\ln territory$	− 0.1388 ***	− 0.1584 ***	− 0.1641 ***	− 0.1588 ***	− 0.1580 ***	− 0.1874 ***
	(0.049)	(0.054)	(0.056)	(0.050)	(0.053)	(0.061)
常数项	1.7138 ***	1.8945 ***	1.9436 ***	1.8540 ***	1.7824 ***	1.9784 ***
	(0.440)	(0.462)	(0.478)	(0.382)	(0.627)	(0.675)
样本量	5359	4317	4062	4054	4048	4042
R^2	0.034	0.035	0.035	0.045	0.045	0.060

注：*、**、***分别表示在10%、5%、1%水平上显著，括号内为标准误。

3. 机制性检验

从前述检验结果中可以发现，西部大开发促进了西部地区的绿色发展。为了研究西部大开发政策影响西部地区绿色发展的因素，本章借鉴刘瑞明和赵仁杰（2015）的思路，分别以上述控制变量为因变量，采用双重差分法进一步估计西部大开发政策对这些控制变量的影响，相应的回归结果如表10-5所示。

从表10-5列（2）和列（3）中可以看出，在以政府规模、要素禀赋为因变量的模型中，核心解释变量 *policy* × *year* 在1%、10%的水平上显著为正，即西部大开发政策在一定程度提高了西部地区的政府投入以及资本劳动比。同时，从表10-5的列（1）和列（5）中可以看出，产业结构和环境管理能力并不显著，说明西部大开发政策对这些经济要素的作用并不显著，但在某种程度上，西部大开发政策对产业结构和环境管理能力具有正向影响。袁航（2018）认为，西部大开发战略对产业结构具有"结构趋优演化"和"转型升级拖累"的效应，西部大开发政策未能显著推动西部地区产业结构升级，可能由于过度的"政策依赖"对西部地区产业结构产生了负面效应，另外，可能存在供给结构和区位布局不合理等因素。从列(6)可以看出，城市化水平系数显著为负，说明西部大开发政策对西部地区城市化水平具有抑制性作用，可能是因为西部地区地域广阔，大部分为经济欠发达地区和农村，对外开放程度低，西部大开发政策的辐射带动作用效果不明显。

根据上述研究可知，环境管理能力、政府规模可以促进绿色发展效率，产业结构、要素禀赋、城市化水平在某种程度上会抑制绿色发展效率的提高。结合列(4)和列(5)，从产业结构角度来说，其抑制了西部地区绿色发展效率的提升，而西部大开发政策对其具有正向影响，反映了西部大开发政策抑制了绿色发展效率的提升；从要素禀赋的角度来说，其抑制了西部地区绿色发展效率的提升，但并不显著，而西部大开发政策对其具有正向影响，反映了西部大开发政策显著抑制了绿色发展效率的提升；从政府规模角度来说，其对西部地区的绿色发展效率具有正向影响，而西部大开发政策促进了政府规模的扩大，反映了西部大开发政策促进了西部地区的绿色发展效率提升；从环境管理能力的角度来说，其对西部地区绿色发展水平具有促进作用，而西部大开发政策对环境管理能力具有正向影响，故西部大开发政策促进了西部地区绿色发展效率提升；从城市化水平来看，其对西部地区绿色发展效率提升具有抑制作用，而西部大开发政策对其具有负向影响，反映了西部大开发政策促进了西部地区的绿色发展效率提升。由此可知，从产业结构、要素禀赋、政府规模、环境管理能力等变量来看，西部大开发政策通过促进政府规模、环境管理能力的提高促进绿色发展效率，通过促进产业结构、要素禀赋的提高抑制绿色发展效率，通过抑制城市化水平的提高促进绿色发展效率。

表 10 – 5　机制性检验

| 变量 | (1) | (2) | (3) | (4) | (5) | (6) |
	industry	ln K/L	government	lnterritory	environment	urbanization
policy	– 0.6160	– 0.0839 **	1.1851 ***	0.1169 *	– 0.6561 ***	3.2544
	(0.820)	(0.042)	(0.262)	(0.061)	(0.257)	(2.482)
year	4.0771 ***	2.4436 ***	5.4310 ***	0.1540 ***	– 1.3645 ***	– 7.3245 ***
	(0.359)	(0.028)	(0.196)	(0.033)	(0.150)	(0.650)
policy × year	1.5513	0.0949 *	1.1946 ***	0.1525 **	0.5324	– 3.9559 *
	(0.950)	(0.058)	(0.435)	(0.067)	(0.338)	(2.626)
常数项	44.6316 ***	9.2604 ***	3.7323 ***	9.0230 ***	4.1537 ***	30.9837 ***
	(0.306)	(0.021)	(0.148)	(0.030)	(0.068)	(0.518)
样本量	5406	5423	5354	5359	4687	5265
R^2	0.032	0.570	0.124	0.024	0.022	0.026

注：*、* *、* * *分别表示在10%、5%、1%水平上显著，括号内为标准误。

五、结论与政策建议

西部大开政策是否有效推动了西部地区的绿色发展？作为一项重大的区域性政策，西部大开发实施近20年来究竟取得了怎样的成果？这些问题一直是各界关注的重点。本章利用1995—2016年247个地级市的面板数据，采用双重差分法和双重差分倾向性得分匹配法实证检验了西部大开发政策对西部地区绿色发展的影响及其作用机制。结果发现，西部大开发政策促进了西部地区的绿色发展，其中，环境管理能力、城市化水平促进了绿色发展，而要素禀赋结构、产业结构和政府规模则阻碍了绿色发展。从产业结构、要素禀赋、政府规模、环境管理能力等变量来看，西部大开发政策通过促进政府规模、环境管理能力的提高促进绿色发展，通过促进产业结构、要素禀赋的提高抑制绿色发展，通过抑制城市化水平的提高促进绿色发展。

根据本章的研究结果，在未来的政策实施过程中应该注意以下几点：

第一，在注重基础设施等投入的同时，加大政策法规、人文环境等软环境的建设。未来要进一步提高绿色发展的程度，西部地区应该结合地区发展特点，总结对比经验，提升社会制度建设，加大环境关注力度，推进城市化建设，进一步为西部地区提供增长动能，逐步缩小与东部地区的差距。

第二，加快要素禀赋、产业结构的升级。根据前文分析结果，这两个指标的提高都会抑制绿色发展，资本产出比提高会抑制绿色发展，第二产业占比过高，加剧了能耗与污染排放，因此，只有改变要素禀赋、产业结构，才能从源头上实现绿色发展。

第三，西部大开发政策应该在促进经济与环境共同发展的同时，注重政府改革。通过上述研究，可以发现，西部大开发的实施确实促进了西部地区的绿色发展，但是政府支出增长对绿色发展的促进作用并不显著。这说明政府的过度参与，可能导致经济发展质量不高，因此，应强化市场的作用，优化政府的投入力度。

第四，加快推进资源环境与经济发展和谐统一的新型城市化发展路线。城市化发展伴随着资源的不断消耗和环境的不断恶化，导致区域生态效率低下。在此背景下，奉行绿色发展，促进人口、经济、资源、环境的协调发展，有利于新时代背景下"美丽中国"的建设。

第十一章　地方政府竞争、环境规制与绿色发展效率

绿色发展效率是中国经济转向高质量发展的重要衡量指标，政府主导的经济发展体制决定了地方政府竞争和环境规制是影响绿色发展效率的主要因素。本章在识别地方政府竞争、环境规制对于绿色发展效率作用机制的基础上，基于 2001—2015 年中国 30 个省份的面板数据，利用 SBM – DEA 方向性距离函数测算了包含能源消耗与非期望产出的 2001—2015 年省级区域绿色发展效率，并使用动态面板 GMM 模型进行了实证分析。

一、问题的提出

中国的改革开放取得了举世瞩目的成就，地方政府竞争一直被众多学者看作推动中国经济长期持续高速增长的重要原因。在新时代背景下，中国的经济发展目标已从高速增长转向高质量发展，通过改革和完善竞争机制，地方政府竞争仍将是中国经济增长的重要动力。但是地方政府间的竞争导致了地区间环境规制的"逐底效应"。为了赢得经济增长竞赛、促进本地区经济增长，地方政府往往会减弱环境规制的力度。而环境规制对于经济发展具有双重影响；一方面是抑制效应，环境规制会增加企业负担，抑制经济增长；另一方面是促进效应，环境规制会减少污染物的排放，提高资源利用率，促进生态环境改善。中国近些年来在处理经济增长与环境保护之间关系方面进行了一系列实践，但是生态环境问题仍比较严重。本章选择既考察经济发展又兼顾资源节约、生态保护的绿色发展效率作为绿色发展水平的测度标准，来分析中国绿色发展的现状，试图回答以下问

题：地方政府竞争与环境规制对绿色发展效率起到了怎样的作用？地方政府竞争与环境规制的相互作用能否提升绿色发展效率？

现有研究围绕地方政府竞争对环境规制力度和生态环境保护的影响、环境规制与绿色发展的关系展开了深入的探讨，主要包括以下三方面：

一是关于地方政府竞争与环境规制的研究。各级地方政府作为中央环境治理政策的实施者，地方政府间的竞争行为对于环境规制的实施具有重要影响。中国的财政分权与政绩考核体制，使地方政府当前的环境政策存在攀比式竞争，其目的并不是解决本地区的环境问题，结果也不利于地方的经济增长。地方政府竞争导致的经济赶超，引发了政府间环境规制的"逐底效应"和"绿色悖论"现象。放松环境规制是地方政府在竞争中实现经济赶超的最优策略。地方政府竞争引发的经济增长竞赛，使地区间环境规制出现了"竞次"现象，即如果相互竞争的地区中的一方首先降低环境规制强度，那么其他地区也会相继降低环境规制强度。针对中国不同区域的不同情况，傅强等（2016）研究发现，地方政府竞争有助于全国和东部地区对环境进行有效规制，中部地区跨越门槛值后环境规制失灵，西部地区则存在较严重的环境规制失灵问题。

二是关于环境规制与绿色发展的研究。目前对于环境规制与绿色发展关系的研究还处于起步阶段，一些学者使用绿色经济效率、生态效率或绿色全要素生产率等作为绿色发展的测度指标来研究环境规制对协调经济发展、保护生态的作用。钱争鸣、刘晓晨（2015）对环境管制与绿色经济效率的关系进行了研究，指出随着环境管制的加强，绿色经济效率呈先降后升的趋势。高志刚、尤济红（2015）提出中国的环境规制强度与全要素能源效率之间呈现出"U"形关系。张子龙等（2015）发现，环境规制在短期内对生态效率有一定抑制作用，而在长期则存在促进效应。李胜兰等（2014）则认为，环境规制对区域生态效率具有制约作用，环境规制的加强使得政府和企业生态环境保护的成本提高，抑制了产出增长和经济发展，保护环境付出了高昂的经济代价。王兵、刘光天（2015）进一步创新了绿色发展的测度指标。在此基础上，李斌等（2013）分析了绿色全要素生产率与环境规制的关系，发现环境规制对绿色全要素生产率具有促进效应。环境规制通过空间维度的产品结构效应和时间维度的清洁收益效应实现了绿色全要素生产率从"遵循成本"到"创新补偿"的转变。蔡乌赶、周小亮（2017）进一步对环境规制进行了分类并指出，命令控制型环境规制尚未直接影响绿色全要素生产率，市场激励型环境规制对绿色全要素生产率的直接影响符合"倒 U"形关系。

三是关于地方政府竞争与生态环境保护的研究。地方政府在经济发展过程中对生态环境的重视与否决定了中国经济发展模式向绿色转型能否成功。部分学者认为，地方政府竞争是区域环境质量差异的重要原因，地方政府间竞争、经济赶超加剧，财政分权程度的提升引致了生态效率的下降。在以 GDP 为核心的晋升考核机制激励下，地方政府存在"饮鸩止渴"的动机，以生态环境为代价换取短期经济利益，其竞相降低环境规制水平的行为导致区域经济与环境的协调性较低。地方政府存在经济赶超动机，以放松环境管制为手段吸引更多 FDI 流入，这种"竞争到底"的行为源于中国地方政府间的竞争。在地方政府的经济赶超竞赛中，发展晚、技术水平低的地区倾向于放松环境监管，以实现对经济发展程度高地区的追赶超越。政府间的竞争、财政分权加剧了环境治理投资的削弱效应。但也有学者认为，地方政府竞争导致地方政府可以自由选择发展政策、实施区域差异化的节能减排政策，可以促进中国绿色全要素生产率的增长。

总的来看，现有研究为后续研究奠定了基础，但缺乏从地方政府竞争与环境规制相互作用的角度去探索中国绿色发展效率变化的研究。本章选择绿色发展效率作为绿色发展水平的测度标准，并将地方政府竞争、环境规制及二者交互项同时纳入分析框架，使用 Max - DEA 软件测度 2001—2015 年中国省级区域绿色发展效率，试图分析地方政府竞争、环境规制对绿色发展效率的影响，进一步拓展现有研究。

二、地方政府竞争、环境规制对于绿色发展效率的作用机理分析

（一）地方政府竞争与绿色发展效率

改革开放 40 年来，基于相对绩效的官员晋升激励制度带来了中国经济的高速发展，但是以地区生产总值为主要指标的考核方式，导致了粗放型的经济增长方式，带来了严重的生态环境问题。由于所在地区人民群众的偏好众多，并且当地政府难以准确考察，地方政府官员往往使用较易识别与测度的经济总量即地区生产总值作为人民群众的偏好替代，使得地方官员在任期中首选利于经济增长的地方政府竞争。当经济发展水平较低时，解决温饱问题的需求使得偏好替代的准确性较高，因此，在晋升激励与偏好替代的共同作用下，要经济不要生态成为地方政府的普遍做法。地方政府偏好于短时间内对地区生产总值提升力度最大的工业是地方政府竞争的必然结果：地方政府一方面大量吸收发达地区淘汰的、污染严重的，但可以提供大量产值的重工业产业；另一方面加大对本地自然资源的开发利用，通过对自然资源的掠夺式开采换得地区生产总值的快速上升。环境污染的外部性显著，地方政府竞争造成了地方保护主义的盛行，进一步导致了环境区域协同治理困难，河流上游地区将污染排放到下游地区的情况屡见不鲜。地方政府竞争引致的一味追求经济增长的粗放型经济增长方式，造成非期望投入与非期望产出的增加、环境治理投资的减少、生态保护难度的加大，对提高当地的绿色发展效率具有明显的抑制效应。

（二）环境规制与绿色发展效率

绿色发展效率在度量原有经济增长效率的基础上考虑了环境效益，在投入中增加了非期望投入，如能源消费量、工业用水消费量等，在产出中加入了非期望产出，包括固体废弃物排放量、CO_2 排放量、SO_2 排放量等。提高绿色发展效率首先需要减少生产过程中的非期望投入，节约能源资源；其次需要对生产造成的非期望产出进行清洁处理，使生产过

程中的废弃物不会对生态环境造成破坏；最后需要对生产过程中的技术进行创新，提高资源的利用效率，减少生产过程中产生的废弃物。环境规制的加强，一是减少了非期望产出的数量，政府和企业将更多资源投入环境保护、废弃物处理，对于绿色发展效率的提升具有促进效应；二是迫使企业减少非期望投入的数量，提高资源利用率，促进了绿色发展效率的提高；三是环境规制对于企业的绿色技术创新意愿具有显著的提升效应，可以促进绿色技术的进步。本章对 2001—2015 年省级面板绿色发展效率进行了 Malmquist 生产指数分解，研究发现，在绿色发展效率的进步中，技术进步比规模效率的贡献更大。因此，环境规制带来的企业负担加重和企业生产性投入减少的负面影响，完全可以被环境规制带来的绿色技术创新创造的额外生产力弥补。综上所述，环境规制对绿色发展效率具有促进作用。

（三）地方政府竞争、环境规制与绿色发展效率

地方政府竞争与环境规制是相互联系、相互影响的两方面。追求经济增长的地方政府竞争必然需要减弱环境规制；选择了保护生态环境的环境规制，可能会导致地方政府在竞争中处于下风，不利于地方官员的仕途。一方面，地方官员为了赢得以经济增长为目标的地方政府竞争，需要大力发展对经济增长贡献又多又快的第二产业，但是第二产业生产过程中产生了大量的废弃物，消耗了巨大的自然资源，对地方生态环境产生了严重的破坏。因此，为了吸引工业企业来本地生产经营，地方政府不得不选择放松环境规制。另一方面，地方官员加强环境规制，会使得当地的工业企业为了减少对环境保护的投入选择外迁相邻地区；而由于当地的产业结构转型升级无法在短时间内完成，工业企业的外迁会在短期内为相邻地区贡献大量地区生产总值，使得本地的经济发展水平落后于相邻地区，本地的政府官员在地方政府竞争中落败，难以获得晋升机会。

在中国层级式的治理结构中，上级官员对下级官员的升迁拥有绝对的话语权，而普遍为 5 年的任期，也导致上级官员对地方官员的考察更偏重

于短期成绩。相比于环境规制，地方政府竞争的短期绩效更为突出。同时，中国许多地区的主政官员源于外地调任，在一地有限的任期使得地方官员普遍抱有"离任之后此地状况与我无关"的想法，因此，在短时间内追求经济快速增长、选择放松环境规制成为理性选择。在有限的晋升机会的刺激下，地方政府官员出于对仕途的考虑，陷入了对生产总值快速增长的非理性亢奋，部分地区甚至出现了数据造假的情况。因此，地方政府官员为了自身的利益，为了实现对周边乃至全国标杆地区的追赶超越，选择地方政府竞争，牺牲生态环境换取经济高速增长也就变得不足为奇。

在中央政府和人民群众对生态环境的关注程度不断提高的情况下，地方官员在地方政府竞争与环境规制之间的选择可能是摇摆不定的。初到一地任职，地方官员会首选地方政府竞争，促进生产总值快速增长；当经济增长造成了严重的污染、破坏了生态环境时，在人民群众与中央政府的压力下，地方政府会转向加大环境规制的强度；在环境改善后，地方经济增长落后于周边地区，出于对自身业绩的考虑，地方官员又会选择地方政府竞争而放松环境规制。地方政府的这一选择过程会造成地方绿色发展水平的波动，但是长期来看，由于政策不具有连贯性，保护生态环境又是一项长期工作，二者的共同对绿色发展效率起到抑制作用，绿色发展效率会在一个低水平的效率上起伏，发展迟滞。

三、模型设定与数据来源

（一）指标选取与数据来源

本章选择绿色发展效率（GTFP）来测度区域的绿色发展水平。已有研究选取的绿色发展水平测度指标，往往仅考虑了产出单一方面。一种是保持投入与期望产出不变，减少非期望产出；另一种是保持投入不变，增加期望产出，减少非期望产出。部分研究将非期望产出视作投入要素，将期望产出视作产出，但这与实际情况并不完全一致。本章使用的绿色发展效率从投入和产出两方面出发，同时考虑经济增长和生态环境保护，兼顾资源投入减少的效率测度，能够在实现经济增长的同时兼顾资源节约、环境保护。

本章使用数据包络分析方法（Data Envelopment Analysis，DEA），借鉴 Tone 等（2003）的方法，采用非径向、非角度、基于松弛的（Slack - Based Measure，SBM）效率评价模型。该评价模型将投入和产出松弛量引入目标函数之中，可以实现对期望产出增加和非期望产出减少的效率评价。包含非期望产出的 SBM 模型如下所示：

$$\rho^* = \min \frac{1 - \dfrac{1}{N} \sum_{n=1}^{N} \dfrac{s_n^x}{x_{kn}^t}}{1 + \dfrac{1}{M+1} \left(\sum_{m=1}^{M} \dfrac{s_m^y}{y_{km}^t} + \sum_{i=1}^{I} \dfrac{s_i^b}{b_{ki}^t} \right)}$$

$$\text{s. t.} \sum_{k=1}^{K} z_k^t x_{kn}^t + s_n^x = x_{kn}^t, n = 1, \cdots, N; \qquad (11-1)$$

$$\sum_{k=1}^{K} z_k^t y_{km}^t - s_m^y = y_{km}^t, m = 1, \cdots, M;$$

$$\sum_{k=1}^{K} z_k^t b_{ki}^t + s_i^b = b_{kt}^t, i = 1, \cdots, I;$$

$$z_k^t \geq 0, s_n^x \geq 0, s_m^y \geq 0, s_i^b \geq 0, k = 1, \cdots, K_\circ$$

其中，x_{kn}^t 表示 t 时期的投入变量；y_{km}^t 表示 t 时期的期望产出变量；b_{ki}^t 表示 t 时期的非期望产出变量；松弛变量为 s_n^x、s_m^y、s_i^b，当松弛变量大于 0 时，说明资源投入使用的过程中存在效率不充分的问题。当权重向量大于 0 时，表示当前模型是在规模报酬不变（CRS）条件下运行的；当加上不同变量权重之和等于 1 的条件时，模型则在规模报酬可变（VRS）条件下运行。如果 $\rho^* < 1$，表明当前要素投入仍存在无效率的情况，还有可提升的空间；如果 $\rho^* = 1$，则说明当前已经达到了生产前沿水平，要素投入效率最高。由于技术进步等，本章选择规模报酬可变条件下的 SBM 模型进行绿色发展效率核算，这也更符合现实情况。

测算绿色发展效率需要设定投入与产出变量，投入变量包括资本存量、劳动力、能源要素投入量。本章根据单豪杰（2008）的研究方法，利用永续盘存法，以 2001 年为基期，并以 10.96% 作为各省份每年的折旧率，核算投入的资本存量。本章的劳动力投入指标取当年年末就业人数与上年年末就业人数的平均值作为其当年就业人数。本章用各省份每年消耗的 8 种能源，包括煤炭、焦炭、原油、燃料油、汽油、煤油、柴油、天然气，根据 GB/T 2589 – 2008 综合能耗计算通则，转换成统一单位进行加总，得出每个省份的能源消费量，并将能耗单位折算为万吨标准煤。产出变量包括期望产出变量与非期望产出变量。期望产出变量选用各省地区生产总值，并利用 2001 年的不变价格计算实际地区生产总值以保证数据可比。非期望产出使用各省份每年的碳（C）排放量，碳排放计算公式如下：

$$CO_2 = \sum_{i=1}^{8} CO_{2i} = \frac{\sum_{i=1}^{8} E_t \times NCV_i \times CEF_i \times COF \times 44}{12} \quad (11-2)$$

将 8 种能源的碳排放系数代入式（11 – 2），可测算得出各省份的二氧化碳排放量，单位为万吨。

绿色发展效率测度与 Malmquist – Luenberger 生产率指数（ML 指数）分解的结果，如表 11 – 1 所示（不包括西藏和港澳台地区）。

表 11 –1　中国省域绿色发展效率、ML 指数及其分解指标

省份	绿色发展效率		Malmquist – Luenberger 生产率指数分解				
	CRS 条件	VRS 条件	ML 指数	技术进步变化	技术效率变化	纯技术效率变化	规模效率变化
北京	1.000	1.000	1.0831	1.0831	1	1	1
天津	0.839	0.944	1.2129	1.1727	1.0343	1.0295	1.0047
河北	0.424	0.436	1.0797	1.0904	0.9902	0.9904	0.9998
山西	0.330	0.365	1.086	1.0976	0.9894	0.9902	0.9992
内蒙古	0.891	1.000	1.3409	1.267	1.0583	1	1.0583
辽宁	0.564	0.619	1.3595	1.3552	1.0032	0.9607	1.0443
吉林	0.520	0.596	1.105	1.092	1.0119	1.0156	0.9963
黑龙江	0.520	0.560	1.1104	1.1125	0.9981	0.997	1.0011
上海	1.000	1.000	1.0815	1.0815	1	1	1
江苏	0.716	0.783	1.1013	1.095	1.0057	1.0209	0.9852
浙江	0.705	0.719	1.0916	1.0963	0.9958	0.9937	1.0021

续表

省份	绿色发展效率		Malmquist－Luenberger 生产率指数分解				
	CRS 条件	VRS 条件	ML 指数	技术进步变化	技术效率变化	纯技术效率变化	规模效率变化
安徽	0.466	0.510	1.1226	1.1174	1.0047	1.0095	0.9952
福建	0.896	0.966	1.0846	1.1022	0.9841	1	0.9841
江西	0.532	0.618	1.0927	1.0904	1.0021	1.0128	0.9894
山东	0.509	0.515	1.0762	1.0844	0.9925	0.9884	1.0041
河南	0.464	0.483	1.0894	1.0889	1.0004	1.0009	0.9995
湖北	0.440	0.459	1.1019	1.0856	1.015	1.0151	0.9999
湖南	0.539	0.575	1.0917	1.0884	1.003	1.0075	0.9955
广东	1.000	1.000	1.0758	1.0758	1	1	1
广西	0.560	0.642	1.0908	1.1002	0.9915	1.0017	0.9898
海南	0.608	1.000	1.0016	1.0676	0.9382	1	0.9382
重庆	0.656	0.774	1.1372	1.1022	1.0317	1.0448	0.9875
四川	0.542	0.566	1.0927	1.0847	1.0073	1.0083	0.999
贵州	0.240	0.312	1.0981	1.0886	1.0088	1.0224	0.9867
云南	0.382	0.448	1.0803	1.0846	0.996	1.0085	0.9876
陕西	0.364	0.405	1.0833	1.0866	0.9969	0.9975	0.9994
甘肃	0.292	0.387	1.0898	1.0888	1.0009	1.0173	0.9839
青海	0.318	1.000	1.086	1.08	1.0056	1	1.0056
宁夏	0.242	1.000	1.0662	1.0954	0.9733	1	0.9733
新疆	0.340	0.409	1.0585	1.0935	0.968	0.9748	0.993

　　本章选择经济赶超水平（ECU）作为地方政府竞争的代理变量。地方政府间的竞争主要体现在各地区经济发展之间的竞争与赶超，本章参考缪小林等（2017）的方法，认为各省份存在对周边省份和经济发展水平较高的省份追赶超越的目标，选择相邻省份维度和全国省份维度共同决定各省的经济赶超水平：

$$ECU = \frac{除本省外相邻省份最高人均生产总值}{本省人均生产总值} \times \frac{全国省份最高人均生产总值}{本省人均生产总值}$$

$$(11-3)$$

环境规制（ER）分为正式规制与非正式规制。经济赶超的决策者为地方政府。为了考察地方政府对环境规制强度的选择、地方政府对正式规制的影响、各地区环境规制的相对强度，本章选取各省份当年污染治理投资总额占全国污染治理投资总额的比重来衡量环境规制强度。

本章选取的控制变量主要（X_i）包括经济发展水平（PGDP）、技术水平（TEC）、开放程度（OPEN）、产业结构（STR）。经济发展水平以剔除价格因素的实际人均生产总值来衡量。技术水平使用当年的专利审批数量来衡量。开放程度使用各省份对外贸易总额占地区生产总值的比重来衡量。产业结构用第二产业产值占地区生产总值的比重来衡量。为了保证检验结果的准确性，对技术水平、经济发展水平的数据进行取对数处理。

可持续发展的思想在"十五"规划中被提出，本章根据数据的可得性，选择"十五""十一五""十二五"规划共计 15 年的数据（2001—2015 年）。由于西藏、港澳台等地区资料缺失，本章选择了 30 个省份的省级面板数据。本章数据主要来源于《中国统计年鉴》《中国工业统计年鉴》《中国环境统计年鉴》《中国科技统计年鉴》《中国能源统计年鉴》。

（二）实证测度

面板数据的优点在于可以对研究对象的动态行为进行检验。对于动态长面板而言，个体较少而时间较长，因此动态面板估计的结果偏差较小，可以通过校正偏差的方法得到一致估计，而本章的研究对象区域个数大于时间长度，因此选择动态差分 GMM 模型，先作一阶差分消除模型的个体效应，再寻找适当的工具变量消除模型的内生性，进而得到一致估计。由于地方官员在地方政府竞争与环境规制间的选择不具有连贯性，之前的绿色发展效率会影响当期的政府决策，进而影响当期的绿色发展效率，因此，本章选择引入绿色发展效率的滞后项作为工具变量。为了识别地方政府竞争与环境规制的共同作用对绿色发展效率的影响，本章在模型中加入了二者的交互项。根据省级面板数据结构，本章设定的具体模型如下：

$$\text{GTFP}_{it} = \alpha + \rho_1 \text{GTFP}_{i,t-1} + \rho_2 \text{GTFP}_{i,t-2} + \beta_1 \text{ECU}_{it} + \beta_2 \text{ER}_{it} +$$

$$\beta_3 \text{ECU} \times \text{ER}_{it} + \sum_i^4 \omega_i X_i + u_{it} \qquad (11-4)$$

其中，i 表示具体的省份；t 表示年份；GTFP_{it} 表示 i 省份 t 年的绿色发展效率指数；$\text{GTFP}_{i,t-1}$ 表示 i 省份滞后一期的绿色发展效率指数；$\text{GTFP}_{i,t-2}$ 表示 i 省份滞后二期的绿色发展效率指数；ECU 表示 i 省份的经济赶超水平；ER 表示 i 省份的环境规制强度；$\text{ECU} \times \text{ER}$ 表示二者的交互项；X_i 表示控制变量，包括 i 省份的经济发展水平、技术水平、开放程度、产业结构；u_{it} 为随机扰动项。

四、实证结果分析

（一）全区域检验

由于在模型中加入了滞后项作为工具变量，本章选择动态面板差分 GMM 模型来检验地方政府竞争、环境规制与绿色发展效率之间的关系。检验结果如表 11-2 所示：

表 11-2 实证检验结果

变量	(1)	(2)	(3)	(4)	(5)
L. GTFP		0.333***	0.295***	0.287***	0.688***
		(0.021)	(0.025)	(0.026)	(0.034)
L2. GTFP		-0.051***	-0.057***	-0.060***	-0.083***
		(0.007)	(0.008)	(0.008)	(0.012)
ECU	-0.008***	-0.005***	-0.004***	-0.004***	-0.002***
	(0.003)	(0.001)	(0.001)	(0.001)	(0.001)
ER	15.78***		1.459***	3.583***	4.455***
	(4.716)		(0.355)	(0.780)	(1.231)
ECU×ER	-6.665***			-0.966***	-1.485***
	(1.153)			(0.234)	(0.330)
lnPGDP	(0.018)***				-0.005*
	(0.018)				(0.003)

续表

变量	（1）	（2）	（3）	（4）	（5）
lnTEC	−0.088***				0.002*
	(0.008)				(0.001)
OPEN	0.265***				0.004*
	(0.024)				(0.002)
STR	0.028				0.024***
	(0.031)				(0.001)
常数项	−0.194	0.540***	0.547***	0.573***	0.318***
	(0.176)	(0.017)	(0.017)	(0.022)	(0.032)
AR（2）−P		0.527	0.570	0.595	0.175
Sargan−P		0.369	0.342	0.408	1.00
样本量	450	360	360	360	360

注：* 表示 $p < 0.1$，* * 表示 $p < 0.05$，* * * 表示 $p < 0.01$。括号内为标准差。

作为一致估计，差分 GMM 估计成立的前提为扰动项不存在自相关。因为在实证检验中使用了两步法，扰动项的一阶差分存在一阶自相关，但扰动项的差分不存在二阶或更高阶自相关。通过检验，发现模型扰动项的差分存在一阶自相关，不存在二阶自相关，因此原模型扰动项不存在自相关，差分 GMM 模型估计准确。

本章使用了绿色发展效率的滞后一期与滞后二期值作为工具变量，因此需要进行过度识别检验。原假设为所有工具变量都有效，表 11 - 2 显示检验结果无法拒绝原假设，所有模型估计结果准确。

表 11 - 2 显示滞后一期的绿色发展效率对本期的绿色发展效率的影响为正且显著，这意味着前一时期的绿色发展效率对本期绿色发展效率具有提升作用。这显示出，上一期的绿色发展效率提高以后，带来了生态环境的改善，而此时，因为环境规制存在滞后效应，环境规制对经济发展的影响还没有显现出来，所以地方政府可能在本期继续执行高强度的环境规制政策，选择提高绿色发展效率。滞后二期的绿色发展效率与本期绿色发展效率的关系为负且显著，表示滞后二期的绿色发展效率对本期绿色发展效

率具有抑制作用，意味着政府选择强有力的环境规制、提高绿色发展效率已经造成了经济增长的减缓，与周围地区的经济发展差距加大。政府官员从自己的晋升前景考虑，不得不减少环境规制的力度、放松环境监管，以实现经济的快速增长，从而赢得地方政府间的竞争。可以看出，地方官员在地方政府竞争与环境规制之间的选择呈现出周期性、起伏性的特点，这一现象也导致了中国大部分省份的绿色发展效率呈现出波动性的特征，导致绿色发展效率进步缓慢甚至下降。

地方政府竞争对绿色发展效率的影响显著且系数为负，表示地区政府为追赶周围地区或全国经济发达地区的经济水平制定的地方政府竞争政策会降低本区域的绿色发展效率。地方政府为了促进本地经济的发展、实现对其他地区的赶超、提升自己的政绩，一方面，在发展过程中为重工业产业制定宽松的环境政策，吸收经济发达地区转移而来的高污染、高能耗的工业企业，加速重工业产业的发展；另一方面，将政府的财政支出向发展经济方面倾斜，减少环保节能方面的支出，加快经济建设。两方面共同作用导致地区环境污染、资源浪费，降低了绿色发展效率。

环境规制对绿色发展效率的影响显著且系数为正，意味着地区政府制定的相关绿色发展政策对于区域绿色发展效率提升具有正向效应。这说明环境规制对绿色发展效率具有促进效应，验证了"波特假说"。虽然环境规制迫使企业加大污染处理和生态保护支出，但是企业通过发展绿色技术、提高能源利用率、拓展绿色产业，可以在保护生态的同时发展经济，提高绿色发展效率。政府加大保护生态环境的财政支出，有利于本地经济的可持续发展。保护环境提升了本地的绿色发展效率，印证了习近平总书记提出的"绿水青山就是金山银山"。

地方政府竞争与环境规制的交互项的影响显著且系数为负，意味着当地方官员面对地方政府竞争与环境规制的选择时，更多地为自己仕途考虑，选择了更有利于自己晋升的地方政府竞争政策，忽视了对生态环境的保护，导致了绿色发展效率的下降。

控制变量中经济发展水平对绿色发展效率影响显著且系数为负，意味着我国现在经济发达地区的高地区生产总值多是在忽视环境保护的情况下取得的，没有实现人与自然的和谐发展，急需转变经济发展模式、调整产业结构、实现绿色发展。技术水平对绿色发展效率影响显著且系数为正，说明技术进步可以提高绿色发展效率，绿色技术的应用可以实现低污染、低能耗、高产出的绿色经济增长模式。开放程度对绿色发展效率影响为正且显著，说明扩大对外开放程度有利于吸收先进的绿色技术，也有利于将重污染、低附加值的产业转移到其他地区，提升绿色发展效率。产业结构对区域绿色发展效率存在显著的促进效应。

（二）分区域检验

中国幅员辽阔，各地区的自然条件与经济发展基础差别很大，将处于不同地区的省份放在一起比较可能会导致检验结果出现偏差。因此，本章根据地理位置与经济发展水平将全国分为东、中、西三个区域，进行实证检验。东部地区包括北京、天津、河北、辽宁、上海、江苏、浙江、福建、山东、广东、海南11个省份，中部地区包括山西、吉林、黑龙江、安徽、江西、河南、湖北、湖南8个省份，西部地区包括内蒙古、广西、重庆、四川、贵州、云南、陕西、甘肃、青海、宁夏、新疆11个省份。表11-3结果显示，东部地区滞后一期的绿色发展效率对当期绿色发展效率具有显著促进作用、滞后二期的检验结果不显著，但与全样本及中、西部检验结果符号相同，可以认为对绿色发展效率具有抑制作用，核心解释变量与全样本检验结果一致且显著。中部地区与西部地区滞后一期的绿色发展效率、滞后二期的绿色发展效率、地方政府竞争、环境规制、地方政府竞争与环境规制的交互项的检验结果都显著，且与全样本检验结果一致。整体来看，分区域实证检验结果与全样本实证检验结果基本一致。分区域检验结果显示东、中、西部地区都存在地方政府竞争引致的环境规制力度不足，环境规制政策存在波动性，进而抑制了绿色发展效率的提高。

表 11 - 3 分区域实证检验结果

变量	东部地区	中部地区	西部地区
L. GTFP	0.554 ***	0.910 ***	0.800 ***
	(0.002)	(0.008)	(0.017)
L2. GTFP	- 0.004	- 0.189 ***	- 0.299 ***
	(0.004)	(0.009)	(0.018)
ECU	- 0.001 **	- 0.002 ***	- 0.001 ***
	(0.001)	(0.001)	(0.001)
ER	4.031 ***	0.285 **	1.087 ***
	(0.219)	(0.130)	(0.199)
EUC × ER	- 0.757 ***	- 0.324 ***	- 0.733 ***
	(0.071)	(0.065)	(0.060)
lnPGDP	- 0.002 ***	0.002 **	0.008 ***
	(0.001)	(0.001)	(0.001)
lnTEC	- 0.001 ***	- 0.001 ***	- 0.001
	(0.001)	(0.001)	(0.001)
OPEN	- 0.006 ***	0.001	0.014 ***
	(0.001)	(0.002)	(0.005)
STR	0.022 ***	0.001	- 0.001
	(0.001)	(0.001)	(0.001)
常数项	0.121 ***	0.027 ***	- 0.004
	(0.000)	(0.000)	(0.878)
AR（2）- P	0.283	0.688	0.300
Sargan - P	1.000	1.000	1.000
样本量	360	360	360

注：*表示 $p < 0.1$，**表示 $p < 0.05$，***表示 $p < 0.01$。括号内为标准差。

（三）稳健性检验

本章使用动态面板系统 GMM 模型对 2001—2015 年省级面板数据进行稳健性检验，如表 11 - 4 所示。一阶滞后项对绿色发展效率提升具有显著促进作用，二阶滞后项除东部地区外，均对绿色发展效率提高具有显著抑制作用。地方政府竞争显著抑制了绿色发展效率的提高，环境规制促进了绿色发展效率的提高，二者的交互项对绿色发展效率具有显著抑制效应。经过检验，地方政府竞争与环境规制具有显著的负相关性，表示地方政府在发展过程中，难以同时选择地方政府竞争与环境规制。系统 GMM 模型检验结果与差分 GMM 模型检验结果一致，可以认为回归结果具有稳健性。

表 11-4　稳健性检验（1）

变量	全样本	东部地区	中部地区	西部地区
L. GTFP	0.963***	0.911***	1.160***	1.162***
	(0.009)	(0.007)	(0.017)	(0.016)
L2. GTFP	-0.101***	0.060***	-0.165***	-0.148***
	(0.013)	(0.008)	(0.026)	(0.015)
ECU	-0.001**	-0.001	-0.001	-0.001*
	(0.001)	(0.001)	(0.001)	(0.001)
ER	1.492**	1.647***	0.396***	0.077
	(0.721)	(0.322)	(0.142)	(0.298)
ECU × ER	-1.382***	-0.561***	-0.396***	-0.128**
	(0.186)	(0.111)	(0.098)	(0.054)
lnPGDP	-0.006*	0.005***	0.003***	-0.006***
	(0.003)	(0.001)	(0.001)	(0.001)
lnTEC	0.007***	0.001**	-0.001***	0.003***
	(0.001)	(0.001)	(0.001)	(0.001)
OPEN	0.013**	0.031***	0.002**	0.002*
	(0.005)	(0.004)	(0.001)	(0.001)
STR	0.035***	0.025***	-0.001	0.001
	(0.001)	(0.001)	(0.001)	(0.001)
常数项	0.087***	-0.059***	-0.016***	0.029***
	(0.031)	(0.009)	(0.004)	(0.009)
AR (2) - P	0.143	0.210	0.803	0.233
Sargan - P	0.445	1.000	1.000	1.000
样本量	369	390	390	390

注：*表示 $p < 0.1$，**表示 $p < 0.05$，***表示 $p < 0.01$。括号内为标准差。

本章在测度绿色发展效率时，选择了 8 种化石能源的消耗量，因此选择了化石燃料燃烧均会产生的碳排放量作为非期望产出衡量指标。现有研究中，许多学者在衡量非期望产出时，采用工业"三废"排放量作为衡量指标，因此本章在稳健性检验中采用工业"三废"排放量作为非期望产出指标进行实证检验。如表 11 - 5 所示，一阶滞后项与二阶滞后项对绿色发展效率具有显著的促进作用，三阶滞后项对绿色发展效率具有显著的抑制作用，可见地方政府在环境保护与发展经济之间的选择上呈现周期性。地方政府竞争对绿色发展效率的提高具有显著的抑制作用，环境规制检验结果虽然不显著，但是东、中、西地区的符号均为正，可见环境规制可以促进绿色发展效率的提高，二者的交互项对绿色发展效率具有显著抑制效应。检验结果与前文检验结果基本一致，可以认为研究结论具有稳健性。

表 11 - 5　稳健性检验（2）

变量	全样本	东部地区	中部地区	西部地区
L. GTFP	0. 134 ***	0. 279 ***	0. 390 ***	0. 268 ***
	(0. 017)	(0. 108)	(0. 021)	(0. 008)
L2. GTFP	0. 172 ***	0. 411 ***	0. 531 ***	0. 285 ***
	(0. 018)	(0. 056)	(0. 017)	(0. 010)
L3. GTFP	- 0. 401 ***	- 0. 237 **	- 0. 295 ***	0. 246 ***
	(0. 012)	(0. 116)	(0. 008)	(0. 009)
ECU	- 0. 010 **	- 0. 001	- 0. 004 ***	- 0. 006 ***
	(0. 004)	(0. 002)	(0. 001)	(0. 001)
ER	- 14. 91	0. 906	3. 150	1. 446
	(11. 78)	(8. 836)	(4. 412)	(1. 967)
ECU × ER	- 1. 616	- 1. 785 **	0. 717	- 1. 111 ***
	(5. 413)	(0. 812)	(0. 782)	(0. 432)
lnPGDP	0. 001 **	0. 001	- 0. 001 ***	- 0. 001 ***
	(0. 001)	(0. 001)	(0. 001)	(0. 001)
lnTEC	0. 001 **	0. 001 ***	0. 001	0. 001
	(0. 001)	(0. 001)	(0. 001)	(0. 001)
OPEN	- 0. 015	0. 124 ***	- 0. 169 ***	- 0. 058 ***
	(0. 056)	(0. 036)	(0. 027)	(0. 019)

变量	全样本	东部地区	中部地区	西部地区
STR	0.001	−0.015**	−0.002	−0.001
	(0.015)	(0.007)	(0.005)	(0.002)
常数项	0.873***	0.050	0.140***	0.099***
	(0.056)	(0.039)	(0.031)	(0.017)
AR (2) −P	0.856	0.654	0.758	0.804
Sargan −P	1.000	1.000	1.000	1.000
样本量	360	360	360	360

注：*表示 $p < 0.1$，**表示 $p < 0.05$，***表示 $p < 0.01$。括号内为标准差。

五、研究结论与政策启示

本章结合我国省级绿色发展效率的现状，构造了一个包含地方政府竞争与环境规制以及二者交互项的动态函数模型来分析地方政府竞争与环境规制对绿色发展效率的影响。本章在识别地方政府竞争、环境规制对绿色发展效率的作用机制的基础上，基于 2001—2015 年中国 30 个省级区域面板数据，利用 SBM – DEA 方向性距离函数测算了包含能源消耗与非期望产出的 2001—2015 年省级区域绿色发展效率，并使用动态面板 GMM 模型进行了实证分析，进一步使用系统 GMM 模型进行了稳健性检验。主要结论如下：①环境规制对于绿色发展效率的提高具有促进作用，环境规制对于保护环境、促进经济高质量发展具有正向推动作用。②地方政府竞争对绿色发展效率的提高具有抑制作用，地方政府间的经济赶超、官员的晋升激励，导致地方为了更快地发展经济不惜以破坏生态环境为代价。③地方政府竞争与环境规制的共同作用对绿色发展效率的提高具有抑制作用，地方政府在发展经济与保护环境之间，更多地选择了更快地发展经济，而忽视了经济发展的质量，破坏了生态环境。④地方政府在经济赶超与环境规制之间的选择摇摆不定，导致地方政府的政策不具有连续性，进一步导致绿色发展效率在低水平上持续波动。⑤东、中、西部地区均存在地方政府竞争引致的环境规制力度不足，环境规制政策存在波动性，进而抑制了绿色发展效率的提高。

　　根据本章的研究结论，提出以下政策建议：①进一步完善地方政府官员的考核体系，引导建立起以高质量发展为导向的地方政府竞争制度。在对地方政府的绩效考核中，增加生态环境保护与绿色发展效率的内容，由于地方政府的绩效考核与官员的晋升激励制度对地方政府的政策选择具有很强的导向作用，因此在新时代背景下，构建经济与环境相协调的政府绩效考核制度，对于中国实现高质量发展、保护绿水青山、建设美丽中国具有重要意义。②加强环境规制的力度，加快建立绿色生产和消费的法律制度和政策导向，强化政府强制性的环境规制，完善市场激励性的环境规制，发展企业自觉性的环境规制，将正式规制与非正式规制相结合，共同推动绿色发展效率的提高。目前，可持续发展已经成为世界各国的共识，各国都在努力打造新的经济发展模式；环境规制可以促进绿色技术的进步与产业结构的升级转型，形成新的经济增长点，有助于中国抢占未来世界市场竞争的制高点。③加强对企业技术创新的支持，鼓励企业发展绿色技术，提高能源利用率，通过绿色技术创新构建绿色、低碳、循环发展的经济体系，通过技术创新驱动绿色发展。加大对企业技术孵化和研发环节的投入，构建起市场导向的绿色技术创新体系，在保护生态的同时发展经济、提高绿色发展效率。新时代下，提高绿色发展效率成为实现高质量发展的必然选择，只有保护生态环境，才可以不断解放与发展生产力，实现中华民族永续发展。④中国不同省份之间绿色发展效率差别较大，地区发展不平衡。在发展方式的绿色转型中，需要因地制宜地实施差别化的绿色发展政策。

第十二章　环境规制、技术偏向与绿色全要素生产率

工业是国民经济的支柱产业，实现工业的绿色转型与绿色发展是实现中国经济绿色发展的重要组成部分。工业要实现绿色转型升级，就必须实现技术进步、生态环境与经济发展的和谐共存。从长期发展的角度来看，绿色技术进步能够从技术源头上减少污染的产生，是中国工业绿色转型的关键所在。本章将技术进步简化为清洁型（clean）技术、污染型（dirty）技术两种类型，研究环境规制对企业技术选择偏向的影响机制以及对工业绿色全要素生产率（GTFP）的影响。

一、问题的提出

改革开放以来，中国经济经历了较长时间的高速增长，创造了中国经济增长的奇迹，但伴随而来的是较为严重的环境污染问题。当前中国经济发展的一个重大问题就是绿色发展，即如何实现以效率、和谐、持续为目标的经济增长。工业是现代经济物质财富的主要来源，但同时也是资源消耗和污染排放最多的产业。为实现绿色发展、建设美丽中国，工业的绿色转型是必然选择。只有实现技术进步、生态环境与经济发展和谐共存，工业才能实现可持续发展，而绿色技术进步是工业实现可持续发展的主要动力。环境规制如何对绿色全要素生产率、技术进步方向产生影响，成为一个重要的理论与现实问题。

波特（Porter，1995）提出著名的"波特假说"，研究了环境规制与产业竞争力之间的关系，认为合理的环境规制会通过"创新补偿"效应来抵

146

消遵循成本，从而提升产业竞争力。波特还指出，环境规制对技术进步也会产生影响，会激励企业进行技术创新和生产工艺改进。"波特假说"并未对技术进步的类型进行区分，但随后许多学者将企业的技术进步类型分为绿色的清洁型技术和非绿色的污染型技术两种。企业的生产活动会产生污染，政府对企业施加环境管制后，企业会对生产技术进行改进来控制污染排放、降低企业的规制成本，使企业的技术进步逐渐偏向于绿色清洁型的技术（Requate 和 Unold，2003）。不同规制形式影响下，技术研发偏向是不确定的，环境规制强度的变化会对技术进步偏向产生不同影响（Krysiak，2011）。

环境规制可以提高绿色全要素生产率水平，这已经是中国学术界诸多学者的共识，而环境规制对全要素生产率与技术创新的影响机制是进一步的研究重点。诸多学者首先研究了中国工业绿色全要素生产率的总体水平，以及 GTFP、技术进步、工业转型升级之间的关系。环境规制强度和技术进步之间呈现"U"形关系已成为学界共识（张成，2011），适度增加环境规制强度可以促进工业技术进步（张中元，2012）。但值得注意的是，近年来，中国工业绿色全要素生产率水平增长减缓，增长方式呈现出粗放型（李斌，2013），并且在环境规制影响下，技术因素存在自我弱化的趋势，绿色技术进步的动力不断衰减（宋马林、王舒鸿，2013）。R&D投入水平的提高并没有显著促进中国绿色全要素生产率水平的提高，技术创新并没有明显地偏向绿色方向（唐未兵等，2014）。更加严重的是，技术研发投入不仅没有促进经济增长方式向创新驱动转变，还抑制了工业转型升级（赵昌文等，2015），工业 GTFP 增长出现倒退，GTFP 水平明显低于传统全要素生产率（陈超凡，2016）。这些研究表明，我国工业部门的绿色发展面临严峻形势，绿色全要素生产率增速较慢，环境规制对技术进步的推动作用不明显。作为实施环境规制主体的政府需要考虑环境规制的全方位作用与效果，不仅应该通过环境规制抑制工业企业的直接污染排放、提高绿色全要素生产率水平，还应该运用环境规制引导企业主动选择清洁型生产技术，通过绿色技术进步形成绿色驱动创新，成为推动中国工业长期绿色发展的源动力。

为进一步研究环境规则、技术进步与绿色全要素生产率之间的关系，诸多学者开始研究环境规制影响下技术创新对 GTFP 的影响，重点在于环境规制与技术研发的交互作用对绿色全要素生产率的影响机理，以及环境规制促进绿色技术进步的机制。其实证研究主要分为两种：一是采用中国省级面板数据，从区域异质性的角度进行研究；二是采用工业行业面板数据，从行业异质性的角度进行研究。第一，基于工业区域异质性的角度，采用中国省级面板数据的研究主要有：沈能（2012）发现，环境规制强度和技术创新之间呈现出"U"形关系，且存在门槛效应。李玲等（2012）指出，环境规制促进了技术进步，但对技术变动的影响为负。宋马林（2013）研究表明，技术进步能够促进环境效率提高，但其影响效果短暂，只能够在当期发挥作用。尤济红（2016）分析了环境规制对 R&D 偏向与绿色技术研发的传导机制，发现环境规制对绿色技术进步的促进作用不显著。谢荣辉（2017）指出，环境规制对 R&D 总体投入与非绿色创新有显著的正向影响，与绿色技术创新负相关。张智楠（2017）发现，支出型环境规制工具即治污费用对工业发展质量有显著促进作用。时乐乐、赵军（2018）采用非线性面板门槛模型，发现高强度环境规制对技术创新具有倒逼效应。王娟茹、张渝（2018）发现，市场激励型环境规制对绿色技术创新行为的诱导性更强。第二，基于工业行业异质性的角度，采用行业面板数据的研究主要有：李勃昕等（2013）采用超越对数型随机前沿模型，发现环境规制可以促进技术进步，环境规制强度与研发创新效率呈现出"倒U"形关系。刘春兰、王海燕等（2014）发现不同的行业环境规制对技术创新的影响有差异，取决于环境规制引发的正负效应强弱对比。刘伟、童健等（2017）指出，环境规制对工业技术创新的影响呈现出"U"形曲线特征，环境规制强度超过拐点之后才有利于技术创新。余伟等（2017）研究表明，环境规制对企业研发投入的引致效应不充分。许慧（2018）研究表明，环境规制对绿色创新效率表现出异质性影响，对全行业的影响呈"U"形关系。师博等（2018）通过制造业行业面板数据，研究了创新投入、市场竞争与制造业绿色全要素生产率的关系，发现创新投入与市场经济的交互影响为负。

以上研究均表明，环境规制对工业的技术选择偏向有一定影响，但是环境规制是否促进了中国工业的绿色技术进步有待进一步研究。目前，从区域异质性层面研究工业部门的文献较多、研究较为充分，而从行业异质性层面分析环境规制影响技术选择偏向的作用机制，环境规制、研发投入对 GTFP 综合影响的相对较少，有待进一步探讨与研究。本章以中国工业部门的行业面板数据为基础，从工业行业整体以及清洁型行业和污染密集型行业的行业异质性角度，对环境规制下的企业技术选择偏向问题进行深入探讨。

二、环境规制对企业技术选择偏向影响的理论分析与假设

技术进步能保证人类高效率地开发和利用自然资源、避免资源浪费与环境过度污染，因此，技术类型可以分为环保技术与非环保技术。环保技术可以减少污染排放以及能源使用（Braun 和 Wield D.，1994）。Krysiak（2011）进一步指出，生产部门的技术进步具有偏向性，可以划分为清洁技术与污染技术。尤济红（2016）在 Krysiak 模型的基础上，假设厂商可以在技术市场上选择清洁型技术和污染型技术，进而研究中国工业部门的绿色技术研发。本章在前人研究基础上将技术进步简化分为清洁型技术、污染型技术两种类型，二者的划分标准在于单位产品的排污水平和生产效率。清洁型技术的排污强度低于污染型技术。具体来说，清洁型技术需要较高的研发成本，是绿色偏向的技术进步，能够促进绿色全要素生产率水平提高；污染型技术是非绿色方向的技术进步，技术研发成本较低，但是产量增加会导致更多污染与能源消耗，不利于绿色全要素生产率提高。R&D 投入是技术进步的主要原因，环境规制会影响技术类型选择方向。

中国工业部门环境规制的行为主体有政府、公众（家庭）、企业，政府直接影响环境规制的强度与类型，社会公众间接影响环境规制，政府和公众共同决定的环境规制强度会影响企业技术选择，进而影响工业绿色全

要素生产率。本章研究的环境规制包含了控制命令型与市场激励型，使用环境规制强度进行综合考察。环境规制强度通过两个渠道促进企业改进生产模式和提高技术水平：第一，通过提高对污染的税收，增加企业的排污成本，惩罚工业的污染排放，强制企业进行绿色转型，采用清洁型技术；第二，通过环境规制，改变工业企业的技术调整意愿，让企业主动选择清洁型技术。

根据"波特假说"，环境规制会引发两种效应：资源配置的扭曲效应、技术效应。在技术选择方面，两种效应会导致相反的结果。资源配置的扭曲效应是指工业行业在生产技术主动研发意愿较低、研发动力不足的条件下，增加环境规制强度会提高企业的经营成本，企业会通过增加生产要素投入，使用成本较低的污染型技术，抵消环境规制成本的上升（李斌，2013），这就导致了环境规制反而加重了工业行业污染的结果。技术效应是指当环境规制强度持续提高时，企业无法持续采用增加要素投入的方式抵消成本上升，主动研发清洁型技术的意愿提高，选择研发绿色技术以规避环境规制成本的提高，从而主动降低污染排放。两种效应的力量对比，决定了环境规制实施的最终效果。

资源配置的扭曲效应通过调整企业的成本结构影响企业技术选择。在企业利润最大化和资源有限的约束下，环境规制会增加企业生产成本，导致企业产出水平和利润下降（陶锋等，2018）。为了抵消环境规制带来的成本增加，企业会选择污染型技术，因为其研发成本较低，可以实现产量的增加。但这会阻碍工业行业绿色技术进步。环境规制主要通过以下三个方面增加企业成本：第一，由于环境规制的要求，企业需要选择有利于环保生产的地理位置、购买节能减排的设备，这些举措都会增加企业生产的固定成本（童健等，2016）。第二，在企业的生产过程中，随着环境规制强度的增加，企业需要提高能源利用率并选择低排放的原材料，导致企业的可变成本增加。第三，环境规制导致的成本增加可能挤占了企业的其他盈利性投资，间接增加了企业的机会成本。因此，环境规制导致企业的固定成本、可变成本和机会成本增加，即环境规制增加了企业的总成本，导致企业没有充足的资金进行技术研发。因此，企业会在清洁型技术和污染型技术之间，选择成本相对较低的污染型技术。

技术效应通过价格和市场两个渠道影响企业技术选择的方向（Acemoglu，2012）。第一，环境规制首先会影响企业的能源投入，环境规制会提高能源（煤炭、石油、天然气）的价格，通过改变相对价格诱导技术进步向节能方向发展（何小钢、王自力，2015）。第二，环境规制将企业排污成本内部化，增加企业的生产成本，强制企业选择清洁型技术，降低污染排放，抵消环境规制成本。第三，舆论引导会影响家庭消费者的消费偏好。随着收入水平的提高，社会公众对环境污染的容忍度是逐步下降的，这就使对利用清洁技术生产出的绿色产品的需求增加。企业为迎合消费者需求、扩大自身市场份额，其技术创新意愿也会偏向于清洁型技术（韩超、桑瑞聪，2018）。

当资源配置的扭曲效应大于技术效应时，工业企业会选择成本相对较低的污染型技术，通过增加生产要素的投入抵消环境规制带来的成本上升；当技术效应大于资源配置的扭曲效应时，由于环境规制强度的持续提高、对企业排污的惩罚力度大大增强，在这种情况下，企业的技术调整意愿会变强，企业会主动进行绿色技术研发，选择清洁型技术。

总体来说，选择清洁型技术对工业行业有三个方面的有利影响：第一，使用清洁型技术有利于减少能源投入和非期望产出，在环境规制强度不断提高的条件下，可以抵消环境规制提高引致的企业生产成本提升。第二，清洁型技术研发可以得到政府政策支持，符合社会公众对于环保节能、绿色消费的需求，有利于提高企业在同行业中的竞争力，增加市场份额与利润。第三，清洁型技术能够从生产源头上减少污染产生，绿色技术进步是中国工业实现绿色转型的关键，是工业可持续发展的主要动力。

鉴于以上分析，本章提出三个假设：

假设1：当环境规制导致的资源配置的扭曲效应大于技术效应时，企业会选择污染型技术，环境规制会阻碍工业行业的绿色技术进步。

假设2：当环境规制导致的技术效应大于资源配置的扭曲效应时，企业会选择清洁型技术，环境规制会促进工业行业的绿色技术进步。

假设3：由于存在行业异质性，环境规制对于清洁型技术研发即绿色技术进步的引导作用，在清洁型行业和污染密集型行业存在显著差异。

三、中国工业行业绿色全要素生产率的测算

（一）工业行业绿色全要素生产率

对于工业绿色全要素生产率以及绿色技术进步的测算，本章构造了一个包括期望产出和非期望产出的生产可能性集，以工业行业为决策单元，采用非径向、非角度基于松弛的（Slack – Based Measure，SBM）效率评价模型，将投入和产出的松弛量引入目标函数，测算包含期望产出和非期望产出的绿色全要素生产率。在 SBM 模型的基础上，计算 Malmquist – Luenberger 指数，并从中分解出绿色技术进步、规模效应两部分。在测算绿色全要素生产率的过程中，由于考虑了中间投入——能源，本章采用的期望产出为各行业规模以上工业总产值，非期望产出为各行业工业二氧化碳排放量，投入变量为劳动、资本与能源。$ML^{t,t+1}$ 指数表示工业行业的绿色全要素生产率的增长率，$ML^{t,t+1}$ 指数又可以被分解为 $TC^{t,t+1}$ 和 $EC^{t,t+1}$ 两项指标，分别代表绿色技术进步效率与规模效率。当 $ML^{t,t+1}$ 的数值大于 1 时，即 $t+1$ 期绿色全要素生产率大于 t 期数值，表示工业行业绿色水平的改进。

（二）行业标准

本章选取工业行业的依据为《国民经济行业分类》（GB/T 4754 – 2011）。因工业行业统计数据的口径从 2001 年到 2015 年存在变更的情况，需要调整子行业口径以保证数据结构的一致性。首先，删除统计不合格行业。因统计口径变动与数据缺失，删除其他采矿业、木材及竹材采运业、工艺品及其他制造业、废弃资源和废旧材料回收加工工业。其次，合并和拆分行业。2012—2015 年橡胶和塑料制品业分别并入橡胶制品业和塑料制品业；2012—2015 年汽车制造业和铁路、船舶、航空航天和其他运输设备制造业两个子行业合并为原先的交通运输设备制造业；2012—2015 年通用

设备制造业中的子行业文化、办公机械制造并入仪器仪表制造业，沿用 2012 年之前的仪器仪表及文化、办公用机械制造业行业口径；2012 年之后的文教、工美、体育和娱乐用品制造业删除子行业工艺美术品制造，保持 2012 年之前的文教体育用品制造业的口径标准。总之，经过整理合并，本章研究共涉及 36 个工业行业 2001—2015 年的面板数据。本章数据主要来自 2001—2016 年的《中国统计年鉴》《中国工业统计年鉴》《中国环境统计年鉴》《中国能源统计年鉴》《中国科技统计年鉴》等。

（三）投入产出指标

第一，投入指标分别是资本存量（K）、劳动力投入（L）和能源投入（E）。资本存量测算的是分行业资本存量（亿元），基期为 2001 年；劳动力投入选用分行业从业人员人数（万人）；能源投入选用分行业能源消耗总量（万吨标准煤）。第二，产出指标分别为期望产出和非期望产出。期望产出为各行业规模以上工业总产值（Y），选用分行业 2001 年为基期的工业产值（亿元）；非期望产出为各行业的工业二氧化碳排放量（C）（万吨）。

工业分行业资本存量（K）和非期望产出工业二氧化碳排放量（C）没有统计年鉴的直接数据来源，本章对此进行相关测算。资本存量按照永续盘存法估计。本章利用工业行业每年消费的原煤、原油与天然气的消费量，估算各行业二氧化碳排放量，具体参数参照 IPCC（2006）提供的系数，计算方法参照陈诗一（2009）。

（四）工业行业绿色全要素生产率及其分解

本章根据各行业的污染排放强度，计算出整个工业行业排污强度的中位数，并以此为标准，将 36 个行业分为两大类：清洁型行业和污染密集型行业。工业行业总体 ML 指数的平均值是 1.094，即年均增长率为 9.4%，表明中国的工业绿色全要素生产率增长显著，工业绿色水平持续提升。从行业异质性角度来看，清洁型行业的平均绿色全要素增长率和绿色技术进步率分别为 1.098 和 1.111；污染密集型行业的平均绿色全要素增长率和绿色技术进步率分别为 1.090 和 1.103（见表 12－1）。可以看出，清洁型行业的绿色全要素生产率水平略高于污染密集型行业，本章将在下文研究环境规制对技术研发的影响在两大类行业间是否存在显著区别。

表 12 - 1　2001—2015 年中国工业行业绿色全要素生产率增长率及其分解项

行业序号	行业名称	绿色全要素生产率	绿色技术进步率	绿色效率变化
清洁型行业				
1	石油和天然气开采业	1.002	1.117	0.902
2	烟草制品业	1.152	1.167	0.988
3	纺织服装、鞋、帽制造业	1.098	1.093	0.981
4	皮革、毛皮、羽毛（绒）及其制品业	1.179	1.358	1.053
5	木材加工及木、竹、藤、棕、草制品业	1.086	1.072	1.016
6	家具制造业	1.087	1.091	0.998
7	印刷业和记录媒介的复制	1.109	1.087	1.023
8	文教体育用品制造业	1.063	1.100	0.970
9	医药制造业	1.082	1.086	1.000
10	橡胶制品业	1.069	1.081	0.991
11	塑料制品业	1.070	1.080	0.994
12	金属制品业	1.071	1.079	0.994
13	通用设备制造业	1.102	1.087	1.014
14	专用设备制造业	1.105	1.085	1.020
15	交通运输设备制造业	1.134	1.100	1.031
16	电气机械及器材制造业	1.090	1.103	0.990
17	通信设备、计算机及其他电子设备	1.102	1.102	1.000
18	仪器仪表及文化、办公用机械	1.161	1.108	1.044
污染密集型行业				
19	煤炭开采和洗选业	1.063	1.080	0.986
20	黑色金属矿采选业	1.094	1.085	1.011
21	有色金属矿采选业	1.055	1.085	0.976
22	非金属矿采选业	1.102	1.074	1.028
23	农副食品加工业	1.051	1.082	0.972
24	食品制造业	1.070	1.081	0.992

行业序号	行业名称	绿色全要素生产率	绿色技术进步率	绿色效率变化
污染密集型行业				
25	饮料制造业	1.086	1.088	1.000
26	纺织业	1.070	1.076	0.998
27	造纸及纸制品业	1.090	1.090	1.002
28	石油加工、炼焦及核燃料加工业	1.102	1.266	0.903
29	化学原料及化学制品制造业	1.083	1.094	0.992
30	化学纤维制造业	1.102	1.100	1.004
31	非金属矿物制品业	1.092	1.080	1.013
32	黑色金属冶炼及压延加工业	1.091	1.100	0.993
33	有色金属冶炼及压延加工业	1.084	1.099	0.990
34	电力、热力的生产和供应业	1.152	1.134	1.014
35	燃气生产和供应业	1.171	1.124	1.045
36	水的生产和供应业	1.066	1.123	0.954

四、实证模型设计

（一）变量选择

1. 绿色全要素生产率

绿色全要素生产率以 2001 年为基期，将测得的 ML 指数逐年累乘，进而考察绿色生产率随时间的动态变化以及工业行业技术进步的动态变化。

2. 环境规制

对于环境规制强度指标，本章分别从两个角度进行度量：①规制效果角度。用单位能源投入量产生的国民生产总值衡量环境规制强度。该指标要求使用较少的能源投入与污染排放实现产出增加，其比值越大表示环境规制越严格。从规制效果角度研究规制强度，可以观察环境规制的实际效果。采用环境规制效果作为主要解释变量的研究较少，而环境规制效果相对于其他指标可以更好地描述环境规制。采用环境规制效果作为主要解释变量是本章的一个重要特色。②污染治理运行费用角度。用各工业行业污染治理运行费用占工业产值的比重作为环境规制强度的代理变量。由于固体废物缺失数据无法获取，污染治理运行费用包括各行业废水、废气的治理运行费用。本章将该指标用于稳健性检验。

3. 技术研发

R&D投入是绿色技术进步的直接促进因素，本章主要使用两个指标衡量技术研发强度：①工业行业规模以上国有及非国有企业R&D内部支出；②工业行业规模以上国有及非国有企业研发部门从业人员数量，该指标用于稳健性检验。

4. 控制变量

该模型的行业控制变量选择为（见表12-2）：

（1）行业规模（$Scal$）

用各行业的固定资产投资净值表示行业规模。行业规模对绿色技术研发的影响程度和方向具有不确定性。行业中企业规模越大，说明企业越有资本与实力进行技术研发，拥有充足的资金与研发人员，对绿色技术进步有正向的影响；但是随着行业企业规模的持续扩大，行业的固定资产投资（如机器设备）比重会增加，技术更新的成本增加，进而导致绿色技术研发效率降低。因此，行业规模作为控制变量时，与被解释变量之间是非线性关系，本章引入其二次项，考察其对绿色技术进步的影响。

（2）行业工业结构（Ins）

用固定资本存量与从业人员数之比，即规模以上工业劳均资本存量来衡量。不同行业的工业结构存在差异，其数值代表固定资本与劳动力的比重，反映出不同行业技术选择的成本不同。

（3）行业竞争程度（$Size$）

用行业内企业数量来表示。企业数量可以反映市场结构和容量，也可以反映行业壁垒的高低。行业竞争越激烈，企业就越有动机进行技术研发，竞争程度的提高有利于工业绿色技术水平的提高；但是当行业竞争程度过高，企业数量过多而单个企业研发实力较弱时，则不利于绿色技术的研发。

（4）行业利润率（ *Prof* ）

使用利润总额与固定资产净值的比值衡量。利润率越高，说明该行业企业经济效益越好，有足够的资金进行清洁型技术研发。较高的利润率应该能够有效促进工业行业绿色技术水平的提升。

（5）所有制结构（ *Own* ）

用国有及国有控股企业生产总值占工业企业生产总值的比重衡量所有制结构。在我国工业行业中，国有企业和民营企业的二元结构显著存在，企业面临的约束以及优势差异较大，技术研发的动力和能力也会有显著差异。

（6）外商直接投资（FDI）

采用各行业外商资本和港澳台资本的综合值近似代替。改革开放以来，外商投资是拉动中国经济持续增长的重要原因之一，外商直接投资会对行业内中国企业产生技术溢出效应，提高中国企业的绿色技术水平；但同时，基于"污染避难所"假说，外国资本会将污染较严重的企业迁移到中国进行生产，因此外商直接投资也会有降低中国工业绿色水平的作用。

表 12 - 2　主要变量描述性统计结果

变量名称	变量符号	样本量	均值	标准差	最小值	最大值
绿色全要素生产率	ML	540	1.094	0.143	0.340	2.478
环境规制1	ER1	540	6.682	7.829	0.333	44.484
环境规制2	ER2	540	0.222	0.285	0.002	1.782
技术研发1	RD1	540	3.662	1.725	-1.926	7.385
技术研发2	RD2	540	0.975	1.456	-3.594	3.949
行业规模	Scal	540	0.182	1.103	-1.940	4.227
行业工业结构	*Ins*	540	2.723	0.929	0.736	5.506
行业竞争程度	*Size*	540	8.544	1.238	4.431	10.589
行业利润率	*Prof*	540	0.256	0.184	-0.243	1.275
所有制结构	*Own*	540	0.279	0.281	0.003	0.995
外商直接投资	FDI	540	5.350	1.891	-0.844	9.195

（二）"波特假说"验证

本章采用考虑双向固定效应的面板数据模型来验证环境规制强度对工业行业绿色全要素生产率的影响，证明工业行业存在资源配置的扭曲效应和技术效应。绿色全要素生产率（ML）为被解释变量，环境规制、技术研发为解释变量，其余为控制变量。考虑到"波特假说"提出的资源配置的扭曲效应和技术效应，本章认为环境规制对绿色全要素生产率为非线性影响，可能存在拐点，故将环境规制的平方项引入模型，本章设定的面板模型如下所示：

$$ML_{it} = \alpha_{it} + \beta_1 ER_{it} + \beta_2 ER_{it}^2 + \beta_3 RD_{it} + \beta_4 Scal_{it} + \beta_5 Ins_{it} +$$

$$\beta_6 Size_{it} + \beta_7 Prof_{it} + \beta_8 Own_{it} + \beta_9 FDI + V_i + V_t + \varepsilon_{it} \quad （12-1）$$

其中，i 表示 36 个工业行业，$i = 1$，2，…，36；t 表示年份；GTFP 为绿色全要素生产率；ER 为环境规制；RD 为技术研发；$Scal$、Ins、$Size$、$Prof$、Own、FDI 分别为行业规模、行业工业结构、行业竞争程度、行业利润率、所有制结构、外商直接投资。

（三）技术选择传导机制验证

本章将工业行业的技术进步简单分为两种：清洁型技术、污染型技术。R&D 投入是技术进步的主要原因，合理的环境规制会诱导技术进步偏向清洁型技术研发，促进绿色全要素生产率水平提高。在理论分析的基础上，本章设计实证模型来验证"环境规制是否会影响工业行业的技术选择偏向，进而促进工业绿色技术进步"这个命题。由于环境规制、技术研发都会影响工业行业的绿色全要素生产率与技术选择偏向，本章首先构建以下基本模型：

$$ML_{it} = \alpha_{it} + \rho RD_{it} + \beta_1 ER_{it} + \sum_j \beta_j X_{it} + \theta_i + \zeta_{it} \quad （12-2）$$

其中，i 表示行业；t 表示时间；被解释变量 ML_{it} 为绿色全要素生产率；解释变量 RD_{it} 为技术研发；解释变量 ER_{it} 为环境规制；X_{it} 为一系列控制变量；α_{it} 为截距项；ρ 和 β 分别为变量的回归系数；θ_i 为行业固定效应；ζ_{it} 为随机误差项。

对于中国工业行业来说，如果环境规制可以实现企业绿色技术进步，即选择清洁型技术，则可以引入环境规制与技术研发的交互项来检验环境规制强度变化下技术研发对技术选择偏向的影响，即环境规制与技术研发的综合作用。由于环境规制的影响具有一定滞后性，设定其存在 1 期滞后，即：

$$\rho = v_0 + v_1 \mathrm{ER}_{it} + v_2 \mathrm{ER}_{i,t-1} + \varepsilon_{it} \qquad (12-3)$$

其中，v_0 为常数项；v_1、v_2 是当期以及滞后 1 期的工业行业环境规制强度下技术研发对绿色生产率的边际作用；ε_{it} 为残差项。当 v_1、v_2 符号为正时，说明环境规制可以引导工业行业选择清洁型技术，实现绿色技术进步。式（12-2）、式（12-3）结合，可得：

$$\mathrm{ML}_{it} = \alpha_{it} + \varphi_1 \mathrm{RD}_{it} + \varphi_2 \mathrm{RD}_{it} \mathrm{ER}_{it} + \varphi_3 \mathrm{RD}_{it} \mathrm{ER}_{i,t-1} + \beta_1 \mathrm{ER}_{it} +$$
$$\sum_j \beta_j X_{it} + \theta_i + \omega_{it} \qquad (12-4)$$

在该模型的基础上，考虑环境规制、技术研发和绿色全要素生产率的内生性问题。首先，由于绿色全要素生产率水平较高的行业本身就会有较高的环境规制强度，以及进行绿色技术研发的能力与意愿，因此，作为被解释变量的绿色全要素生产率与作为解释变量的环境规制和技术研发会相互影响，导致内生性问题。为了解决该问题，可以将解释变量滞后 1 期，因为滞后 1 期的解释变量是已经发生的，当期被解释变量与滞后 1 期的解释变量之间不存在相互影响关系，可以消除内生性的问题。其次，绿色全要素生产率本身存在内生性，同时，在本模型考虑到的解释变量和控制变量之外，难以避免地存在遗漏变量，如同行业技术研发的质量差异等。解决方法是将被解释变量 ML 的滞后 1 期引入模型。如果被遗漏变量的影响在短期内不变，则滞后 1 期的被解释变量包含了被遗漏变量的影响，可以解决内生性的问题。原模型由静态面板模型改为动态面板模型，主要解释变量环境规制和技术研发与控制变量均滞后 1 期，转化为外生变量。同时，为消除异方差影响，对非比例控制变量作对数处理，如式（12-5）所示。

$$\mathrm{ML}_{it} = \alpha_{it} + \varphi_0 \mathrm{ML}_{i,t-1} + \varphi_1 \mathrm{RD}_{i,t-1} + \varphi_2 \mathrm{RD}_{i,t-1} \mathrm{ER}_{i,t-1} +$$
$$\varphi_3 \mathrm{RD}_{i,t-1} \mathrm{ER}_{i,t-2} + \beta_1 \mathrm{ER}_{i,t-1} + \sum_j \beta_j X_{t-1} + \theta_i + \mu_{it} \qquad (12-5)$$

五、实证分析

（一）工业行业层面"波特假说"验证

考虑到相关回归结果的 Hausman 检验显示固定效应模型优于随机效应模型，本章采用考虑固定效应的面板数据模型，并控制了个体效应和时间效应，研究环境规制强度、技术研发对绿色全要素生产率的影响。模型（1）（2）（3）的被解释变量为绿色全要素生产率，主要解释变量为环境规制、技术研发，环境规制指标使用治污设施运行费用作为代理变量，技术研发指标包括内部经费支出和研发人员从业数量，其余变量为控制变量，分别对工业行业全行业、清洁型行业、污染密集型行业进行回归分析，基本回归结果如表 12-3 所示。

表 12-3　GTFP 基本回归结果

变量	(1) 全行业	(2) 清洁型行业	(3) 污染密集型行业
ER	-0.9703*** (0.473)	-9.684*** (2.358)	-0.819* (0.453)
ER^2	1.034*** (0.299)	23.234*** (7.092)	0.962*** (0.282)
RD1	0.243* (0.136)	0.748** (0.245)	0.219 (0.145)
RD2	-0.932*** (0.143)	-1.348*** (0.243)	-0.179*** (0.180)
Scal	1.840*** (0.205)	0.512 (0.350)	2.611*** (0.262)
Scal^2	0.113*** (0.227)	0.081*** (0.041)	0.047*** (0.052)
Ins	-1.625*** (0.211)	-1.783*** (0.358)	-2.592*** (0.271)
Size	1.326*** (0.181)	0.474 (0.336)	2.261*** (0.209)

变量	（1）	（2）	（3）
	全行业	清洁型行业	污染密集型行业
Prof	1.640 ***	3.965 ***	-0.221
	(0.335)	(0.608)	(0.398)
Own	1.574 ***	0.623	1.361 **
	(0.436)	(0.943)	(0.448)
FDI	0.147 **	0.356 **	0.384 ***
	(0.081)	(0.136)	(0.120)
常数项	-6.596 ***	-2.500	-11.070 ***
	(1.358)	(2.593)	(1.524)
个体效应	控制	控制	控制
时间效应	控制	控制	控制
R^2	0.7952	0.8270	0.8473
F 值	74.39	43.41	50.40
观测个数	540	270	270

注：括号中的数字为标准差，＊＊＊、＊＊、＊分别表示变量在1%、5%、10%显著性水平下显著。

回归结果显示，在全行业、清洁型行业、污染密集型行业的回归结果中，环境规制的一次项系数显著为负，环境规制的二次项系数显著为正。这个结果基本证明"波特假说"在工业行业层面是成立的，说明环境规制存在方向相反的两种效应——资源配置扭曲效应和技术效应，导致环境规制对绿色全要素生产率的影响呈现出非线性的"U"形。由于存在资源配置扭曲效应，技术研发内部经费支出的系数在全行业、清洁型行业显著为正，在污染密集型行业不显著；研发人员从业数量的系数在三个模型的回归结果中都显著为负。

（二）技术选择传导机制验证

1. 基本回归结果

为了研究行业异质性（清洁型行业与污染密集型行业）条件下，环境规制对企业技术选择偏向传导机制的影响差异，本章对工业行业的全行业样本、清洁型行业样本和污染密集型行业样本分别进行实证检验。由于各行业之间存在经济关联与时间惯性，本章首先对样本进行多重共线性、异方差和自相关检验，检验结果证明，模型的多重共线性并不显著。本章先使用固定效应（FE）模型和随机效应（RE）模型，再使用系统 GMM 模型分别进行回归检验。

表 12－4　全行业基本回归结果

变量	FE	GMM（1）	GMM（2）	GMM（3）
lnML（－1）		0.980*** (0.008)	0.994*** (0.012)	1.023*** (0.013)
lnER（－1）	0.168*** (0.028)	0.018*** (0.002)	0.070*** (0.004)	0.181*** (0.043)
lnRD（－1）	－0.220*** (0.073)	－0.153*** (0.007)	－0.051*** (0.011)	－0.191*** (0.018)
lnRD（－1） lnER（－1）	－0.018*** (0.009)		－0.014*** (0.001)	－0.132*** (0.029)
lnRD（－1） lnER（－2）	－0.001 (0.009)		0.002 (0.001)	－0.180*** (0.031)
$Scal$	1.500*** (0.196)	－0.694*** (0.034)	－0.723*** (0.080)	－0.549*** (0.070)
$Scal^2$	0.132*** (0.032)	0.039*** (0.006)	0.035*** (0.008)	0.066** (0.011)
Ins	－0.332** (0.199)	0.728*** (0.026)	0.787*** (0.074)	0.464** (0.053)
$Size$	1.178*** (0.177)	－0.212** (0.026)	－0.331*** (0.080)	－0.163*** (0.062)
$Prof$	0.159 (0.356)	0.862*** (0.041)	0.555*** (0.137)	0.636*** (0.136)
Own	1.315* (0.775)	－0.501*** (0.046)	－1.168*** (0.271)	－0.617*** (0.233)
FDI	0.104 (0.088)	0.018*** (0.018)	0.091*** (0.289)	0.100*** (0.037)
常数项	－7.765*** (1.332)	－0.452 (0.180)	0.749* (0.456)	－0.005 (0.383)
观测个数	468	504	468	468
F/Wald 值	110.21	6266.61	59003.74	72005.94

变量	RE	GMM（1）	GMM（2）	GMM（3）
Sargan		34.055 （0.1067）	32.178 （0.1226）	33.385 （0.0962）
AR（2）		−1.3821 0.1669	−1.3538 （0.1758）	−1.3101 （0.1902）

注：括号中的数字为标准误，＊＊＊、＊＊、＊分别表示变量在1%、5%、10%显著性水平下显著。基准回归 GMM（2）中，环境规制与技术研发变量分别采用环境规制1和技术研发1，环境规制2和技术研发2用于稳健性检验。

Hausman 检验结果显示，固定效应模型优于随机效应模型。FE 模型的回归结果表明，环境规制对工业绿色全要素生产率有显著的促进作用，技术研发的系数为显著为负，说明企业技术的选择偏向于污染型技术，阻碍绿色全要素生产率的提高。环境规制与技术研发的滞后1期交互项显著为负，滞后2期交互项系数为负但不显著，表明环境规制对技术选择的引导偏向于污染型技术。在资源配置扭曲效应占主导作用的影响下，环境规制导致企业生产成本上升，为了抵消成本，企业偏向选择污染型技术，说明环境规制对企业绿色技术研发的影响效果不佳，阻碍了绿色技术进步。

由于绿色全要素生产率、环境规制、技术研发会相互影响进而导致内生性问题，所以本章加入滞后1期的被解释变量，构建动态面板模型，采用两阶段系统 GMM 方法进行估计，解决内生性问题。首先，分析表12－4的基准模型 GMM（2）的回归结果。模型通过了 Sargan 检验，表明不存在工具变量的过度识别问题，AR 序列自相关检验表明，模型残差不存在二阶自相关问题，系统 GMM 的回归结果在整体上与固定效应模型接近。滞后1期的绿色生产率的系数在1%的显著性水平下为正。环境规制系数在1%的水平下显著为正，表明环境规制对绿色全要素生产率提高有显著的促进作用。技术研发的系数在1%水平下显著为负，表明技术研发对绿色生产率的提高有显著的抑制作用，其原因可能在于企业在环境规制的压力下选择了污染型技术，阻碍了绿色技术进步。环境规制与技术研发的滞后1期交互项显著为负，滞后2期交互项为正但不显著，与固定效应模型的回归结果一致，说明环境规制引导技术选择偏向存在负向影响，在滞后2

期时环境规制对绿色技术没有促进作用。

其次，环境规制和技术研发的交互项之间存在相关性，可能导致多重共线性。去除交互项之后，GMM（1）模型显示，环境规制的系数均显著为正，技术研发的系数显著为负，其他系数符号与显著性均基本保持一致。

最后，运用 GMM（3）模型进行稳健性检验，更换环境规制和技术研发的代理变量，使用环境规制 2 和技术研发 2 进行回归。回归结果表明，环境规制的系数在 1% 的水平下显著为正，技术研发的系数在 1% 的水平下显著为负，滞后 1 期交互项与滞后 2 期交互项的系数在 1% 的水平下显著为负，其他变量系数的符号与显著性基本保持一致。说明环境规制确实影响了企业的技术选择方向，在资源配置扭曲效应为主的条件下，污染型技术选择阻碍了工业行业绿色生产率的提升，不利于工业绿色发展与绿色技术进步。

在控制变量方面，结合表 12－4 的基准模型 GMM（2）与 GMM（3）可以看出：行业规模对绿色全要素生产率的影响是"倒U"形的。随着企业规模的扩大，企业有较强的资本与实力进行技术研发，对绿色技术进步有正向的影响；但随着行业企业规模的持续扩大，清洁型技术选择的成本增加，导致绿色技术研发效率降低。行业工业结构显著为正，说明资本密集度较高的企业本身就具有较高的技术水平，有较强的能力进行绿色技术研发。行业竞争程度显著为负，说明随着竞争程度的提高，单个企业的规模会不断下降，导致企业研发能力的降低，不利于绿色全要素生产率的提高。行业利润率系数为正，说明企业利润越高，越有能力进行绿色技术研发。所有制结构显著为负，说明民营企业在绿色技术研发方面优于国有企业。外商直接投资的系数显著为正，说明外商及港澳台商投资会产生一定的技术溢出，促进绿色效率改善。

总体来说，表12－4 的回归结果表明，虽然环境规制对中国工业绿色全要素生产率水平的提升有促进作用，但是在技术选择偏向的传导机制上，环境规制对企业绿色技术选择具有负面影响，会导致企业选择污染型技术，不利于绿色技术进步。其原因是环境规制对于企业技术选择存在资源配置扭曲效应、技术效应两种效应，二者作用方向相反：一方面，环境规制的技术效应会提升企业研发清洁型技术的意愿，有利于绿色全要素生产率的提高；另一方面，在资源配置扭曲效应的作用下，企业会选择污染型技术以抵制企业成本的增加。当前中国工业行业内，资源配置扭曲效应占主导地位，导致整体上环境规制对技术选择偏向有负向影响，阻碍了绿色技术进步，不利于中国工业的绿色发展与转型升级。

2. 行业分组检验

为了检验技术选择传导机制在行业层面是否存在异质性，本章将36个工业行业分为清洁型行业和污染密集型行业两类，进行分组检验，研究不同行业类型下环境规制对技术选择偏向的诱导作用。由于分行业导致样本数据量减少，不再适用动态面板模型，因此分行业回归采用静态面板模型，具体回归结果如表12-5所示。

表12-5　清洁型行业与污染密集型行业基本回归结果

变量	清洁型行业			污染密集型行业		
	RE	FE	FE (1)	RE	FE	FE (2)
LnER (-1)	0.156*** (0.029)	0.155*** (0.032)	-1.928 (1.589)	1.156*** (0.091)	1.092*** (0.091)	0.676*** (0.181)
LnRD (-1)	-0.067 (0.114)	-0.102 (0.121)	-0.408** (0.154)	0.201** (0.089)	0.294*** (0.084)	-0.653*** (0.102)
lnRD (-1) * lnER (-1)	-0.004 (0.010)	-0.004 (0.010)	-0.985 (1.045)	-0.262*** (0.032)	-0.248*** (0.029)	0.066 (0.139)
lnRD (-1) * lnER (-2)	-0.005 (0.009)	-0.004 (0.009)	-1.692 (0.714)	0.051** (0.023)	0.048** (0.020)	0.116 (0.131)
scal	0.056 (0.271)	0.328 (0.329)	1.709*** (0.286)	0.672*** (0.173)	1.521*** (0.225)	2.723*** (0.219)
Scal2	0.022 (0.040)	0.025 (0.044)	0.134*** (0.039)	0.282*** (0.050)	0.243*** (0.046)	0.144** (0.057)
ins	0.514** (0.258)	0.343 (0.308)	-0.520* (0.314)	0.329** (0.155)	-0.937*** (0.240)	-1.947*** (0.272)
size	0.102 (0.239)	0.166 (0.290)	1.038*** (0.247)	0.130 (0.147)	0.680 (0.212)	2.028*** (0.222)

续表

变量	清洁型行业			污染密集型行业		
	RE	FE	FE（1）	RE	FE	FE（2）
prof	2.970 * * * （0.587）	2.564 * * * （0.623）	2.541 * * * （0.629）	0.268 （0.362）	−0.573 （0.354）	−0.726 * （0.414）
nati	−1.460 * * （0.746）	−0.997 （1.352）	3.073 * * （1.353）	−0.346 （0.436）	1.018 （0.769）	2.045 * * （0.974）
fdi	0.087 （0.117）	0.067 （0.127）	0.223 * （0.129）	−0.091 （0.074）	0.195 * （0.112）	0.369 * * （0.134）
Constant	−1.671 （1.606）	−1.616 （2.088）	−7.683 （1.895）	−0.806 （1.029）	−3.617 * * （1.578）	−11.27 * * * （1.878）
个体效应	Yes	Yes	Yes	Yes	Yes	Yes
Obs	234	234	234	234	234	234
F/Wald Stat	735.33	68.16	63.50	823.03	100.96	65.10
hausman	Chi − Sq = 20.73 （P = 0.0362）			Chi − Sq = 212.13 （P = 0.00）		

注：括号中的数字为标准差，＊＊＊、＊＊、＊分别表示变量在1%、5%、10%显著性水平下显著。基准回归中，环境规制与技术研发变量分别采用环境规制1和技术研发1，环境规制2和技术研发2用于稳健性检验FE（1）和FE（2）。

在清洁型行业的固定效应模型中，环境规制的系数在1%的显著性水平下为正，技术研发的系数为负且不显著，表明环境规制对清洁型行业的绿色生产率的提高有显著影响，技术研发没有显著促进作用。环境规制与技术研发的滞后1期交互项和滞后2期交互项的系数为负但不显著，说明清洁型行业的资源配置扭曲效应、技术效应两种效应基本相当，导致正负抵消，环境规制对导绿色技术选择偏向的引导没有显著效果。在污染密集型行业的固定效应模型中，环境规制的系数为负并在1%的水平下显著，技术研发的系数为正且显著，环境规制与技术研发的滞后1期交互项显著为负，说明在污染密集型行业环境规制更容易导致企业选择污染型技术，绿色发展的形势更为严峻。模型FE（1）、FE（2）是清洁型行业和污染密集型行业更换环境规制和技术研发的代理变量，使用环境规制2和技术研发2进行的稳健性检验，其回归结果与基准模型基本一致。

六、结论及政策建议

本章选取 2001—2015 年中国工业 36 个行业的行业面板数据，基于 SBM 模型测算了工业行业绿色全要素生产率，研究了环境规制、技术研发对技术选择偏向的传导机制，重点分析了环境规制、技术研发、GTFP 之间的关系，主要结论如下：①环境规制对企业选择清洁型技术有负面作用，中国工业的环境规制无法促进绿色技术进步。其原因是环境规制存在资源配置扭曲效应、技术效应两种效应，这两种效应的作用方向相反，而在我国资源配置扭曲效应占主导地位。②环境规制对技术选择偏向的影响作用具有行业异质性，污染密集型行业环境规制对技术选择的负向影响高于清洁型行业。其原因在于，不同行业的资源配置扭曲效应、技术效应两种效应的强弱不同，污染密集型行业的资源配置扭曲效应更强，进而导致了行业差异。③环境规制对绿色技术进步具有负面影响，表明中国工业行业的环境规制方式、污染治理手段需要改进，才能确保环境规制对工业绿色发展的长期影响。总体来说，政府环境规制的目标应该是提高绿色全要素生产率水平，并引导工业绿色技术进步，即通过环境规制引导企业选择清洁型技术。从工业长期发展的角度来看，绿色技术进步可以从技术源头上减少污染的产生，是中国工业绿色转型与可持续发展的关键所在。总之，目前中国工业行业的环境规制无法促进绿色技术进步，从技术层面阻碍了工业的绿色发展，环境规制的具体方法和手段亟待改进，环境规制的设计与创新是一个非常重要、亟待解决的现实问题。

从本章的研究结论中，可以得到以下政策启示：①健全工业行业的生态保护和环境治理制度，为工业绿色转型升级、绿色技术进步提供制度保障，让制度真正发挥促进工业绿色发展的作用。由于目前的环境规制无法促进工业的绿色技术进步，必须完善环境治理制度，进行环境规制工具设计、选择和创新，增强环境规制对企业绿色技术创新的正向影响。由于资源配置扭曲效应，环境规制对 R&D 投入会产生挤出效应，因此需要合理提高环境规制强度，同时通过社会公众舆论、绿色消费理念的引导，对绿色技术发明给予奖励和补贴，调动企业保护环境的主观能动性，让政府行政干预为主的环境规制体系转变为市场激励为主的环境规制体系。②由于工业行业存在异质性，针对不同行业，不能一味地提高环境规制强度，要根据具体情况灵活使用多种环境规制手段，综合运用市场化的污染税、排污权交易、政府行政干预、公众媒体监督等多种手段。政府应根据不同行业的行业规模与结构、发展水平和环境污染程度，制定差异化的环境规制政策，根据相应的环境技术水平制定合适的环境规制政策，尤其要关注污染密集型行业，污染密集型行业的资源配置扭曲效应更严重，环境规制无法促进其绿色技术进步。一方面，要加大该行业的环境规制强度，倒逼企业增加绿色技术研发投入与创新能力；另一方面，要对企业绿色技术研发给予引导和扶持，增加相应补贴，引导企业主动增强绿色技术研发，双管齐下促进工业的绿色技术进步。③由于环境治理、环保研发等活动并不会产生直接的经济效益，企业缺乏相应的激励，没有足够的动力来主动进行绿色技术研发，同时，环境规制被动促进的效果不佳。从工业长期发展的角度来看，清洁型技术进步必将取代末端治理技术，成为工业绿色发展转型的源动力。因此，政府应该对企业绿色技术研发给予资金支持与税收减免，增加相应补贴，降低企业绿色技术研发的成本，增加绿色技术研发的收益，激发企业绿色技术创新的意愿与动力。

第三篇

生态文明建设中的灾害应对专题篇

第十三章　灾害应对的政治经济学分析

作为一种外部冲击，自然灾害伴随人类社会发展始终，无法避免，但可以通过建立灾害应对机制，加强自然灾害预警，降低自然灾害对经济社会发展和人类生产生活造成的不利影响。灾害应对机制的主体包括政府、企业和个人，应对机制的核心是利益格局的变化。随着利益格局的变化，微观和宏观主体的行为也会随之发生变化，与此适应的制度安排也必须作出调整，并通过制定相应的激励机制来保障制度的实施，这体现出政治经济学的分析思维。从这一角度出发，自然灾害应对机制实际上是一个政治经济学问题。

一、中国自然灾害应对机制的历史演进

（一）政府主导的灾害应对机制的演进历程

中华文明的发展史也是一部灾害应对史，从"大禹治水"开始，应对自然灾害就成了中国历代政府的重要工作。关于自然灾害的灾情和防治、救助管理有 3000 余年的历史记录和考古发现，历史上留存至今的很多伟大工程的最初目标也是防洪抗旱。正如魏特夫在《东方专制主义》中提到的，治水社会与东方专制主义的形成具有互动逻辑，治水的经济需求为专制主义政治提供了市场，也为政府权力的扩张提供了机会。正是由于这种互动机制，中国的灾害应对中以政府为主的国家救助一直发挥着关键作用。

在中国古代，灾害救助一直被作为关系国家安定的重要事务。虽然中央政府并没有专门负责救灾的常设机构，但自然灾害发生后，君主都亲自

过问救灾工作。在重大灾害发生后，君主会临时委派中央政府官员到地方主持救灾，代表君主处理灾害应对事宜。地方政府在灾害应对中扮演着主要执行者的角色，也是灾害应对全过程的主管机构。从封建国家出现到民国建立，中国的灾害应对都是以封建君主政治为中心的君主集权体制，但又缺乏自中央到地方的专门组织管理机构，政府灾害应对对明君仁政、清官廉吏的依赖度较高，体现出不确定性和非制度化特征。在中华民国时期（1911—1949年），初步建立起了以总统制为核心的中央一级专职救灾和防灾体制，灾害救助和应对的职责在国家方案规划中被归入中央政府业务部门，以制度化的形式将灾害应对作为一项重要的政府行为确定下来。

中华人民共和国成立后，中国共产党和人民政府高度重视灾害应对和救助工作，形成了"政府统一领导、部门分工、上下级分级管理"的灾害救助管理体制。经过长期的灾害应对实践，中国逐渐形成了以灾害情况统计（计灾、查灾、报灾）、灾害救助资金统筹拨付、灾后重建方案设计与工程实施、国家灾害援助接收管理等为主的政府灾害应对制度体系。灾害应对工作的领导机构也经历了内务部社会司—中央救灾委员会—内务部—民政部农村救济司—中国国际减灾十年委员会—民政部和国家减灾委员会的演变过程。领导管理机构的演变反映了灾害应对在中国政府工作中的角色变化，参与部门由原来的内务部社会司扩展到民政、水利、财政、农业等多部门共同参与，具有统一联合性的减灾委员会，加强了政府灾害应对的协调统一能力，提升了中国政府主导的灾害应对机制的防灾、减灾和救灾效率。

（二）市场化的灾害应对机制的产生和发展

随着中国市场经济的发展，市场化的灾害应对机制也逐渐成长起来，以巨灾保险、灾害债券等为代表的金融产品为企业和个人提供了更多的灾害应对手段，市场化制度与政府救助一起形成了中国自然灾害应对的主要机制。

市场机制和市场经济的发展是市场化灾害应对机制的基础，即使是在封建社会，通过市场方式规避灾害风险、应对灾害冲击的事例也大量存在。灾害应对中，灾民生产自救一直扮演着重要角色。当家庭遭遇灾害冲击，特别是农业灾害后，农户生产资料缺失，农户通过向地主以及放贷机构借贷，获得灾后恢复生产的物质资料。这一过程就是市场化灾害应对机制的早期形态。但是，这一市场化灾害应对机制的作用更多地体现在灾后对受灾家庭和灾民的帮助上，并且受灾者还要承担较高的费用。进入现代社会以后，随着市场规模的扩大和西方金融市场的扩张，以巨灾债券、巨灾保险和灾害风险期货为代表的金融产品能够有效帮助企业、家庭和个人规避潜在灾害风险带来的损失，将市场化灾害应对由灾后救助转为灾前预防，极大地推动了中国市场化灾害应对机制的建立和完善。

从世界范围来看，以灾害保险、巨灾债券等为代表的灾害金融市场是在 20 世纪中后期建立并发展起来的，以美国、日本等为代表的发达市场经济国家最早在国家自然灾害保障体系中引入特殊灾害（地震、洪涝）保险计划，通过政府支持，鼓励商业保险公司开展灾害保险和债券业务，取得了良好的灾害风险应对效果。进入 20 世纪 90 年代，随着中国金融市场的逐渐开放和改革，中国的商业保险市场中逐渐出现针对企业的灾害保险产品。经过 20 多年的发展，当前，灾害保险、巨灾债券、灾害期货等多类型灾害金融产品已经成为企业和居民规避灾害风险的重要手段。

（三）灾害应对中政府与市场的角色变化与相互关系

相比于市场化灾害应对机制，政府灾害救助产生的时间更早，制度和管理体系更为完善，并且在中国的自然灾害应对中长期占据着主导地位。特别是在近现代社会以前，无论是从国家层面，还是从居民个体角度来看，市场化的灾害应对机制都严重缺失，在灾害应对中的作用不足。但是，政府灾害救助效应的发挥高度依赖国家的财政能力和官员的执行能力，受灾主体处于被动接受的弱势方，一旦政府救助缺位，受灾主体将面临较大的生存风险。这一逻辑的背后正是中国农民长期抗击天灾但又因灾致贫的真实现状。

20 世纪中后期以来，随着世界范围内市场经济的逐渐成熟以及保险金融市场的扩展，灾害应对的市场化机制日益发展完善。与政府主导的救助机制不同，市场化机制更为灵活和主动，更能够有效地实现经济主体的灾前防御。当更多的企业和个人选择购买商业保险和其他金融产品来规避灾害风险时，灾害发生后，受灾企业和个人能够及时获得来自保险公司等第三方主体的赔偿，降低了受灾主体对政府救助的依赖。市场机制在一定程度上较好地替代了传统的政府灾害救助职能，也提高了受灾主体应对灾害冲击的能力。

政府灾害救助具有及时性、大规模和统一性特征，能够在应对重大自然灾害、保障灾害及时救助中发挥主要作用。但对于受灾主体而言，这种灾后救助具有被动性和短期性。市场化机制主动灵活，能够充分考虑经济主体的主观意愿和个体状况，但在应对重大灾害时的及时性和救助力度较低。因此，就政府与市场在灾害应对中的关系而言，两者之间相互补充、各有侧重，共同组成了人类应对灾害冲击的制度机制。

二、灾害应对中的利益变化与行为选择

（一）灾害应对中行为主体的利益变化：政府、企业与居民

利益问题是政治经济学中的基本问题。新政治经济学秉承西方经济学的"经济人"假说并用来分析政治行为，认为政治活动的本质是公共选择，和经济活动相同，个体参与政治活动时也是以自身利益最大化为目的；政治家促进公共利益的愿望只是其众多愿望中的一种，并且该愿望非常容易被其他更具有诱惑力的愿望淹没。所以，公共利益不能也不应成为政治家的最高道德与行为标准，而必须通过立法、通过对权力的制约，防范并尽可能避免掌权者为了个人私利而侵犯公共利益。

马克思主义政治经济学对人本质的剖析是建立在利益这一基础之上的，指出人们所争取的一切都与其利益有关。马克思主义政治经济学是研究生产关系及其规律的科学。生产关系作为生产的社会形式，是人们在生产力的基础上结成的利益关系，生产关系的各方面必须通过具体的利益关系才能得以表现。利益关系是人们在生产、分配、交换和消费中发生的最

直接也是最根本的关系，正如恩格斯所言，每种生产关系首先是以利益表现出来的。因此，马克思主义政治经济学即研究各主体之间的利益关系的科学。与此同时，马克思主义政治经济学研究生产关系及其规律的目的是在揭示人类社会发展的内在动力及其普遍规律的基础上，不断地增进劳动者的利益。从该意义上讲，利益理论是唯物主义的基础，也是马克思主义政治经济学的基础。在灾害防治的过程中，生产方式和消费方式的转型以及政策的调整必然会引起利益关系的变化，因此，研究各种利益关系是研究灾害防治的前提。

（二）灾害应对中各主体的行为选择

"理性经济人"作为现代西方经学理论的基本逻辑，认为行为主体的所有行为都是以最大限度地实现自身利益为出发点。新政治经济学的各学说仍以"经济人"作为出发点，认为经济行为主体是理性的和自利的，一切活动于经济过程之中的主体都以最大限度追求自身的利益为动机，总是以自身利益最大化作为行为选择的标准。

马克思和恩格斯强调作为社会主体的人所具有的社会性，认为应在特定的经济关系的条件下研究人的行为的特殊性，个人处于一定的历史条件和关系之中；将阶级社会中的经济主体称为其所属阶级的代表者，经济社会中各主体的行为是由其所具有的阶级属性决定的；指出资本主义生产过程中涉及的各类主体是特定阶级关系和物质利益的承担者，如资本家作为人格化的资本，为了获得尽可能多的剩余价值，不断地进行积累是各资本家所特有的行为方式。因此，在一定的经济社会条件下，在灾害防治的过程中，各主体基于利益的改变而作出的行为选择必然会成为灾害防治的动力或阻力。微观和宏观领域的各主体的行为必须成为研究中国灾害防治问题的重点。

1. 灾害应对中的政府行为选择

从中国灾害应对的历史实践来看，政府始终都在灾害应对中处于主导地位。一方面，防灾救灾一直以来都被看作政府职能的重要内容，应对灾害冲击是政府履行自身职能的体现，也是衡量政府能力的主要标准之一。

另一方面，灾害会对农业生产等经济活动造成冲击，影响到国家的财政收入，而防灾减灾又是政府正常性财政预算支出的重要方面。因此，灾害冲击会影响到政府的财政收支，对政府行为和各级政府利益产生影响。

在灾害应对中，政府行为主体主要包括中央政府、地方政府和受灾地基层政府三个方面。中央政府的行为目标是尽可能降低灾害对居民生产生活造成的不利影响，保证其生命财产安全。为此，中央政府会通过专项救灾资金支付等形式直接参与到灾害应对中，并以最小化灾害的经济社会影响为最终目标。对地方政府而言，灾害应对同样是其工作重点。但与中央政府不同，地方政府面临既定的财政约束和跨部门综合调配资源的能力不足的限制。当地震、洪涝等大规模自然灾害发生时，地方政府往往难以迅速组织起大量的财力、物力和人力投入防灾减灾中。特别是在重大自然灾害的应对中，跨部门资源调配以及军队的介入成为影响灾害救助效率的重要影响因素，而这些灾害应对要素往往只有中央政府具有支配权力。因此，在地方政府的灾害应对行为中，地方政府一方面需要承担主要的防灾减灾和救灾任务，承担主要责任，另一方面又面临着财政支出和资源调配的约束，这使得地方政府在灾害应对中处于两难境地。灾害应对中的基层政府主要是县级政府。县级政府是进行防灾减灾和实行灾害救助的直接行动组织者，在提供应急基础准备和资源保障、监测与预警、灾害应急管理培训、灾害善后处理中具有重要作用。但是，同样受制于县级政府自身的资源条件，县级政府缺乏长期有效的地区内灾害风险预防评估体系。由于城市规划不合理以及基础设施不健全等，县级政府在参与灾害应对中存在较多短板。特别是县级政府承担着灾后重建和灾害善后的职能，国家救灾物资的分配最终需要县级政府具体执行，县级政府的行政能力和治理能力将会直接影响国家救灾政策的落实。因此，从政策执行层面来看，县级政府的行为在灾害应对中也具有重要影响。

2. 灾害应对中的企业行为选择

灾害冲击对企业的影响主要体现在两个方面。一方面，对于受灾地企业而言，灾害会对企业生产以及可利用的资源要素产生不利影响，但受灾地企业同时也会获得各级政府的税收减免等优惠政策。另一方面，对于非受灾地企业而言，灾害冲击会对企业的投资和生产销售决策产生影响，同时也会对非受灾地企业的慈善捐赠行为产生影响。

重大自然灾害会对受灾地企业产生直接影响。自然灾害可能会给企业的固定资产造成毁坏性冲击，导致企业生产陷入困境。为了降低这种外在风险，企业一般都会选择投保，通过保险市场来规避灾害风险损失。除此之外，灾害冲击引发人口迁移、要素价格上涨等，使受灾地企业的生产受到不利影响，导致企业迁出受灾地区。同时，政府也会对受灾地企业进行优惠补助，通过税收优惠、土地使用指标划拨等方式弥补本地企业在灾害中遭受的损失，减少受灾地企业的流出。对于非受灾地企业而言，灾害冲击会影响到非受灾地企业的生产和销售策略，企业会尽量避免在灾害多发地和易发地布局。从履行企业社会责任的角度出发，灾害冲击会对非受灾地企业的捐赠行为产生影响。企业通过灾害捐赠体现本企业的社会责任感，有助于获得政府的政策奖励和消费者的青睐，会对企业的长期发展产生积极作用。

可见，灾害冲击中企业的行为选择需要从两大主体的正反两个方面入手进行分析，通过比较受灾地企业和非受灾地企业的行为，发现企业参与灾害应对的行为特征及其深层次的利益诉求，以此为依据，构建良好的激励机制，推动企业主动应对灾害。

3. 灾害应对中的居民行为选择

居民是应对灾害冲击中最直接的行为角色，受灾地居民是灾害冲击的直接受害者，也是灾害应对的直接参与者。受灾地居民灾害应对中的行为选择主要体现在两个方面。一方面是为了确保生命财产安全而进行的救灾行为，与政府、企业一起构成灾害应对的行为体系。另一方面是为了实现灾后恢复，受灾地居民作为行为主体直接参与灾后重建和恢复工作。受灾地居民是政府灾害应对和企业灾害救助的最终受益者，他们的利益诉求是否得到保障直接影响到他们对政府和企业灾害应对效率的满意度高低，也是衡量国家灾害应对能力大小的主要指标之一。因此，受灾地居民的灾害应对行为在整个防灾减灾和灾害救助过程中处于基础性地位。

非受灾地居民的行为选择同样会对自然灾害应对产生影响，有代表性的就是灾害捐款和参与非政府组织。从全世界的灾害应对实践来看，"一方有难，八方支援"的居民全方位参与灾害救助已经成为灾害应对的普遍模式，非受灾地居民的捐款捐物对保障受灾地居民的生产生活具有重要作用。同时，非受灾地居民通过自愿参加非政府组织，深入受灾地参与灾害救援，体现了其在灾害应对中的作用。

三、中国灾害应对机制作用路径的经济学分析

（一）灾害应对中市场化机制的作用路径分析

随着市场经济的发展，市场化的灾害应对机制日趋成熟。市场机制参与灾害应对主要是由灾害的本质特征决定的。灾害具有突发性特征，以地震、洪涝等为代表的重大自然灾害还具有强毁坏性。由于突发性和毁坏性，灾害应对机制就需要体现出及时性和灵活性。市场机制提供了以灾害保险、巨灾证券等为代表的灾害应对产品，一旦灾害事件发生，居民和企业等受灾主体可以及时获得来自保险公司等市场主体的补偿，具有较强的灵活性。市场机制的这种灵活性尽可能地降低了灾害应对中受灾主体对政府救助的依赖，提升了居民、家庭和企业的灾害应对能力。

灾害应对的市场化机制发挥作用的核心在于其自发调节机制，其作用路径主要体现在对微观经济主体的行为影响上。居民、家庭和企业通过购买保险、期货公司等金融机构开发的灾害金融产品，将自身面临的灾害风险转嫁给金融机构。为了实现利润、降低灾害赔付率，金融机构有动机对投保对象的灾害风险诱发因素进行评估，帮助灾害风险者提高灾害防范能力，间接降低了灾害冲击造成的不利影响。市场机制的自发性能够有效调节经济主体的行为选择。一些人为灾害如火灾、交通事故等的发生与个人行为直接相关，保险公司对投保期间未发生灾害事件的投保者进行奖励，从而引导经济主体较好地防范灾害风险。

在灾害发生后，市场化机制能够给予受灾主体较好的补偿，降低灾害冲击造成的不利影响。来自保险公司的灾后赔偿有助于平滑个人、家庭和企业在灾后面临的收入风险，支撑受灾地居民的正常生产和消费行为。受灾地居民的灾后生产和消费状况不仅会影响到居民个人及其家庭的福利，对受灾地的灾后重建和经济恢复也具有重要作用。市场化机制通过对居民、家庭和企业行为产生作用，最终影响到灾害应对的成效。

（二）灾害应对中政府救助机制的作用路径分析

一直以来，政府灾害救助都是中国灾害应对的主导力量。由于灾害具有突发性，且自然灾害的毁坏性较大，单纯依靠个人难以进行及时有效的应对。政府灾害救助以政府财政收入和全国性资源调配机制为基础，具有及时性、有效性。首先，市场化灾害救助的效应具有明显的个体差异，但政府救助旨在保障所有受灾居民均等地获得基本生活资料，为受灾地居民的基本生活提供全方位保障，有助于实现灾害应对中的社会稳定目标。其次，政府灾害救助具有整体特征，有助于促进受灾群体和受灾地的整体恢复。自然灾害会对受灾地的物质资本积累造成毁坏，政府灾害救助通过大规模的财政投入、政策优惠等，推动受灾地居民的生产生活恢复和灾后重建。灾后的短期财政投入为受灾地的整体恢复和发展提供了资金支撑，大量针对受灾地的税收和土地优惠政策为吸引外部投资及企业进驻提供了条件。灾害应对中，政府救助通过影响地区生产恢复和经济发展的要素，为受灾地的宏观经济稳定和社会整体发展提供了保障。最后，灾害应对中的政府救助不仅关注受灾地居民的物质生活，还关注居民的心理健康以及长期人力资本积累等问题。灾害应对中，政府救助机制在保障居民基本生活和生产恢复的基础上，还注重受灾地居民人力资本要素和长期发展条件的培育。在汶川地震中，国家对受灾地居民进行了大量的心理健康治疗，尽可能减少地震灾害给灾民带来的心理创伤，保证灾民生理和心理的双重健全。

（三） 两种灾害应对机制作用路径的比较分析

政府救助和市场化机制在灾害应对中的作用既有相同之处，也存在较大差异。第一，从基本原则上看，政府灾害救助主要体现公平原则，保障受灾地居民平等地享有灾害救助。而市场化机制的补偿效应依赖于个体在灾害发生前的投资行为，对受灾个体而言，体现了一种效率原则。第二，从实现方式和作用对象上看，政府灾害救助主要以财政拨款、物资调配和政策优惠等方式进行，受益对象为整个受灾地区、企业及居民，具有整体性和统一性，缺乏个体区分。市场化机制主要通过保险赔付、证券收益等方式实现，受益对象为具体的个人、家庭和企业，具有明显的个体指向，缺乏统一整体性。第三，从救助力度和持续性上看，政府灾害救助力度大，且涉及除居民生活生产恢复之外的多个方面，但灾害救助的持续性受到政府财政收入和政策的直接影响。市场化机制较为灵活，长期存续，救助力度依赖于受灾居民灾前的防灾投入状况，具有良好的对称性。第四，在目标选择上，政府救助在保障受灾地居民生活的同时，更加着眼于受灾地宏观层面的灾害应对，如地区生产建设和经济恢复。市场化机制以居民、家庭和企业为行为主体，其作用目标更多集中在微观层次。

可见，政府救助以公平为基本原则，具有规模大、统一性强的特征，但难以兼顾不同受灾居民的个体差异，更会受到政府财政和资源调配能力的直接影响。市场化机制注重效率原则，虽然从灾害应对的宏观角度来看规模较小，但对居民、家庭和企业等个体而言，所能获得的灾害救助要高于政府救助的平均水平，并且能够兼顾微观差异。因此，灾害应对中，需要充分发挥政府救助和市场化机制的优势，形成政府灾害救助与市场化灾害应对机制的良性互补。

第十四章 国外灾害经济影响及其应对机制研究进展

近年来，随着全球经济发展，自然灾害、环境灾变和人为灾害造成的损失呈现不断加剧的趋势，因而灾害的社会经济影响和应对机制也成了近年来国外经济学研究的重点领域。国外对灾害的社会经济影响的研究可以分为宏观和微观两个层次：宏观层次的研究主要关注灾害对宏观经济运行的影响及其作用路径；微观层次的研究主要集中在灾害对个体行为选择的作用上。灾害应对机制的研究主要分为两大类：一类强调正规制度和市场因素对灾害防治和灾后恢复的作用；另一类则着重分析以社会资本为代表的非市场因素和非正式制度在应对灾害冲击时的作用。

一、灾害对宏观经济运行的影响：实现路径与争论

关于灾害问题的经济论述早在古典经济学时期就已存在。对于灾害的社会经济影响，穆勒（1848）指出，地震、洪水、飓风和战争所造成的一切破坏在短时间内会消失，国家会迅速从灾难状态中恢复过来。20世纪中期以后，国外经济学对灾害问题的研究开始大量涌现。起初的研究主要讨论灾害种类的划分、个别灾害事件的评估以及防治政策等（Kunreuther 和 Fiore，1966；Kunreuther，1967；Dacy 和 Kunreuther，1969；Ross，1983），且大多集中在自然灾害领域，着重分析灾害事件对经济的短期影响。随着经济社会的发展和人为灾害的增加，更多文献开始关注灾害对经济和社会造成的长期影响以及灾害作用的路径，认为灾害同经济发展间的关系会随着时间长短发生变化，灾害的长期影响更为重要（Logue 等，1981；

Kellenberg 和 Mobarak，2008）。作为一种外部破坏性冲击，灾害造成了社会经济损失，包括对物质生产资料的损坏和对人类生命健康的威胁。但从经济学对灾害问题的研究来看，这种直觉上的判断并没有得到完全支持，灾害对宏观经济运行的影响及其实现路径仍存在争议。我们在梳理文献时发现，灾后投资收益效应、人力资本积累效应和灾后技术进步的产业效应是学者们关注的重点，也是灾害影响宏观经济运行的主要路径。

（一）灾后投资收益效应

灾害事件过后引起的投资收益效应是学者们研究的一个热点，一些学者通过实证研究在总体上验证了灾害投资收益效应对经济增长的推动作用。Bertland（1993）分析了1960—1979年26个不同发展水平的国家发生的28次灾害，认为内在的社会经济机制被证明有足够的能力阻止绝大多数对经济和社会有威胁的次生灾害的发生，这些机制包括了良好的市场条件下形成的各种经济调节机制和社会应急系统。由于社会经济机制的内在反作用，自然灾害对社会经济并没有形成大的负面影响。Aghionetal（1998）基于熊彼特的"创造性破坏"理论，分析了外部事件引起的资本投入冲击和技术进步间的替代关系。他指出，破坏性事件后为恢复重建，在社会资本投入能力持续不断的条件下，社会的资本投入水平提高会成为受灾地灾后经济增长的动力。Skidmore 和 Toya（2002）认为，自然灾害对经济的作用在不同类型的灾害间存在差异，为此他们区分了地质性灾害和气候性灾害，认为地震、滑坡等地质性灾害发生后会迅速造成房屋等固定资产的大量损失，灾后的基础设施建设和灾区重建工作对固定资产投资的依赖性较强，因此地质性灾害会迅速提升整个社会的投资水平，推动短期经济增长。但这种效应对气候性灾害并不明显。Okuyama（2003）从新古典理论出发，认为投资对经济的推动作用受资本边际收益的影响，不考虑其他生产要素产出能力的变化，在外部事件引起资本存量毁坏后，灾后受灾地资本投入的边际收益会增加，有利于经济增长。Hallegatte 和 Dumas（2009）指出，传统增长模型中物质资本的破坏也可能导致存量加速更新与生产性资本增加，资本利用率提高引起产出水平提高，从而导致短期增长。但如果生产率的提升只是依赖于资本投入水平而不是其他创造性行为，从长期来看这将会使灾后的重建恢复水平低于灾害损失，并可能导致贫困陷阱。同时，灾害事件引发的投资效应会受到生产需求、灾后重建质量、技术变革和资本供给等多种因素的影响，这些因素在长期和短期都会影响到灾后投资收益效应的发挥。

另一些学者对灾后投资收益效应持怀疑态度，认为并不存在明显的灾后投资收益效应。Rasmussen（2004）通过统计研究对比了受灾地的实际产出水平，指出自然灾害导致相同年份下受灾地产出下降了2.2%，灾后的重建恢复并不能使受灾地很快恢复到受灾前的水平。通过比较案例分析和反事实方法，Cavallo和Noy（2010）利用包含全球各地样本的突发事件数据库（Emergency Events Database）研究了自然灾害对经济发展的作用，发现无论是在短期还是在长期，大的地理灾害对经济增长都没有促进效应。他们认为，要区分灾害对经济社会的直接和间接影响，自然灾害在造成短期损失的同时会破坏经济社会的运行系统，从而对受灾地的经济发展产生不利影响。而传统理论关于灾后短期内大规模重建投资会带动经济增长的观点并没有考虑自然灾害的间接影响，特别是没有很好地区分不同经济发展水平下间接作用的大小。如果将社会系统损失纳入进来，即在社会经历了大的政治灾难、经济社会系统遭受严重损坏的情况下，新任政府的建设投资也不能带来经济快速增长。另一些学者对公司、个人等微观主体的研究也发现灾后投资收益效应并不明显。Leiter等（2009）引入了一个存量调整模型，运用双重差分法（DID）检验了洪水灾害对欧洲公司的行为产生的影响，发现受过洪水灾害的地区的公司的资本投入水平趋于降低，特别是在洪水多发区，投资者的投资意愿更低；认为洪水灾害影响了公司雇佣员工和资本投入的组合，当洪灾带来的预期损失过高时，即使地区的当期投资收益较高，企业也会避免在该地区投资；如果再将受灾地区企业实际生产能力的变化考虑进模型后会发现，洪水灾害并未对公司绩效和经济增长产生积极作用。Strobl（2011）运用美国沿海县的面板数据研究了飓风灾害引起的投资缩减效应。通过构造飓风灾害的货币损失方程，并结合受灾县的灾后恢复数据发现，飓风灾害使当地经济增长下降了0.45%。进一步的分析发现，飓风灾害对经济增长28%的负向作用都是富裕人群向外迁徙造成的，严重的自然灾害降低了资本所有者的投资收益预期，灾害造成的地区生活环境恶化导致了大量富裕人群和高素质劳动力外流。在资本和人才双重约束下，受灾地区灾后经济恢复缓慢，同时加剧了下一期的资本和人才外流，受灾地区会陷入发展困境。

从以上文献可以发现，主张灾害事件之后会产生灾后投资收益效应的学者强调了灾后投资对短期产出增量的快速提升作用，并且假定灾后社会的资本投入供给充分，认为灾后的重建工作可以拉动受灾地经济增长。但是对此持怀疑态度的学者质疑上述假定的成立，认为应该从总体上评价灾后资本投入的作用。他们的研究表明，灾后投资对受灾地经济增长的推动只是弥补了灾害事件带来的损失，对实际产出水平并无太大影响，而且灾害事件会恶化受灾地的经济发展环境。经常性的自然灾害会降低投资者的预期收益，也会造成受灾地富裕人群和高素质劳动力的外流，造成受灾地的资本缺失和人才匮乏；即使灾后投资供给充足，能在短期内对地区经济增长起到推动作用，但考虑到灾害对社会经济系统的间接负向作用，这种推动作用会降低，而自然灾害对受灾地特别是经济发达地区的资本投资收益预期、生存和发展环境的不利影响则较为明显和稳定，总的来看，灾后投资收益效应并不能抵消灾害事件对受灾地经济发展的不利影响。

（二）人力资本积累效应

自然灾害不仅会通过物质资本投资影响经济增长，也对人力资本积累有着重要作用。一些学者强调灾害的人力资本积累效应对经济增长的推动作用。Heylen 和 Pozzi（2007）通过对 1970—2000 年 86 个国家的研究指出，在劳动者面临的风险冲击是短期和临时性的条件下，为了抵御短期风险和长期潜在冲击，年轻人会通过学习新知识和新技术，提升自身的人力资本水平；那么自然灾害作为短期风险就会迫使人们学习新知识以防范外部冲击，使自己在劳动力市场上更具竞争力从而免于灾害风险冲击；而人力资本水平提升在长期会成为经济增长的重要动力，自然灾害也就通过提升个体的人力资本积累推动了长期经济增长。Skidmore 和 Toya（2002）在考察了1960—1990 年美国平均资本产出的增长水平后发现，气候灾害提高了人力资本积累和全要素产出效率。物质资本投入在面临自然灾害时难以收回收益，相反，人力资本投入的收益在灾害事件发生时表现明显：具备更多知识和技能的个体在应对灾害冲击时会尽可能规避伤害，也更能帮助减少物质资本损坏，自然灾害会激励理性的个体提高人力资本投入。但是，基于发达国家的经验得出的灾害提升人力资本积累的结论并没有被发展中国家的经验证实，灾害对人力资本积累的作用受到社会经济水平的影响。Beegle 等（2005）运用坦桑尼亚的家庭调查数据研究发现，当家庭面临严重的农业灾害时，为了应对由此产生的收入波动风险，家庭会选择让孩子立即加入农业生产中。在生产资料缺乏的情况下，为了抵御自然灾害导致的生产困难，增加劳动力投入成为主要手段。在生产条件落后的地区，自然灾害风险会挤出人力资本投资，对教育有着显著的负作用，同时提高了童工数量。从教育质量的角度来看，剧烈的灾害风险在引起产出波动的同时，也伴随着更加严重的教育不平等和较低的平均受教育水平。Penalosa（2004）对面板数据的实证检验表明，自然灾害会导致教育资源紧张。对于灾后恢复较慢和经济落后的地区，灾后教育条件的急剧下降使得人们的平均受教育水平降低，初始的教育资源和灾后恢复差异会加剧地区间的教育不平等，在长期上将扩大经济发展差距。Kim（2008）对喀麦隆、布基纳法索和蒙古国三个国家的经验研究结果表明，极端的气候事件对教育的接受程度有长期的负影响。气候灾害引起产出和总体经济下滑，国家教育福利政策的缺失使得这三个国家中的女性在面临极端气候灾害时从小学起便选择辍学。

通过对上述两类研究的梳理可以发现，自然灾害对人力资本积累的作用受到初始生产条件和经济水平的影响。认为自然灾害对人力资本积累具有推动作用的研究，考察对象多为发达国家和地区。因为在经济发展水平较高的条件下，社会能够在较长的时间内为受灾者提供生产和生活救助，受灾者面临的生存缓冲期较长，人们会选择通过提升自身的人力资本水平来抵御未来的不确定性冲击。而在发展中国家，受灾者获得灾后及时救助的难度较大，自然灾害会立刻对受灾者的生活产生严重影响，受灾者面临的灾后缓冲期很短，受灾家庭更倾向于通过压缩教育支出来抵御自然灾害下的生产危机，从而保证家庭的基本生活水平，自然灾害对人力资本积累的作用更可能表现为一种挤出效应。

另外，一些学者在研究自然灾害和人力资本投资间的关系时认为，这两者之间并非简单的线性关系，自然灾害对人力资本积累的作用体现出条件性和不确定性的特点。Levhari 和 Weiss（1974）最早从一个考虑了未来收益的两期模型出发，研究发现，相对于物质资本而言，人力资本在面临外部风险时，投资收益的风险和不确定性会更高。其中市场波动、风险不确定性等外部环境对人力资本投资选择有着重要影响。Thomas 等（2004）认为，自然灾害引起家庭压缩人力资本投入的情况更容易在保险市场发育落后的条件下产生，当保障性产品供给不足时，家庭会选择削减孩子的教育开支来获得短期现金库存以应对外部风险冲击，家庭内部教育投资与外部保险形成替代，最终目标都是降低整个家庭在短期面临的巨大收入波动风险。Fitzsimons（2007）对印尼自然灾害的考察表明，由于保险市场发育落后，频繁的灾害事件会对孩子的教育投资产生不利影响。如果外部的保险市场和内部的家族保障网络能够发挥作用，自然灾害对教育的挤出作用就会减小，这在贫穷家庭中表现得更加明显。Cuaresma（2010）基于 BMA（Bayesian Model Averaging）方法的研究表明，不同的自然灾害对人力资本投资的作用差异较大，从总体来看，自然灾害风险程度与中学入学率之间较强的负相关关系受地质性灾害的影响很大。地区初始的人力资本禀赋、入学率等因素同样也会影响自然灾害对人力资本积累的作用，初始的人力资本禀赋会在应对灾害中具备差异化的表现，从而影响下一期人们的人力资本投资决策。

可以发现，自然灾害对受灾地人力资本积累的影响会随着灾害应对能力，特别是保险市场等正式制度的完善发生改变，受灾地的社会经济水平提升后自然灾害对人力资本的挤出作用会不断降低，因此，完善社会的自然灾害应对机制有助于减少自然灾害对受灾地人力资本积累的不利影响。

（三）灾后技术进步的产出效应

灾后技术进步引发的产出效应被认为是灾害影响宏观经济运行的又一个途径。Rouge（2008）和 Newell（2008）指出，气候变化引起的技术变革和经济政策变动对经济增长产生的影响越来越大。极端气候事件的发生导致人们的生存环境恶化，企业从消费者的环保产品消费需求和政府的环境保护政策出发，积极研发新的环保产品，技术创新的速度会随着环境恶化的状况不断加快。Stewart 和 Fitzgerald（2001），Benson 和 Clay（2004）认为，当灾害事件毁坏了生产性资本时，被毁坏的资本存量会被更加有生产效率的新技术代替，灾害催生出的技术需求可以提高产出水平；但技术替代效应的发挥受财政能力和灾后反应时间的影响，新技术的研发资金需求大，政府财政支持力度会直接影响技术创新对灾害损坏的替代作用的发挥。为了更清楚地识别技术进步对灾害损坏的弥补作用，Caselli 和 Malhotra（2004）将灾害冲击纳入经济增长模型中，在资本投入和劳动要素投入扩大的条件下对索洛增长模型进行了实证检验，结果没有发现自然灾害与总体增长效率间的负相关关系；在分析推动总体产出增长各因素的基础上，他们发现，灾害冲击后快速的技术进步弥补了短期灾害损失，促进了经济增长，但是技术进步在一定程度上依赖于灾后的研发资本投入水平。

另一些学者认为，技术变革对灾后经济发展的作用是很有限的，取决于技术变革的动机和受灾地区技术变革的条件和基础。Cohen（1995）对世界范围内突发性灾难事件进行分析后认为，技术本身作为一种外在变量同样会带来灾害损失，技术灾难引起的意外事件对社会经济的影响表现为连续性的单纯损失，技术变革如果源于技术灾难事件，产出增长的实际意义并不明显。他分析了漏油事件对环境造成的持续破坏，认为清理漏油的支出引起的产出增长并不能被看成灾后技术进步的产出效应。即使灾后的技术改进对产出增长有积极作用，也表现为对技术灾害损失的弥补，从长期产出的增长来看，技术进步不可能将灾害变成一个有利事件（Hallegatt 和 Dumas，2009）。Crespo 等（2008）通过跨国面板数据对比分析了灾害事件对发达国家和发展中国家技术发展的不同影响，研究发现，灾害对发展中国家和工业化国家的知识溢出量起到了负作用，灾害事件加大了落后地区技术传播的难度，而只有发展水平比较高的国家才能通过灾后的贸易资本提高发展效益。

因此，在研究灾害事件对技术进步的作用时，应该将自然灾害发生前社会的产出水平考虑在内，判断灾后的技术改进是否只是起到了对灾害损失的弥补而非促进长期增长。另外，灾害事件对技术进步的作用与受灾地初始的技术创新能力、资本水平等密切相关，灾后的技术进步更可能在发达地区出现，而在落后地区则难以实现。

二、自然灾害与个体行为的互动：微观机制识别

作为最基本的经济活动单位，个人的行为选择对外部冲击最为敏感。自然灾害一旦发生，个体就会通过调整自身行为来适应灾害引起的生存环境变化，这也构成了自然灾害与经济个体在微观层面的互动。国外文献主要研究的是灾害冲击下个体的消费行为、居住行为调整，并从人口迁移延伸到了与此相关的种族冲突上，展现了外部冲击下经济主体调整自身行为以适应生存环境变化的过程。可以看出，自然灾害对人类社会的微观影响已经成为近年来灾害经济研究的重点。

（一）自然灾害与居民消费决策

自然灾害作为一种外部冲击，会导致灾后家庭收入状况恶化。受收入变动影响，个人的消费行为也会发生变化。Taylor（1974）强调，当面临的损失程度不同时，个体的消费行为选择有较大差异。之后的学者进一步研究证明了在面临灾害冲击时，消费平滑和消费保险的程度会导致家庭在面临灾害时作出不同的消费选择。Townsend（1994）建立的消费平滑（Consumption Smoothing）理论认为，在保险市场和借贷市场发挥作用的条

件下，家庭的消费并不会受失业、疾病及其他外部冲击引起的当期收入条件的影响，并通过对印度受灾村庄数据的分析验证了这一结论。Jalan 和 Ravallion（1999）通过对中国农村的研究发现，灾害风险在导致了农户收入波动的同时引起了家庭消费的变化，不同于日本具有较好的保险市场来应对收入风险，中国农村居民更多地会采取削减日常消费的方式来应对灾害引起的收入风险冲击，即使是在食品消费上也同样如此，并且对于越贫穷的家庭越适用。但 Jalan 和 Ravallion（2001）对中国农村居民应对灾害的研究发现，人们倾向于持有流动性资产来防范风险冲击，而不会降低对孩子教育的支持。

一些学者强调了灾害经历对个体消费行为的影响。Harbaugh（2004）的研究表明，遭受过严重饥荒灾害的人会形成长期的节俭型消费习惯，即使收入条件改善，消费水平也不会同步提高。严重灾害的经历会促使人们形成高储蓄的倾向，导致民间投资和消费动机不足。Shimizutani（2008）运用特殊的家庭调查数据，对经历过 1995 年阪神大地震的样本家庭进行研究后发现，灾难前家庭持有的可移动资产和可免费获得的约束性信贷有利于受灾家庭维持一定的消费水平，在灾害发生前位于约束性信贷规模以下的家庭消费不会受灾害风险的影响；但尽管如此，在同一地区遭受了更大自然灾害的家庭更有可能削减家庭的消费支出，并在家庭储蓄上表现得更加积极。Chetty 和 Looney（2006）对印度尼西亚和美国两个国家遭受疾病冲击家庭的消费的研究表明，意外伤害和疾病等人为灾害对家庭消费的冲击同样严重，经济条件越差的家庭在面临疾病冲击时越有可能通过削减孩子的教育和其他享受型支出来保持基本的消费水平，这种倾向在印尼表现得更为明显。但自然灾害也可能会提高居民在某些特定产品上的消费，Naoi 等（2012）对日本地震的研究发现，地震会提高家庭的保险消费水平。一方面，地震会促使保险公司推出更加完备的保险方案，另一方面，地震的严重损坏会提高居民购买保险的收益预期。即使是在没有直接受灾的地区，由于邻近地区的地震损坏和相关保险产品的市场推广等，人们也会增加家庭，在地震保险和其他预防性产品上的支出，对于经济条件好的家庭，这种消费趋势表现得更加明显。

（二）自然灾害与人口迁移——寻求更好的生存环境

灾害事件冲击影响家庭消费，居民生活水平会存在较大差异。因此，个体会倾向于通过主动的迁移行为来改变初始的生存环境，迁移到更安全的地方以降低灾害风险的概率，从源头上减小灾难冲击对家庭生活质量的影响。而人口迁移是人类在外部生存环境变化时应对风险冲击的重要举措，人口迁移带来的技术交流和市场变化效应在家庭生产和经济增长中发挥着重要的作用（Thomas，1954）。一些学者对受灾地人口变动的研究认为，自然灾害确实导致了受灾地的人口向外迁移。Gottschang（1987）研究了 1890—1942 年中国东北地区发生的大规模人口迁移，主要是河北和山东的人口向东北地区的迁移。山东和河北多发战争、干旱和洪水灾害，导致这些地区的生存环境急剧恶化，向更为安全的东北地区迁移成了关内地区劳动力迁移的外在推力。自然灾害引起的人口迁移具备选择性，Rodriguez（2008）的研究表明，灾害引起的人口流动不仅改变了迁入地和迁出地的人口总数，也影响着两地的人口结构和人口质量。一方面，来自拉丁美洲的入境移民集聚在美国的沿海地区，大多是年轻劳动力并掌握着一定的生产技术。这部分移民使得美国国内年轻劳动力供给增加，工资水平下降，推动了美国沿海地区的经济发展；另一方面，大量的拉丁美洲移民集聚于沿海城市，城市的基础设施无法在短时间内跟上人口增加的需求，贫民窟的大量存在也提高了疾病、城市垃圾等人为灾害的严重程度。自然灾害引起的大规模人口迁移会加剧受灾地的贫困程度，面对高素质劳动力外流，政府会通过提高社会应对灾害的能力和社会保障来降低人口外迁。Hian（1975）发现，在面临灾害风险时，迁移到没有受灾的地区是个体自我保护的重要途径；而政府对受灾地区的投资建设程度会影响个体选择自我保护方式的程度，对自我保护形成替代。Garrett 和 Sobel（2003）指出，虽然不同的政府对灾害应对的表现存在较大差异，但考虑到政治风险和选举竞争的影响，民主制政府的灾后恢复政策表现得更加积极完善。Boustan 等

（2012）运用两个新的微观人口普查数据研究发现，19 世纪 20—30 年代美国年轻男性更可能从受龙卷风影响的地区迁出，人们选择迁移到地势条件占优的地区来帮助抵御洪水灾害。他们在总结受灾人口的迁移规律后发现，受灾地居民倾向于迁移到地势较高的地区，这些地区遭受的地质灾害和气候灾害要明显少于其他地区；人口迁入地的地理条件会影响政府公共防灾计划的实施，地势高的地区防灾成本较低，而政府应对灾害冲击的能力又影响着受灾地区人口的迁移，这样，地理条件就与人口迁移、政府防灾能力间形成了相互推动的关系，迁往地势高的地区便成了 20 世纪初美国受灾地区居民人口迁移的明显特征。

　　绝大多数的文献表明，个体主要通过向受灾地以外迁移来防御和躲避灾害。但是，灾害冲击也会引起受灾地人口的迁入。Kellenberg 和 Mo - barak（2008）指出，自然灾害会威胁人们的身体健康和生命安全，自然灾害发生时，外出工作的机会成本增加，本地居民参与生产活动的意愿降低，劳动供给的减少使得工资水平上升。同时，受灾地区的灾害重建对劳动力需求大，供需缺口会使得工资水平上升，从而吸引外地劳动力流入受灾地区。

　　自然灾害影响人口迁移的另一方面体现在其性别选择上。Neumayer 和 Plumper（2007）对 1981—2002 年 141 个国家和地区的研究表明，男性在面对灾害冲击时更容易通过向外迁移、社会关系等途径来降低风险，由于具备不同的社会经济条件，女性在灾害事件中的死亡率明显高于男性。同时，男性和女性面临灾害时的死亡率差异会随着年龄的增长而变化。在年轻时期两者间的差距最大，随着年龄的增长逐渐减小，但总体上女性面临灾害风险时的死亡率还是大于男性。应对灾害冲击能力上的差异性导致女性大量死亡而缩小了男女间的预期寿命差距。Hines（2007）在对 2004 年印度海啸中死亡人口的研究发现，女性死亡率明显高于男性。他认为，一方面，男性在流动性和自我保护资源上占据的优势地位使其在应对海啸风险时反应速度较快；另一方面，男性通常不主要履行照顾孩子和老人的义务，女性通常要负担更多的家庭事务使她们在面临灾害风险时自我保护的能力降低，更容易受到伤害。因此，自然灾害中死亡人口的性别差异与印度社会中的家庭内部分工密切相关，而类似的家庭分工模式在东亚地区广泛存在。

（三）自然灾害与生存竞争下的种族冲突

灾害冲击导致生存环境恶化，会引起为争夺和保护自身生存资源的冲突事件。从世界范围的经验事实来看，很多主要的自然灾害都对国家的政治稳定和民族冲突影响重大。如 1755 年里斯本、1970 年秘鲁、1972 年尼加拉瓜和 1976 年危地马拉的地震灾害，1930 年多米尼加共和国、1954 年海地和 1970 年东巴基斯坦的海啸和飓风灾害都引起了国家内部冲突，2004 年的印度洋海啸使印度尼西亚和斯里兰卡都发生了严重的国内冲突。在中国的历史上，大量的农民起义（如黄巾军、李自成起义）都与当年发生了严重的自然灾害有关。

在理论研究上，Sorokin（1942）在《人与社会的灾难》一书中最早提出了关于灾害对社会冲突和政治动荡作用的理论。Cuny 等（1983）讨论了自然灾害同社会发展的关系，较为详细地描述了自然灾害如何推动政治和社会变革者借助原有的社会不平等问题进行政治变革，建议政府在下一次自然灾害来临前做好应对社会冲突的预防机制。Drury & olson（1998）运用 1966—1980 年的时间序列数据建立了灾害程度与政治动荡间的关系模型，在考虑了经济发展水平、收入平等和地区差异后发现，灾害严重程度与政治动荡间存在积极关系；自然灾害在引起地区生存条件差异的同时拉大了收入差距，贫困地区的人口会强行迁移到发达地区，更容易激化地区冲突。Bhavnani（2006）以 1991—1999 年 115 个国家的定量调查数据为对象，加入了环境、社会、空间和心理因素并建立了包含多变量的统计检验模型，结果发现，自然灾害仍然是引起社会冲突的重要因素，在整合多种影响后的系统中，自然灾害的重要性非常明显。Brancati（2007）专门分析了地震灾害对社会冲突的影响，运用 1975—2002 年 185 个国家的经验证据表明，经济落后地区发生灾害后，为争夺稀缺资源和较好的生存环境，社会冲突次数明显增多；在人口密集地区，自然灾害降低了地区的潜在生产能力，使得经济发展受到影响的同时激化了固有的社会冲突，灾后的恢复工作必须重视修复潜在的生产能力。

一些学者进一步研究了不同种类的灾害与社会冲突间的关系。Nel 和 Righarts（2008）区分了不同的自然灾害与社会冲突间的关系。研究发现，地震和火山爆发引起冲突的风险最高，与气候相关的灾害也显著增加了国内发生冲突的风险；特别是就中低收入国家而言，从短期和中期来看，自然灾害引发社会冲突的种类更多，产生社会冲突的可能性更大。Burke 等（2009）利用 1981—2002 年非洲国家的面板数据，采用转化后的固定效应模型对非洲地区的气温变化与种族武装冲突间的关系进行了实证研究。结果表明，在同一年度当非洲地区的温度每上升 1 摄氏度时，种族武装冲突发生的风险将提高 4.5%。温度上升降低了草原的经济能力，同时，高温天气使得居民的生活消费需求增加，各种族之间为了掠夺优质草地和生活资源便会采取武装争夺。Besley 和 Persson（2011）运用灾难虚拟变量和灾难频率指标作为地区灾难的代理变量，建立起一个包含反对和冲突的政治暴力模型。他们发现，灾害性事件会引起国内地区间工资水平的变动以及各地区间可获得外部援助程度的差异，工资变动和外部援助直接关系到该地区居民的生活，因而更容易引发政治暴力。

关于气候灾害加剧种族冲突的观点，有部分学者存在质疑，他们认为自然灾害与种族冲突之间不存在明显的正相关。其中，Buhaug（2010）利用干旱、高温和内战等灾害事件的替代变量研究了气候变化与社会冲突间的关系，发现气候变化在推动社会冲突中发挥了很小的作用，认为传统的灾害事件变量具有严重的内生性和遗漏变量问题，因此会高估气候灾害对非洲社会冲突的作用。他运用替代变量并尽可能地控制好内生性问题后发现，普遍的政治排斥、经济结构偏差和"冷战"体系崩溃可以较好地解释非洲地区长期以来的内战。Koubi 等（2012）针对气候变化影响社会冲突的实现路径问题，采用 1980—2004 年以温度和降雨量为气候变化指标的全球数据集研究了气候变化对社会冲突的作用。研究发现，无论是直接影响还是间接作用，气候变化、经济增长和社会冲突之间并不存在明显关系，以往关于发展中国家的气候变化引起资源争夺导致种族冲突的结论在全球范围内并不适用。气候变化对社会冲突的作用会受地区异质性的影响，Bergholt 和 Lujala（2012）运用不同的面板数据估计方法，在控制了地区个体效应和时间效应后研究发现，气候变化引起的自然灾害会对经济增长产生不利影响，但是在政府的紧急救灾政策和其他社会保障途径的影响下，灾害引起的经济停滞并不会导致严重的社会冲突。

可以看出，研究自然灾害对人类社会的微观影响的思路可概括为：首先，自然灾害对人类行为的影响是通过改变人们的生存环境发生作用的。面临灾害冲击时家庭消费会受到影响，由于初始的经济条件不同，灾害事件对消费者个人的消费决策产生的影响存在较大差异，消费平滑和消费保险的程度不同会导致家庭在面临灾害时作出不同的消费选择；不同发展水平的国家和不同家庭面临灾难冲击时压缩消费的程度不同，自然灾害的消费挤出效应会拉大不同地区经济发展的差异，使贫困地区陷入发展困境。其次，当灾害使人们的生存环境恶化，对家庭生活水平产生较大影响时，个体会倾向于通过主动的迁移行为来改变初始的生存环境。人口迁移的直接目的是获得更好的生存资源。最后，灾害本身以及由此引发的人口的迁移会使得为争夺和保护自身生存资源的冲突事件发生的概率大大增加。但是，大多数文献的研究也支持了这样一个结论，即灾害对人们消费行为、迁移行为以及种族冲突等的作用会因政府救灾政策、预防机制、保险市场及社会保障途径的影响而呈现较大差异。可见，建立完善的灾害应对机制和灾害社会保障体制是降低自然灾害损失、避免重大社会冲突的根本途径。因而，从个体行为选择的视角出发，理解灾害冲击下经济主体行为的变动可以为研究灾害的宏观经济影响提供微观基础。

三、灾害的应对机制：正式制度与非正式制度

作为影响经济增长的外生因素，人类无法从根本上避免自然灾害冲击，但自古以来面对天灾人祸时人们都会采取相应的应对行为，尽量减少

灾害给经济社会带来的损失。灾害经济研究从一开始就关注灾害应对问题。随着社会发展，人类应对自然灾害的方式呈现出多元化的特征，但总的来看，可以分为正式制度和非正式制度两大类。

（一）正式制度的作用

作为正式制度的一个代表，保险和证券市场在应对灾害冲击中的作用一直备受重视。Krutilla（1966）强调了强制性洪水保险计划在改善洪灾地区灾后恢复和经济效率方面的重要作用，认为保险手段一方面为居民提供了有力的灾后补偿，另一方面减少了政府用于洪泛区救灾的扩展性土地和经济资源，减少了救灾过程中的资源浪费。Nickerson（1989）发现，个体购买保险可以帮助减轻灾害事件带来的损失，而政府的一些公共计划项目会降低个人参与市场保险的动机，提高个体面临灾害冲击时的受损程度；政府的公共救灾计划与个体商业保险在居民的灾害对中具有相互替代性。Graff（1999）对德国受灾家庭的研究表明，1991 年以来，大概有 2/3 的私人投保者都运用保险技术抵御了洪水灾害，超过 10% 的个人财产因参加了商业保险而免受灾害威胁。Browne 和 Hoyt（2000）考察了美国 1983—1993 年飓风灾害对居民家庭的经济影响，认为美国国家洪水保险项目（NFIP）对家庭缓解灾害带来的经济冲击起到了重要作用，并发现收入和保险价格是影响个体购买灾害保险决定的主要影响因素。Alex（2013）对不同国家和地区的分析也认为，保险和灾害证券产品有助于帮助个体应对灾害冲击。与大规模的社会灾害防御工作相比，完善的灾害保险市场在帮助居民应对灾难冲击时覆盖面更广，耗费的政府支出更低；从长期来看，保险市场和证券市场的发展能够自动缓解受灾居民的损失状况，及时性也高于政府指定的灾害应对计划项目。因此，政府部门应帮助建立有效的保险市场，提高对洪水灾害的应对管理能力。

另一些学者认为，正式保险帮助居民应对灾害冲击需要借助其他条件，外部条件的差异会影响正式制度作用的发挥，其中主要包括收入约束和信息约束。Kunreuthe（1996）指出，居民受经济条件和预期收益等因素限制，在灾害来临之前缺乏购买商业保险的动机，但金融机构和银行可以检查家庭的财产并以此提供相应的抵押贷款和新形式的保险业务，新的再保险形式可以有效地帮助居民抵御自然灾害带来的财产损失风险。Flores（2002）利用博尔德和科罗拉多州的调查数据，研究发现，市场信息失灵对国家洪水保险项目实施有显著影响：居住在洪灾区的大部分居民表示他们对灾害风险的程度和保险费用并没有比较清楚的了解，信息匮乏导致居民参与灾害保险的动机不足，降低了灾害保险项目的实际效果；而市场信息不足导致的灾害保险失效更多的是资本市场而非单纯的保险市场问题，巨灾期货和巨灾期权可以有效弥补保险市场上存在逆向选择和保险公司巨灾保险储备不足的缺陷，但损失数目过大时，巨灾期权和应急债券也不能够提供完全的补偿保障。France（1992）和 Russell（1997）认为，在解决好年度保费和预期损失规模的匹配问题后，可以允许更多私人资本进入，可以帮助建立有效的灾害风险保障市场。Zanjani（2012）的研究结果显示，巨灾债券在节约抵押品的同时具有转移潜在风险的特点，这种新的灾害防御投资手段细分了灾害保险市场，有利于提高灾害风险预防投资的收益；在破产风险下买卖双方不能收缩对外划分的资产时，巨灾债券可以通过提高那些面临违约风险的再保险公司的相对福利来保障灾害保险市场的效率。

综上所述，以保险和证券为代表的正式市场制度在应对自然灾害中的作用虽然存在一些争议，但总体来看，市场化的正式制度仍然是人们应对灾害冲击必不可少的途径。

（二）非正式制度的作用

通过正式制度提高灾害应对能力依赖于地区经济发展水平和市场化程度，特别是保险和证券市场的发育程度。但在很多发展中国家，金融发展的市场化水平比较低，各地区之间金融发展差异巨大，居民通过正式制度获取灾后保障的难度较大。同时，由于金融市场本身并不完善，重大的灾害事件会对市场本身造成巨大冲击，完全依靠市场化方式并不能很好地实现灾后恢复。国外学者较早地发现了发展中国家居民应对灾害风险的多元化手段，并形成了以社会资本和社会网络关系为主要对象的研究成果，表明非正式制度同样在应对灾害冲击中发挥着重要作用，在发展中国家的农村地区体现得更加明显。

社会资本（Social Capital）作为一个社会学概念，较早地被应用于社会学对灾害问题的分析中，并证明基于社会关系的联合体会对灾害冲击作出迅速反应（Drabek 等，1981）。之后的研究进一步验证了社会资本对居民应对灾害风险具有积极作用。Rosenzweig（1988）研究了印度的家庭结构在家庭应对外部冲击时的作用，认为亲缘关系可以在面临风险冲击时提供保险机制，亲缘关系对收入风险的防御作用受到家族规模的影响，家族规模越大，家庭越容易从这个网络中获得帮助。Beggestal（1996）认为，与单纯依靠社区组织的正式支持相比，个人的社会网络和所拥有的非正式资源可以更好地为受灾者提供灾后援助，而处在网络中的个体为了在下一期获得更多的帮助也更愿意在本期为他人提供帮助，这种互惠式的帮扶机制是发展中国家个体应对灾害风险的重要手段。Besley（1995）指出，在强烈的外部冲击下，非市场制度平滑风险的比较优势体现在两个方面：一方面是非市场制度的影响范围。他认为，在低收入国家非正式制度存在的空间要远大于正式保险制度，无论灾害冲击出现在什么地方，只要存在社会群体，非正式制度都能发挥作用。另一方面是非正式制度影响个体行为的深度要大于市场制度。人们长期处于同一网络中，相互了解和信任，使得在面临风险冲击时帮助别人的预期比正式制度更容易实行。但是个体拥有的社会资本往往受其本身的经济和社会地位的影响，特别是弱势群体，他们本身社会资本积累的程度低但又最容易受到风险冲击。那么，微观个体的社会资本不足时会严重降低非正式制度抵御灾害风险的能力吗？Carter 和 Maiuccio（2003）运用南非的家庭调查面板数据研究发现，在气候灾害来临时，对于没有良好社会资源的家庭，经济冲击会使得儿童的营养状况发生恶化，但社区内部成员之间的信任可以帮助受灾家庭改善孩子的营养。Dynes（2005）指出，在成员信任的基础上，公民能够在灾后快速形成自愿参与的公民组织。这类社会组织内嵌于受灾居民群体，对受灾程度和灾后恢复的具体安排会更加贴近需要，在应对各种突发事件和灾害冲击时都表现出很大的韧性，有助于灾后恢复和灾民满意度的提高。Carter 和 Castillo（2011）对南非的进一步研究表明，信任作为社区成员间的共同社会资本，可以帮助经历了飓风的家庭在灾后实现生产恢复和财富增长。社区成员间的信任降低了人们的交易费用，有助于受灾家庭迅速获得灾后恢复所需的资源，并能在可达到的范围内形成一致的认同，受灾家庭可以在较短的时间内恢复正常生产。由此可见，以信任为表现形式的宏观社会资本可以使处在这个社会网络群体中的每个成员在面临灾害风险时都能得到非正式制度的支持，即使个体拥有的资源不能够支撑灾后恢复，只要处在一定的社会信任网络中，就能从这个网络中获得帮助。当然，参与这个网络的条件是个体必须承认这种互惠式的帮扶机制并愿意为此有所付出，这在正式制度中是难以实现的。

但以社会资本为代表的非正式制度在灾害应对中也存在局限性，部分学者就关注了社会资本在帮助受灾者获得灾后帮助上的性别差异。Griffin（2009）指出，性别在个体获得社会资本上有重要作用，它能影响信息交换和获得外部网络支持的程度。特别是在儿童的养育支援和临时住房支持中，单身女性与有孩子的已婚女性获得的支持不同，总体上女性从社会网络中获得的灾后支援要高于男性。Ganapkti 和 Iuchi（2012）对土耳其格尔居克地区的研究表明，社会资本可以为女性提供灾后援助，使她们免于公共援助的歧视。但女性受社会交际和信息交换的限制，灾后利用社会网络恢复的能力仍然较低，公共管理部门应该通过面对面的交流并开发领导性的项目帮助女性学习如何在受灾后利用社会资本缓解风险冲击。社会资本在帮助受灾者获得恢复保障时体现出的性别差异在不同地区表现不同。Ganapati（2013）对土耳其地震的研究结果显示，社会资本在帮助女性灾后恢复时仍存在很多缺点。由于初始的社会资本积累较低，灾害发生后女性更不懂得利用社会资本获取外部支持，这些问题都导致女性灾后利用非正式制度获得生存保障的可能性降低。而严重的灾害冲击和女性面临的不利条件会引起女性和政府当局的冲突。

综上所述，在灾害的应对机制中，正式制度通过市场交易的方式发挥作用，任何性别、种族的受灾者，只要其购买了灾害保险，一旦相应的灾害发生，都能按照约定的条款获得赔偿，这是正式制度在发达国家应对灾害风险中占主导地位的重要原因。但是正式制度作用的发挥也会受外部条件的影响，如收入约束、信息约束、资本投入不足等，从而使其效果产生差异。重要的是，正式制度的实施还依赖于地区经济发展水平和市场化程度，特别是保险和证券市场的发育程度，而在发展中国家，由于金融发展的市场化水平差异巨大，居民通过正式制度应对灾害存在困难，非正式制度在灾害应对中发挥着重要作用。

四、结　论

本章对灾害经济学关于灾害的社会经济影响和应对机制的研究文献进行了梳理和总结。从灾害的宏观经济影响和微观作用机制两个方面归纳了国外的研究热点，一方面，发现灾害冲击对宏观经济运行效率的影响主要通过灾后的投资、人力资本积累和技术进步三个途径实现。从微观机制来看，家庭消费对灾害风险反应迅速，在收入约束下居民通过削减支出和调整消费结构来应对外部冲击。另一方面，为了增加收入和预防下一期的灾害，迁移到不容易受灾的地区成为个体规避灾害风险的重要选择，但大规模人口迁移又会衍生出争夺生存资源的社会冲突。从灾害应对的角度来看，正式制度和非正式制度都能够发挥积极作用，但影响程度内嵌于地区经济社会发展程度和市场化的水平。在市场化水平高的发达地区，正式制度发育完善，居民个体参与保险和证券市场的需求与发达的正式制度形成匹配，在灾害应对中发挥了主要作用；对于市场化水平比较低的地区，保险和证券市场发展滞后，居民个体通过正式制度应对灾害冲击的动机不强，非正式制度在这类地区的灾害应对中扮演着主要角色。

我国是世界上自然灾害最为严重的少数几个国家之一，灾害种类齐全、发生频繁、强度大、影响面广。近年来，随着经济的快速发展，生态破坏、环境污染以及人为灾难等各种灾害造成的损失不断上升。因此，本文的研究具有重要的理论与实践意义。①从宏观经济运行的视角来看，灾害作为一种外部冲击，会恶化经济发展环境，造成经济损失，是一种"减值经济"现象。虽然已有研究认为灾后投资收益效应、人力资本积累效应和灾后技术进步的产出效应会在短期内促进经济增长，但深入研究发现上述作用的发挥需要一定的初始条件，尤其在物质资本匮乏、经济发展水平较低、社会保障不足的发展中国家，灾后短期内的大规模重建会带动经济增长的效应并不存在，而且灾害会加剧资本与人才流失，使得受灾地区陷入发展困境。因此，应增加政府的减灾投入和保障水平，建立评估与减灾投入协调机制，建立全社会的风险防范机制，降低经济发展中的灾害风险。②建立灾害社会保障体制是降低自然灾害损失、避免重大社会冲突的根本途径。从微观视角来看，自然灾害的发生会产生消费挤出效应，并由于人口的迁移而拉大区域间经济发展的差距并引起种族冲突，而政府的救灾政策、预防机制、社会保障水平等因素则会使上述效应大大降低。因此，要构建综合减灾体系，开展灾害监测，风险评估与预测，防灾、抗灾、救灾等工作，形成结构完整、有序运作的减灾系统工程；制定社会经济与减灾同步发展规划，最大限度地减轻灾害风险，为经济可持续发展提供根本保证。③提高灾害应对市场化水平，充分发挥正式制度的作用。要逐步完善灾害保险制度，包括灾害的社会保险与商业保险制度，鼓励家庭与各单位组织参与商业保险；加强公众的防灾教育与灾害信息披露，使公众对灾害风险程度以及灾害保险的费用与收益有充分的了解，解决市场信息约束导致的参保动机不足问题，提高灾害保险项目的实际效果；允许更多私人资本进入，尝试通过巨灾债券、巨灾期权等手段建立有效的灾害风险保障市场，逐步形成以灾害保险为主、国家财政后备为辅、自保自救和社会捐赠等多种形式为补充的综合救灾保障体系。④大力发展社会组织，促进非正式制度发挥重要作用，完善灾害应对机制。政府应切实为社会机制与市场机制发挥作用提供相应的政策支持与服务，实现政府、保险公司与社会组织三方结合。把防灾救灾工作纳入社区建设之中，建立专业化的灾害救援队伍，提高防灾抗灾的技术水平；提高社区在发生灾害时的自救和施救能力，减轻灾害损失，实现减灾与经济协调发展。

第十五章　我国灾害经济研究现状特征与发展趋势的文献计量分析

本章运用文献计量软件，以可视化和定量化的方式，对我国灾害经济研究的发展脉络及其演进特征进行了较为系统和深入的梳理，分析了灾害经济研究领域的现状和热点问题，从宏观分布概况和微观具体内容方面，阐释我国在该领域的研究文献分布特点、重要学术期刊、主要研究机构、高产作者、主要研究热点及前沿方向等方面，为今后的灾害经济研究提供科学参考。

一、研究方法与数据来源

灾害问题是我国重大而持久的现实问题。天津港火灾爆炸、重庆沉船及泥石流滑坡等重大自然灾害和人为灾害事件频繁出现且不断恶化，对我国社会经济可持续发展构成了严重威胁。据国际灾害数据库、国家统计局及民政部统计，我国年均自然灾害发生频次约 28 次，[①] 因灾年均直接经济损失 3363 亿元，因灾年均死亡人数 7859 人。[②] 与此同时，我国工伤、交通事故和火灾等人为灾害的发生也越来越频繁，经济损失逐渐增大。[③] 此外，雾霾、水土流失、荒漠化、植被退化、生物多样性锐减、水资源稀缺、环境污染等环境灾害也日趋严重。因此，广泛深入地从经济学视角研

---

① 国际灾害数据库（CRED）（http://www.emdat.be/）统计的中国 1998—2014 年所发生的自然灾害事件，包括洪水、干旱、地震、病虫害、山体滑坡、森林火灾及极端温度等。

② 根据国家统计局《中国统计年鉴》、民政部《中国民政统计年鉴》及民政部国家减灾办全国自然灾害基本情况统计数据，经计算而得。

③ 根据国际灾害数据库的统计，我国 1985—2014 年人为灾害事故最为严重的是工伤、交通事故和火灾。

究我国灾害问题具有重要的理论和现实意义。

我国从经济学视角对灾害问题的研究始于 20 世纪 80 年代。于光远先生首先提出从经济学角度研究灾害的重要性，此后许多学者出版了相关著作并发表了论文。然而，对这一领域学术成果、研究方向与核心问题，目前尚未有系统、深入的归纳与梳理。虽然国内已有不少学者从不同的视角对灾害经济研究从各个层面展开了不同程度的述评，如张显东等（1999）、王艳艳等（2005）、徐怀礼（2010）、王建勋等（2011）及唐彦东等（2013），但以往对灾害经济的综述研究，通常是在一定文献基础上的规范化解释，缺乏利用科学计量方法对更大量资料进行综合分析。目前尚未发现有学者运用知识图谱的文献计量方法对灾害经济研究领域进行系统分析，少量对某些具体研究方向的定性综述也无法清晰呈现该领域的研究概貌，不利于对现有研究成果的掌握和后续研究的进一步开展。

基于上述思考，本章具体以 1998—2014 年我国灾害经济研究领域的中文社会科学引文索引（CSSCI）文献为研究对象，[①] 运用文献计量软件以可视化和定量化的方式对我国灾害经济研究的发展脉络及特征进行较为系统和深入的梳理，为推进我国的灾害经济研究寻找有价值的借鉴经验。

（一）研究方法

近年来，文献计量分析作为一种可以客观量化学术研究发展现状与趋势的分析方法，已经从情报图书馆等领域扩展到经济管理等社会科学研究领域。传统的对灾害经济研究的文献分析难免有主观成分，而当前学术界正兴起的文献计量方法——可视化知识图谱正好为文献研究的科学计量提供了工具，使文献研究的相对精准成为可能。知识图谱是通过数据挖掘、信息分析、科学计量及图形绘制等一系列处理来可视化地展示某一学科领域不同知识点及相互关系、知识演化进程及其结构关系的定量化手段，其分

---

① 文献计量的大数据处理能力足以分析迄今为止灾害经济问题的研究情况，然而 CSSCI 数据库 1998 年之前的数据缺失，1998 年至今近 20 年文献数据也可以满足我们的研究需要，因此，本章研究的时间范围确定在 1998—2014 年。

析单元以年轮状节点的形式出现，年轮代表了知识节点在不同时间切片中的出现频次且其厚度与频次成正比，连线代表了两个分析单元的共现关系。美国德雷克塞大学陈超美教授研发的 Citespace 软件特别适合对某一领域的大量文献进行数据挖掘，通过多维尺度、社会网络等相关分析方法对海量文献进行期刊来源、作者及关键词等多角度分析，从而形成可视化知识图谱。通过分析这些图谱数据便可知该领域研究现状，深度挖掘和透视研究中出现的问题及研究状态。本章主要采用 Citespace II 软件，对所筛选文献记录中的关键词、高被引文献、高产作者、重要机构及高被引期刊进行分析，构建灾害经济研究领域的知识结构，探寻研究热点，揭示其研究现状及发展趋势。

（二）数据库选择与数据来源

CSSCI 由南京大学中国社会科学研究评价中心开发研制而成，用来检索中文社会科学领域的论文收录和文献被引用情况，是我国人文社会科学主要文献信息查询与评价的重要平台。CSSCI 遵循文献计量学规律，采取定量与定性评价相结合的方法，从全国 2700 余种中文人文社会科学学术性期刊中精选出学术性强、编辑规范的期刊作为来源期刊，其检索的文献代表了国内该领域的高质量研究成果。因此，本章选用 CSSCI 数据库为检索源，以"LY98，LY99，LY00，LY01，LY02，LY03，LY04，LY05，LY06，LY07，LY08，LY09，LY10，LY11，LY12，LY13，LY14，：｛PM = 灾丨BY = 灾｝^XK = 经济学"为检索表达式，检索时段范围为 1998—2014 年，检索和更新时间为 2015 年 12 月。最终检索到灾害经济领域文献 971 篇，剔除会议通知、书评等不相关文献，最终有效文献为 936 篇，并以此为样本展开下面的文献计量分析。

二、统计结果与分析

（一）发文数量年度分布分析

为了更好地了解中国灾害问题经济学视角的研究现状、特征及其发展趋势，本章首先对国内相关研究文献进行了较为系统、深入的梳理与分析，以 CSSCI 中检索并筛选出的 936 篇文献为样本，手工整理了 1998—

2014 年灾害经济研究的发文量分布情况;[①] 其次手工整理了来自国际灾害数据库的中国自然灾害发生频次资料,并用《中国民政统计年鉴》的因灾直接经济损失和因灾死亡人数指标表示灾害强度;最后为了将1998—2014年我国灾害经济研究发文量与自然灾害发生频次、因灾直接经济损失及因灾死亡人数在一张图表中进行对比分析,以每年该指标数据占总量的比重将其"标准化",统计结果如图 15 – 1 所示。

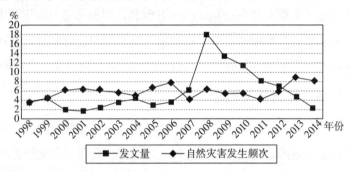

图 15 – 1   我国灾害经济研究发文量与自然灾害发生频次年度分布[②]

根据图 15 – 1 可以看出,我国基于经济学视角的灾害问题研究总体上具有如下特征:一是我国灾害经济问题研究与灾害频出的社会现实需求脱节。表现为:发文量曲线除 2007—2012 年外,在其余年份一直处于自然灾害发生频次线之下,尤其是 2012 年后自然、人为灾害频发,但灾害经济研究成果反而下降。可能的原因在于,2008 年发生了汶川大地震等重大自然灾害,因灾死亡人数和直接经济损失均是 1998 年以来最严重、占比最高、灾害强度最大的。因此,受大地震影响的 5 年里发文量曲线位于自然灾害发生频次曲线以上,且在 2008 年出现峰值并以此为界,2008 年以前发文量一直较少,之后数量猛增但随后又逐渐降低。二是我国灾害问题研究总体呈现随着重大灾害事件出现变热、随结束降温的应景式、短期性和事后

---

①   以 CSSCI 核心期刊数据库所筛选文献为样本源,代表了我国灾害经济研究领域高质量、最重要的研究成果,可以反映该领域主流研究的发展方向。

②   发文量数据根据中文社会科学引文索引(CSSCI)数据整理;自然灾害发生频次资料源于 CRED 国际灾害数据库(http://www.emdat.be/)中国 1998—2014 年所发生的自然灾害事件,包括洪水、干旱、地震、病虫害、山体滑坡、森林火灾及极端温度事件等。

性特征。表现在发文量曲线的三个峰值对应的年份分别是 1999 年、2004
年和 2008 年。这是因为这三年当年或前一年的灾害强度较其他年份大。
1998 年长江特大洪水灾害直接经济损失 1450.9 亿元，约占全年因灾直接
经济损失的 48%；2003 年受非典疫情的影响，全年因灾直接经济损失
1884.2 亿元；2008 年因灾直接经济损失 11752.4 亿元，死亡人数达 88928
人，出现了南方雪灾、汶川大地震等十大自然灾害事件。因此，2008 年当
年就出现了重大灾害事件引起的灾害经济研究热潮，随着灾害的结束相关
研究热情也逐渐消退。可见，相比我国灾害频出、影响持久的现实状况，
我国灾害经济研究显然存在短期性、事后性和非持续性等很多特征。

（二）高被引期刊分析

高被引期刊，即某领域最有影响力的期刊。为了进一步对我国灾害经
济问题研究的高被引期刊进行分析，我们以 1998—2014 年作为一个时间切
片，设置阈值显示前 150 个被引期刊，通过运行软件形成期刊共被引[①]网
络知识图谱（见图 15 - 2）。

图 15 - 2　我国灾害经济研究领域高被引期刊的知识图谱[②]

---

① 此处被引频次不是在所有领域的被引情况，而是在所锁定的灾害经济领域的被引频次，它
由同行专家评价，所得结果数据质量更高。

② 图谱中，为了表达更多的信息，节点被设计成年轮样式，用以表示该节点被引用的历史，其
中年轮的厚度与该年被引频次成正比，节点的半径对应该节点的总被引次数。

一方面，根据图 15 - 2 及手工整理的国内灾害经济研究领域最有影响力期刊前 20 名统计信息表（限于篇幅，本章统计表格均未给出，但可供索取）可以得出：首先，《自然灾害学报》和《灾害学》两个期刊被引频次最高，占比达 25.96%，但它们是中国科学引文数据库（CSCD），不是中国社会科学引文索引（CSSCI）来源期刊，其刊载的文献更多在自然科学领域，而非社会科学领域；其次，在灾害经济研究领域，《经济研究》《金融研究》及《旅游学刊》等权威期刊占比较低，这三个期刊占比总和仅为 11.97%；最后，现有灾害经济研究发文期刊还集中在保险、金融、地理及旅游等领域，经济领域的高质量学术期刊较少，主要有《中国农村经济》《农业经济问题》《经济学动态》《统计与决策》及《中国人口资源与环境》等，占比也很低。另一方面，根据国内灾害经济研究领域引用居前的外文期刊信息表可以看出，灾害问题是诸如 *American Economic Review*（《美国经济评论》）、*Quarterly Journal of Economics*（《经济学季刊》）及 *Journal of Political Economy*（《政治经济学杂志》）等国外顶尖经济类期刊的重要话题。可见，我国灾害研究更主要集中在自然科学领域，像灾害问题的经济学等社会科学领域研究比较匮乏，且这类研究与国外相比还未得到国内高层次、主流经济学期刊的足够重视和关注，应该引起反思。

（三）重要研究机构分析

为了对国内灾害经济研究机构分布特征进行文献计量分析，我们通过软件设置阈值和时间切片，形成高产科研机构的网络知识图谱（见图 15 - 3），其中生成节点 150 个、连线 12 条。节点表示所选的灾害经济研究机构，字体越大，说明发文越多；连线越多、越粗，说明机构之间的合作越多、越紧密。

从图 15 - 3 中可以直观看出：四川大学经济学院、北京大学经济学院、西北大学经济管理学院在我国灾害经济研究领域名列前三，各机构之间开展相关科学研究合作的情况不多，紧密程度较差，明显呈现出机构非合作性特征。表现为图中各机构之间的连线隐约可见，其粗细情况较难看清。另外，

图 15 – 3　我国灾害经济研究领域高产科研机构的知识图谱

根据 1998—2014 年灾害经济研究领域发文量居前的科研机构信息表①可以进一步发现，我国灾害经济研究呈现出明显集聚在西部地区的区域性特征。表现为：一是发文量居前 20 的科研机构中，四川大学在国内灾害经济研究领域排名第一，以其为作者单位的在 CSSCI 上发表的灾害经济研究文献约占文献总数的 6%，与第二名的西南财经大学的发文量之和占比 27%，它们均位于汶川大地震重灾区；二是我国灾害经济研究机构主要集中在农业、财经及其他综合类高校，科学研究院等机构介入较少，且主要集中在西部地区的高校。灾害经济研究发文量排名前 20 的高校有 17 家位于西部，其发表的灾害经济研究文献数约占国内文献总数的 28%。这表明灾害经济研究在全国范围内还未完全展开。地处西部地区的高校还有四川省的四川农业大学、成都理工大学、西南民族大学、四川省社会科学院及陕西省的西北大学，这些机构发文量占比之和高达 46%。可见，我国灾害经济研究区域性特征明显，缺乏全社会范围内的关注与合作。这也印证了我国西部地区多灾多难的实际情况，正是因为汶川大地震等重大自然灾害事件主要发生在西部，高校学者才

---

① 此信息表是经同一机构的不同小单位经过手工归并整理后形成的。同样，限于篇幅，统计表格并未给出，但可供索取。

对灾害经济研究关注较多。

（四）高产作者分析

通过 Citespace 软件设置阈值，以 1998—2014 年为一个时间切片，运行后形成高产作者网络知识图谱（见图 15 - 4），其中生成节点 150 个、连线 43 条，反映了灾害经济研究领域的高产作者及其合作关系。

图 15 - 4　我国灾害经济研究领域高产作者的知识图谱

根据图 15 - 4 及高产作者相关情况统计信息表可以发现：一是我国灾害经济研究的高产作者同样出现了区域"群聚"现象，处在地震等重大灾害事件地区的科研机构及学者作了更多的研究；高产作者主要集中在四川、陕西等西部地区，西部高产作者占比约 40%，这与该地区频发重大自然灾害状况有关。二是由图 15 - 4 中的连线数量可以看出，与科研机构紧密性相比，我国灾害经济研究作者之间的合作稍多，但仔细分析可以发现，这也只是同一科研机构内部同一学科作者间的合作，不同单位不同学科间的合作还是比较匮乏，现有高产作者之间的合作还多是同单位师生合作。另外，分析高产作者年龄可知，我国灾害经济研究高产作者前 20 名中，年龄在 40 周岁以上的占比高达 95%，灾害经济研究的主力军主要是最初涉足这一领域的老一辈专家，40 岁以下的青年学者很少，反映了灾害经济研究领域当前中青年力量严重不足且后继乏人，这也是值得我们反思的问题。

（五）关键词分析

关键词是学术论文研究主题的精炼表达和集中描述，其关联性在一定程度上可以解释某一领域具体知识的内在联系，同时还能确定该领域的研究热点和主流方向。因此，我们进一步选取关键词作为切入点，具体在软件中对样本数据以"keywords"为网络节点，适当阈值为"TOP25"，采用寻径网络算法①和裁切合并网络绘制得到1998—2014年我国灾害经济研究领域的关键词共现知识图谱（见图15-5），并从软件计算的关键词频率、中心度、突现度三个方面深入探索我国灾害经济领域的研究特征。

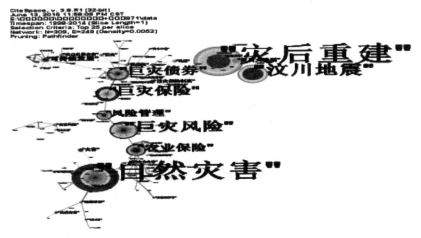

图15-5　我国灾害经济研究领域关键词共现的知识图谱②

第一，通过对样本文献高频关键词进行分析发现：一是在研究内容上，我国灾害问题经济学领域的研究主要关心灾后重建、农业自然灾害与保险、巨灾风险证券化、各种具体灾害种类及可持续发展等具体内容，其中灾后重建是最受关注的方向。表现为"灾后重建""自然灾害""汶川地震""巨灾风险"及"农业保险"等关键词的年轮图和字体最大，是我

---

　　①　寻径网络算法是美国心理学家 R. W. Schvaneveldt 等 1989 年提出的，用来分析数据相似性的一项模型，用以展示一项研究内容的演进路径。

　　②　图中出现频次较高的关键词显示为较大的年轮状节点，其中年轮的厚度与相应年份的关键词频次成正比；中心度较高的关键词显示为以它为中心周围有很多放射性连线；突现度较高的关键词是某一时期的热点。

国灾害经济研究领域出现频次最高、最为重要的研究内容。二是在研究方法上，我国经历了由定性研究到定量和模型化分析的过程，且实证研究已经成为灾害经济研究的主流。表现在关键词中，出现了"指标体系"等评估指标分析法、"logistic 模型"等数理模型分析法、"（灰色）关联分析"等一般性统计分析法及"地理信息系统"等借助计算机、卫星等其他技术性手段的分析方法。另外，还有巨灾风险债券或期权的定价方法。

第二，通过对不同时期高中心度关键词进行分析发现：一是我国灾害经济研究从 1998 年开始走了一条"自然灾害（农业灾害）—巨灾风险管理（巨灾保险、巨灾债券）"，从分析灾害本身到研究灾害应对的演进路径。这样的演进路径反映了我国灾害经济研究上的进步，但现有应对措施更多局限于巨灾研究。我国是一个多灾多难的国家，多个中等灾害加总之后就是一个巨灾，因此，对中小型灾害也要加大重视，如城市楼宇倒塌、交通事故等一般性灾害。二是我国灾害经济研究一直走的是重大"自然灾害"事件出现后大力进行"灾后重建"研究的路径。表现在关键词图谱中，1999 年首次出现灾后重建研究，2008 年后再度变热。这也可以验证我国灾害经济研究的短期应景式特征，可以说明我国灾害经济研究更多的是灾后分析，缺乏开发建设规划时的防灾减灾战略性设计及各种灾害的灾前预防预警研究。

第三，通过对不同年度突现关键词进行分析发现：一是从突现关键词数量上看，1998 年、2008 年突现关键词最多，是中国灾害经济研究最热的两年，尤其是 2008 年，突现关键词 12 个，占比约为 26%，1998 年占比为15%。这也进一步印证了中国灾害经济研究的即时性和应景式特点。二是从关键词突现度数值上看，突现度在 10 以上的关键词有 1999 年的"灾后重建"、2008 年的"汶川地震""可持续发展"及"农业保险"。这表明重大灾害事件及其灾后重建、可持续发展和农业灾害应对的金融保险等市场化手段是中国灾害经济研究聚焦的热点。三是从突现度关键词出现的时间上看，全球气候变化引起的各类气象灾害成为近三年及今后灾害经济研究的热点与前沿。表现在 2012—2014 年的高突发度关键词分别是"气候变化""国际经验"及"气象灾害"。

三、结论及启示

本章借助文献计量软件，采用可视化知识图谱的文献计量分析方法对中文社会科学引文索引库中有关灾害问题经济学研究领域的文献进行计量、分类排序，具体描述了 1998—2014 年我国灾害问题经济学研究领域的研究状况、存在问题、关注热点及前沿方向。主要结论如下：一是我国灾害问题研究多为灾后总结分析，缺乏灾前预防方面的研究，呈现出随着重大灾害事件出现变热、随事件结束重陷低迷的短期应景式特点；二是高层次期刊上有关灾害经济的研究发文量少、关注度不够，表现出灾害经济研究的非主流性特点；三是灾害经济重要研究机构及高产作者均呈现出区域性和非合作性特点；四是我国灾害经济研究主要关心灾后重建、农业自然灾害与保险、巨灾风险证券化及各种具体灾害种类的市场化应对等方面内容，且灾后重建是最受关注的方向；五是我国灾害经济研究的研究方法有了很大进展，当前及今后的热点与前沿主要是全球气候变化引起的各类气象灾害。

这些结论对我国灾害经济研究的启示包括：第一，加大政府、学者、研究机构和高档次学术期刊等社会各方面对灾害经济研究的重视和关注程度，促进和保障我国灾害经济研究持续、稳定推进。具体需要政府加大防灾减灾投入并提高其保障水平，特别是大力支持和鼓励青年学者参与，为灾害经济研究培养后备力量；需要学者及研究机构持续深化灾害研究并为其注入人文、社会要素，从经济学增值功能之外的减灾止损角度研究灾害经济问题，从而造福社会；作为学术创新研究载体和研究内容导向的高档次期刊还需要重视和关注灾害经济的研究成果，为我国灾害经济研究营造更好的研究氛围。第二，打破灾害经济研究机构及学者的区域性及非合作性特征，对灾害问题展开自然科学家与社会科学家的合作研究，特别是经济学、管理学及心理学等社会科学与地质地理学、计算机科学及气象学等自然科学、文、理、工交叉融合的多学科系统综合研究。另外，为了提高国家应对极端天气气候灾害事件的能力，我们还需要加强防灾减灾国际交流与合作。第三，灾害经济研究不能只关心灾后重建、农业自然灾害、巨灾及各种具体灾害种类，还应不断拓展研究范围和研究综合程度。具体需加大灾前预防性研究、提高重大灾害的预测预报能力；加强对火灾、爆炸、电力事故、采矿事故等各种工业事故以及交通事故、桥梁和楼宇倒塌等城市灾害中的人为因素或自然人为因素的研究；关注中小型、新兴灾害及各种灾害问题的综合性研究等。

第十六章　政府主导的国家灾害救助机制：
以汶川地震为例

自然灾害具有突发性特征，在短时间内会对经济社会、居民生产生活造成直接的不利影响，居民和单个家庭往往难以应对这种短期灾害冲击。自然灾害的这一特征要求在灾害发生后，国家必须要提供及时的政府救助，帮助受灾地居民恢复生产生活。但是，由于不同国家和地区的经济发展、政治制度和自然环境的差异，国家灾害救助对受灾地的长期发展的影响并不一致。本章内容主要围绕上述两个问题，以 2008 年汶川大地震为例，研究国家灾害救助对受灾地长期经济增长的作用，为完善中国灾害应对机制提供经验参考。

一、问题的提出

当今世界面临的一个重大挑战在于如何应对 20 世纪 70 年代以来日益频繁的自然灾害给人类经济社会发展带来的冲击，并且，迎接这一挑战的关键在于正确认识和评估灾害冲击对经济增长和社会福利的长期影响（Jeroen，2016；Jeroen 和 Kay，2014）。由于媒体的普及，大众能很快意识到灾害造成的当期影响，如死亡、伤痛和物质资本的毁坏。然而，随着时间的流逝和灾后救助项目的实施，灾害冲击的长期影响在人们的认识中会越来越模糊，难以为日后的灾害应对提供足够的经验支持和知识积累（Guglielmo 和 Sauro，2014），这将不利于提高人类应对灾害的能力。因此，在灾害过去数年之后重新研究灾害冲击对经济发展的作用、评估灾害救助政策的效果成了经济学家们的一项重要工作，也是经济学研究一直关注的重点问题。

从 Albala – Bertland（1993）的开创性研究开始，总共形成了 30 多项可供比较的、关于灾害对经济增长的直接影响的研究成果，提供了数千个估计结果（Jeroen 和 Kay，2014）。但即便如此，现有文献对这一问题的认知仍未达成一致。一些研究认为，自然灾害作为一种负向冲击，会对受灾地的物质资本、人力资本和制度环境造成不利影响，从而对经济增长产生明显的减值效应（Rasmussen，2004；Noy，2009；Loayza 等，2012；Brollo 等，2013）。但另一些研究指出，自然灾害对经济增长不仅没有阻碍作用，反而会通过颠覆性创造（Creative Destruction）加速受灾地资本投资，促进经济增长（Skidmore 和 Toya，2002；Cuaresma 等，2008；Cavallo 等，2013）。除此之外，还有学者认为由于数据选取和自然灾害类型不同（Gabriel 和 Jasmin，2014；杨萍，2012），以及受不同受灾地制度背景等因素的影响（Guglielmo 和 Sauro，2014），灾害冲击对经济增长的影响是动态变化的，在研究时应该具体分析、区别对待。

总体上来说，支持灾害冲击推动经济增长的文献主要强调了灾后大规模救助可以帮助受灾地迅速扩大资本投资、完善基础设施（Okuyama，2003；Hallegatte 和 Dumas，2009），推动企业设备更新和技术升级（Fischert 和 Newell，2008）。但也有文献指出，灾后救助对受助地经济发展的作用取决于救助资金的使用效率和救助项目的合理性。在约束机制欠缺和制度设计不完善的背景下，外部救助不仅难以推动受助地经济增长，反而会助涨其非生产性消费，降低政府公共产品的实际投入占比，加剧政府腐败和破坏激励机制，使得受助地陷入救助陷阱（Boone，1996；Clement 等，2012）。可见，对于灾后救助政策的效应，现有研究也存在较大分歧。

中国是世界上自然灾害最严重的国家之一，也拥有强有力的国家灾害救助制度。但从上述文献可以发现，现有研究大多以发达国家或者非洲为研究对象，有关中国灾害冲击、国家救助与经济增长关系的实证研究严重不足。国内的相关研究大多采用时间序列数据或省级数据，运用单差法研究自然灾害与经济增长的关系（贾美芹，2013；王晓丽、栾希，2013；闫绪娴，2014；唐彦东等，2014），得出的结论难以克服受灾地经济发展本身的差异导致的估计偏差。同时，为了识别灾害对经济增长的净影响，还需要充分考虑国家灾害救助的作用（Guglielmo 和 Sauro，2014）。但现有关于汶川地震对经济增长的研究中，并未有效控制国家灾害救助的效应。因此，从中国应对巨大灾害的经验出发，采用更为科学的方法研究灾害冲击对经济增长的影响，评估灾害救助政策的效应，不仅可以完善现有关于灾害冲击与经济增长关系的文献，还能够为准确认识和改进中国的"举国救灾"模式提供实证支撑。

本章正是基于上述两个方面，试图以改革开放以来破坏力最大的汶川大地震为例，基于双重差分法，研究灾害冲击对经济发展的影响。本章的发现和贡献主要体现在：第一，利用四川省 181 个县区 2003—2013 年的面板数据，运用双重差分倾向得分匹配法（PSM – DID）科学评估灾害冲击对经济增长的作用。本章发现，灾害不仅会对当期经济增长产生不利影响，从长期动态效应来看，地震灾害对灾区经济增长也具有显著的负向作用。本章的研究支持了灾害冲击是一种"减值经济"的结论（何爱平，2006）。第二，基于受灾地财政支出数据，本章构造了灾害救助变量作为国家救助因素进行控制。结果发现，如果不考虑国家救助的作用，灾害对经济增长的不利影响会被低估，中国的"举国救灾"模式确实有助于推动受灾地经济恢复。第三，进一步研究国家救助政策的作用机制，本章发现，以财政投入为主要手段、灾后重建为主要目标的国家救助能有效提升受灾地的固定资产投资、交通条件、城市化和工业化，但对第三产业和民营经济的影响并不明显。究其原因，既有灾害对人口及就业结构的影响，又与国家救助政策的偏向有关。通过政策改进，引导救助资金向第三产业和民营经济倾斜，在国家救助中更加注重灾害对经济结构的不利影响，对于推动受灾地灾后经济发展、提升中国灾害应对能力具有重要意义。

自然灾害如何影响了经济产出和增长轨迹，经济学理论对灾害冲击的短期和长期经济后果得出了怎样的结论？近半个世纪以来，这一问题似乎成了经济学家心头的重症。在新古典经济增长模型中，地震灾害被设定为一种对资本积累的负向冲击，会导致受灾地经济发展偏离原有轨迹，在短期内出现快速的经济下滑（Guglielmo 和 Sauro，2014）。从新古典增长理论的这一假定出发，学者们通过大量实证研究验证了灾害冲击对经济发展的不利影响，并试图在全球范围内为其找到经验证据。Rasmussen（2004）以加勒比地区为例，通过对比分析指出，自然灾害会使受灾地经济产出下降2.2%，灾后的大规模重建也难以使受灾地的经济产出恢复到灾前水平。从全球突发事件的样本来看，严重的地理灾害会对经济增长产生毁灭性打击，甚至会对整个经济运行系统产生不利影响，这种间接影响会使受灾地在数年之内难以恢复经济增长（Cavallo 和 Noy，2010）。欧洲的洪水灾害、美国的飓风灾害都对公司和个人的资本投资产生了负向作用，自然灾害降低了人们对资本投资的收益预期，使受灾地企业面临较高的融资成本，对企业生产和经济增长带来不利影响（Leiter 等，2009；Strobl，2011）。除此之外，来自非洲等经济落后地区的研究表明，灾害冲击会对人力资本积累产生不利影响，这一机制会在长期影响灾区经济发展。Beegle 等（2005）运用坦桑尼亚家庭调查数据，发现为了抵御农业灾害对家庭收入的冲击，家庭会选择让儿童更早地加入农业生产。自然灾害对学校等教育设施的毁坏会加剧教育资源的紧张程度，导致受灾地居民的平均受教育水平下降（Checchi 和 Penalosa，2004）。即使政府通过灾后重建提供了良好的教育条件，但灾害冲击导致了大量人口流出，受灾地人口数量和质量出现明显下降，人力资本水平难以改善（Donner 和 Rodriguez，2008）。并且，灾害冲击对受灾地居民人力资本积累的不利影响会通过代际遗传持续下去（Caeuso 和 Miller，2015）。因此，无论是从短期的物质资本毁坏，还是从长期的资本投资、人力资本积累角度来看，灾害冲击都会对经济发展产生不利影响。

但是，对灾害冲击阻碍经济增长持反对观点的学者认为，上述研究仅仅关注了灾害冲击本身的负向作用，并未充分考虑灾后救助政策，特别是国家大规模救助的效应。Albala - Bertland（1993）最早从实证层面提出，灾后救助和经济社会的恢复机制能够有效降低灾害对经济系统的负向冲击，自然灾害不会对经济发展产生不利影响。随后，大量学者基于熊彼特的"创造性破坏"理论，指出灾害冲击为改变原有的资本积累和技术水平提供了机会（Okuyama，2003；Fischer 和 Newell，2008），灾后大规模救助投入能够有效改善受灾地的资本投资水平和基础设施条件，政府政策支持会激励企业开发新技术（Hallegatte 和 Dumas，2009），灾害冲击对经济发展的影响是正向的一种颠覆性创造（Cuaresma 等，2008；Cavallo 等，2013）。即使对于灾害冲击造成的人口外流和人力资本下降，如果政府能够通过灾后救助为受灾地提供更好的生存条件和教育资源，满足劳动力知识学习和技术提升的需求，从长期来看，受灾地的人口数量和质量不仅不会显著下降，反而会逐渐提高（Skidmore 和 Toya，2002；Heylen 和 Pozzi，2007）。因此，灾害冲击对经济发展无论是在短期还是在长期不仅不会产生负向作用，反而会成为受灾地区快速发展的机遇。

在上述两种观点的争论中，核心问题在于灾后的国家救助能否真正发挥作用。因此，在研究灾害冲击对经济发展的影响时，还需要单独识别国家救助政策的作用（Guglielmo 和 Sauro，2014）。然而，由于数据限制等，很多关于灾害与经济发展的研究都未充分考虑这一点，国内的相关研究更是如此。在包含了国家救助的文献中，关于救助对地区经济发展的认识也并不一致。大部分研究认为，国家救助确实会对受灾地及经济落后地区的物质资本投入、基础设施建设和公共服务产生积极影响，甚至提高地区的技术水平和对外贸易（Hatemi 和 Irandoust，2005；Bhavana，2010）。但是，以资本投入为主的救助政策也会给受助地的制度环境造成不利影响。资本投入增加的同时也意味着政府财政支配权力的扩张，在缺乏约束机制的条件下，公共部门扩张会导致非生产性消费增加，并对非公共部门形成挤压（Boone，1996；Clement 等，2012）。具体到灾害救助上，以财政投入为主的国家救助存在政策偏向，其更多关注基础设施建设和建筑物恢复，对经济结构和制度环境等关注不够，这可能导致灾害救助政策推动灾区经济发展的作用受限。

通过文献梳理可以发现，本章的研究与两大类文献直接相关。第一类是关于自然灾害与经济发展的关系的文献。本章试图通过考察汶川大地震

5 年后灾区的经济发展，为这一类文献的研究结论提供来自中国的经验证据支撑。第二类是关于国家救助政策的讨论的文献。本章基于财政支出数据构造地震后的国家救助变量，并将其纳入对灾害冲击影响经济发展的分析中。同时，重点分析以财政投入为主要形式的灾害救助政策其发挥效应的作用机制，在总结其政策绩效的同时发现其存在的问题，提出政策改进建议。

二、实证分析

（一）数据选择与指标设计

本章以汶川地震为例，利用四川省 181 个县（区）2003—2013 年的面板数据，研究灾害冲击对经济增长的直接影响和动态效应，并基于财政支出数据构造国家救助变量，分析灾害救助对受灾地经济增长的作用，识别国家救助发挥作用的具体途径。本章用到的数据源于历年《四川统计年鉴》和《中国区域经济统计年鉴》。关于县级灾区变量的设置，本章根据 2008 年《汶川地震灾害范围评估报告》中公布的四川省 39 个重灾县、10 个四川省确定的重灾县、3 个极重灾县，设置地震灾区变量。借鉴已有文献（张文彬等，2015），结合 2008 年国家公布的《汶川地震灾害范围评估报告》，汶川地震中，四川省共 51 个重灾县（区），其中有 10 个极重灾区（县），本章将 2008年被确认为地震重灾县的样本作为灾害冲击的实验组，其他非重灾县样本则构成对照组。各变量的具体含义与计算方法如表 16 - 1 所示。

表 16 - 1　主要变量的含义及计算方法

变量性质	变量名称	具体含义	计算方法
被解释变量	lngdp	地区实际生产总值	地区实际生产总值，取对数
	lnpergdp	地区实际人均生产总值	地区实际人均生产总值，取对数
核心解释变量	earthquake	汶川地震	虚拟变量
	lnrescue	国家救助	实际财政支出—潜在财政支出，取对数

续表

变量性质	变量名称	具体含义	计算方法
控制变量	industry	工业化	地区第二产业产值÷地区生产总值
	structure	第三产业比重	地区第三产业产值÷地区生产总值
	lnfiscal	财政支出水平	地区财政支出总额，取对数
	traffic	地区交通条件	地区公路里程数÷地区行政面积
	urban	城市化	地区非农业人口÷总人口×100
	private	民营经济发展	地区民营经济产值÷地区生产总值
	edu	教育水平	普通高等学校在校人数÷地区总人口×10000
	far	固定资产投资水平	地区固定资产投资额÷地区生产总值
	lnpop	年末总人口	地区年末总人口，取对数

为了度量地区经济发展，按照文献中的普遍做法，本章将地区实际生产总值的对数值 lngdp 和地区实际人均生产总值对数值 lnpergdp 作为被解释变量。其中，各县（区）名义生产总值的数据源于《四川统计年鉴》。考虑到数据的可比性，本章以 2003 年为基年，利用地区生产总值增长率测算得到地区实际生产总值数据。地区人均生产总值的数据用地区实际生产总值除以当年地区年末总人口，原始数据均源于历年《四川统计年鉴》。对于汶川地震虚拟变量（earthquake），借鉴已有文献，在本章的样本范围内，如果该县（区）在 2008 年及以后属于汶川地震重灾区，则赋值为 1，否则为 0。后文的稳健性检验中，采用双重差分倾向得分匹配方法时，指定县（区）变量为个体 ID，使用 Logit 估计倾向得分，进行基于倾向得分的核匹配（Kernel Matching）。为了控制其他因素的影响，选取了一系列控制变量，包括财政支出水平（lnfiscal）、固定资产投资水平（far）、城市化率（urban）、地区工业化（industry）、第三产业比重（structure）、教育水平（edu）、民营经济发展（private）、地区交通条件（traffic）和年末总人口（lnpop）等。

需要重点说明的是本章的灾害救助变量。大量文献指出，以财政资金投入为主要方式的灾害救助会直接对受灾地经济增长和居民收入、消费产生影响（Raschky 和 Schwindt，2012；Guglielmo 和 Sauro，2014；卓志、段胜，2012；卢晶亮等，2014；张文彬等，2015）。并且，灾害救助往往在灾害发生后立即产生。在研究灾害冲击对经济增长的影响时，如果不能有效控制救助因素的信息，可能会导致估计结果的偏差。以汶川地震为例，灾害发生当年中央财政就下拨 417.94 亿元救助款，在随后的 3 年灾后重建中，各级政府更是投入资金 1.7 万亿元。如此大规模的资金投入必然会影响到灾害对经济增长净效应的识别。除此之外，研究国家救助对受灾地经济增长的影响具有更加重要的意义。通过控制救助变量，有助于更加清楚地分别研究灾害与救助对经济增长的作用。遗憾的是，至今为止，国家和各级政府均未公布关于汶川地震各受灾县（区）获得灾害救助的详细数据。但是，如前文所述，汶川地震后国家救助主要采取财政资金投入的形式，各地区灾后的财政支出状况在很大程度上反映了地区受到的国家救助力度，为此，本章基于财政支出数据测算国家救助变量。首先，本章根据各地区 2003—2007 年的实际财政支出，测算这 5 年地区财政支出的平均增长率。其次，基于这一增长率，以 2007 年为基年，计算各地区 2008—2013 年的潜在财政支出数据，这一数据反映了在没有灾害冲击时财政支出的潜在状况。最后，将受灾地 2008—2013 年的实际财政支出减去潜在财政支出，得到受灾地灾后获得国家救助的力度。

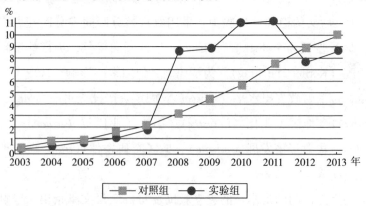

图 16－1　2003—2013 年财政支出增长率（以 2002 年为基年计算）

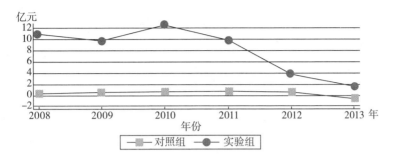

图 16 - 2 实际财政支出与潜在财政支出的差值

那么，本章基于财政支出数据测算国家救助力度是否合理呢？图 16 - 1 显示了以 2002 年财政支出为基准，对照组和实验组的财政支出增长率情况。可以发现，在汶川地震之前，实验组财政支出增长率始终低于对照组，并与对照组保持相对统一的增长趋势，但是 2008 年后，实验组财政支出增长率迅速提高，直到 2012 年三年灾后重建政策到期后，实验组财政支出增长率又重新回落。这表明受灾地确实在灾后获得了大量的财政投入，并且与国家救助政策相一致，财政支出信息可以反映国家灾害救助状况。图 16 - 2 是实际财政支出与潜在财政支出的差值。可以发现，2008 年以后对照组实际财政支出状况仅仅略高于按前 5 年平均增长率计算而来的潜在财政支出，其程度和趋势并不明显。但对于实验组，这一差值则非常大，其趋势也符合国家救助政策的现实状况。因此，可以认为，实验组 2008 年以后实际财政支出与潜在财政支出的差值可以反映其获得国家救助的力度，后文将此变量作为国家救助政策的度量指标。主要变量的描述性统计结果如表 16 - 2 所示。

表 16 - 2 主要变量描述性统计

变量名称	最大值	最小值	均值	标准差
lngdp	15.178	8.971	12.624	1.392
lnpergdp	11.584	7.647	9.178	0.772
earthquake	1	0	0.298	0.458
lnrescue	13.187	0	3.418	3.980

变量名称	最大值	最小值	均值	标准差
industry	0.811	0.006	0.342	0.191
structure	0.851	0.094	0.322	0.110
lnfiscal	13.744	5.878	11.148	0.995
traffic	17.094	0.032	0.877	0.802
urban	100	4.6	34.629	22.095
private	0.894	0.098	0.508	0.079
edu	4366.417	30.151	520.869	265.896
far	6.621	0.096	0.786	0.685
lnpop	5.091	0.875	3.481	1.024

（二）计量模型构建与实证策略

自然灾害可以看作影响地区经济发展的外在冲击，在评价这种外部冲击的影响时，使用双重差分法更为有效（Ashenfelter 和 Card，1985；Gruber 和 Poterba，1994）。本章进一步将 2003—2013 年 181 个县（区）划分为 4 个子样本，即地震前的实验组、地震后的实验组、地震前的对照组和地震后的对照组。通过设置 *du* 和 *dt* 这两个虚拟变量将上述 4 组子样本区别开来。其中，变量 *du* 在实验组的赋值是 1，在控制组的赋值是 0，即 *du* = 1 代表重灾区样本，*du* = 0 代表非重灾区样本；变量 *dt* 地震前是 0，地震之后的赋值是 1，即 *dt* = 0 代表地震之前的年份，*dt* = 1 代表地震之后的年份。根据上述的样本界定，可以将双重差分法的基准回归模型设定为如下形式：

$$Y_{it} = \beta_0 + \beta_1 du_{it} + \beta_2 dt_{it} + \beta_3 du_{it} \times dt_{it} + \beta_4 \ln rescue_{it} + \beta_5 X_{it} + \varepsilon_{it}$$

$$(16-1)$$

其中，下标 *i* 和 *t* 分别表示第 *i* 个县（区）的第 *t* 年；β_1 度量了重灾县（区）自身的效应；β_2 代表了时间趋势效应；β_3 度量了则灾害冲击对经济增长的影响，如果地震给受灾地经济发展造成了不利影响，则 β_3 应该显著为负，反之则为正；$\ln rescue_{it}$ 表示第 *i* 个受灾县 *t* 年获得的国家救助，如果国家救助有助于推动受灾地经济发展，那么 β_4 应该显著为正；*X* 是一系列控制变量；ε 是随机扰动项；被解释变量 *Y* 度量了受灾县（区）的经济发展，具体指标包括地区实际生产总值对数值和地区实际人均生产总值的对数值。

表16－3明确了双重差分模型中各参数的具体含义，根据式（1），对于地震重灾区（$du=1$的样本），在地震灾害前后，其经济发展状况分别是$\beta_0+\beta_1$和$\beta_0+\beta_1+\beta_2+\beta_3$，可见地震前后受灾地区经济发展的变化为$\triangle Y_t=\beta_2+\beta_3$，这一变化包含了灾害冲击和因素的共同作用。同样，对于非重灾区（$du=0$），地震前后的经济发展水平分别是β_0和$\beta_0+\beta_2$，非重灾区的县（区）地震灾害前后经济发展的变化是$\triangle Y_0=\beta_2$，这个差异并没有包含地震灾害对地区经济增长的影响。因此，用实验组地震前后经济发展水平的差异$\triangle Y_t=\beta_2+\beta_3$减去对照组地震前后经济发展水平的差异$\triangle Y_0=\beta_2$，就可以得到地震灾害对受灾地区经济发展的净影响$\triangle\triangle Y=\beta_3$，这是本章运用双重差分方法估计的重点。如果地震真的降低了受灾地的经济发展水平，那么β_3应该显著为负。并且，如果国家救助政策对灾区经济发展产生了推动作用，在控制了救助政策的效应后，β_3的绝对值应该显著增大。

表16－3　双重差分模型各参数含义

	地震前（$dt=0$）	地震后（$dt=1$）	差分
重灾区（实验组，$du=1$）	$\beta_0+\beta_1$	$\beta_0+\beta_1+\beta_2+\beta_3$	$\triangle Y_t=\beta_2+\beta_3$
非重灾区（对照组，$du=0$）	β_0	$\beta_0+\beta_2$	$\triangle Y_0=\beta_2$
双重差分			$\triangle\triangle Y=\beta_3$

除此之外，灾害冲击对经济发展的影响可能存在长期效应（Guglielmo和Sauro，2014），即随着时间的推移，灾害冲击对经济增长的影响既可能逐渐消失，也可能在长期仍然存在。因此，地震对受灾地长期经济发展的影响会存在动态效应。随着国家灾害救助和灾后重建政策的实施，地区经济发展的要素不断完善，地震对灾区经济发展带来的不利影响会逐渐消失。为了检验这一推测，本章将式（1）变为：

$$Y_{it}=a_0+a_1du_{it}+a_2dt_{it}+\sum a_k du_{it}\times dt_{it}^k+\sum_j a_j X+\varepsilon_{it}\quad(16-2)$$

其中，$du_{it}\times dt_{it}^k$表示汶川地震重灾区受到灾害冲击的第k年的年度哑变量（$k=-3$，-2，0，$\cdots$，5）。例如，汶川地震发生的前2年，在2006年，

$k=1$，变量 $du_{it} \times dt_{it}^1 = 1$，其余年份赋值为 0。因此，系数 a_k 度量了地震灾害发生的第 k 年，灾害冲击对受灾地经济发展的影响。同时，在进行动态效应检验时还需要控制其他控制变量。

本章所利用的双重差分方法具有一个重要前提，即若没有发生汶川地震，地震重灾县（区）与非重灾县（区）的经济增长随时间的变动趋势并不存在系统性差异。然而，从地震重灾区与其他地区的经济发展现实来看，地震受灾严重的地区，其自然地理和经济发展条件往往较差，原有的经济发展水平可能更低。因此，双重差分方法所要求的共同趋势假设很有可能难以被满足。针对这一问题，Heckman 等（1997，1998）提出采用双重差分倾向得分匹配估计方法来解决面板数据下影响处理变量的不可观测因素不随时间变动的情况，确保双重差分方法的估计结果更加符合共同趋势假设。具体来说，在未受到地震灾害的对照组中找到县（区）j，使 j 与受到地震灾害的实验组中的县（区）i 的可观测变量尽可能相似（匹配），即 $X_i \approx X_j$，匹配后的实验组和对照组受地震灾害的概率相近，就能够相互比较。具体操作中，本章首先根据实验组变量与控制变量估计倾向得分，一般运用 Logit 回归实现；然后，计算地震重灾区中每个县（区）结果变量在地震前后的变化，对于地震重灾区的县（区）i，计算与其相匹配的全部非地震重灾区的县（区）在地震前后的变化；最后，将地震重灾区的县（区）在地震前后的变化减去匹配后非地震重灾区县（区）的变化，得到灾害冲击的平均处理效应（ATT），而平均处理效应可以有效度量灾害冲击对地震重灾区经济发展的实际影响，也是本章利用 PSM – DID 进行检验的根据。

三、实证结果及其解释

（一）灾害冲击对受灾地经济发展的直接影响

本章首先检验汶川地震对受灾地经济发展的直接影响。地震灾害具有突发性、自然性特征，可以将地震灾害看作对特定地区经济发展的"准自然试验"。因此，根据式（1），本章首先利用双重差分方法来研究地震对受灾地经济发展的影响。回归结果如表 16－4 所示。

表 16－4 灾害冲击对经济发展的直接影响

变量	（1）ln*gdp*	（2）ln*pergdp*	（3）ln*gdp*	（4）ln*pergdp*	（5）ln*gdp*	（6）ln*pergdp*
du	0.254 * * * (2.590)	0.172 * * * (3.192)	0.267 * * * (4.706)	0.163 * * * (4.136)	0.237 * * * (4.392)	0.155 * * * (4.420)
dt	0.715 * * * (9.862)	0.644 * * * (16.135)	－0.711 * * * (－12.906)	0.446 * * * (11.624)	－0.258 * * * (－2.851)	0.884 * * * (15.026)
du × *dt*	－0.125 (－0.940)	－0.089 (－1.216)	－0.270 * * * (－3.787)	－0.103 * * (－2.084)	－0.116 * * (－2.059)	－0.055 * * (－2.399)
ln*rescue*					0.010 (0.289)	0.531 * * (2.122)
industry			1.975 * * * (12.862)	2.139 * * * (20.003)	2.039 * * * (12.833)	2.151 * * * (20.827)
structure			0.593 * * (2.249)	2.054 * * * (11.192)	0.715 * * * (2.640)	2.124 * * * (12.071)
ln*fiscal*			0.796 * * * (28.732)	0.005 (0.258)	0.800 * * * (28.205)	0.009 (0.514)
traffic			0.330 * * * (13.623)	0.079 * * * (4.681)	0.290 * * * (11.970)	0.053 * * * (3.383)
urban			0.015 * * * (11.390)	0.014 * * * (15.317)	0.014 * * * (10.546)	0.013 * * * (15.066)
private			2.245 * * * (11.899)	0.136 (1.032)	2.245 * * * (11.246)	0.187 (1.443)
edu			0.000 * (1.914)	0.001 * * * (10.436)	0.000 * * (2.015)	0.001 * * * (11.035)
far			－0.260 * * * (－10.583)	0.039 * * (2.265)	－0.265 * * * (－10.274)	0.019 (1.161)
ln*pop*			0.408 * * * (6.844)	－0.047 (－1.125)	0.462 * * * (7.758)	－0.063 (－1.635)
常数项	12.178 * * * (227.183)	8.743 * * * (296.378)	－0.767 * (－1.852)	6.799 * * * (23.584)	－1.319 * * * (－3.188)	6.666 * * * (24.786)

225

变量	(1)	(2)	(3)	(4)	(5)	(6)
	ln*gdp*	ln*pergdp*	ln*gdp*	ln*pergdp*	ln*gdp*	ln*pergdp*
样本量	1989	1978	1554	1554	1357	1357
R^2	0.063	0.152	0.803	0.713	0.815	0.745

注：括号中为 t 值。*、**、***分别表示显著性水平为10%、5%和1%。

在加入了其他控制变量后，表16－4第3列和第4列的结果显示，地震灾害确实对受灾地的生产总值和人均生产总值产生了显著的负向作用，灾害冲击是一种"减值经济"。第3列和第4列的回归并未控制国家救助的效应，而汶川地震的国家救助在地震发生后就立即展开，因此 $du \times dt$ 的交互项还可能包含着国家救助的政策效应。理论上，如果国家救助有助于推动灾后地区经济增长，那么在控制了救助政策后，灾害冲击对经济发展的不利影响会更大。然而，在第5列和第6列中加入国家救助政策后，交互项的系数并未明显增大。这一结果可能是因为，一方面，基于财政投入的国家救助可能与当期的经济发展程度存在直接关系，回归也存在这种反向因果导致的误差；另一方面，国家救助政策发挥作用可能存在一定的时滞，当期的救助政策可能会对之后的经济发展产生显著作用，却难以在当期发挥明显效应。为了检验这一猜想，本章采用国家救助政策的滞后2期变量作为其代理变量，根据式（1）重新进行回归。结果如表16－5所示。

表16－5　灾害冲击、国家救助对经济发展的直接影响

变量	(1)	(2)	(3)	(4)
	ln*gdp*	ln*pergdp*	ln*gdp*	ln*pergdp*
du	0.256** (2.048)	0.187*** (2.764)	0.280*** (3.917)	0.155*** (3.215)
dt	0.509*** (5.940)	0.475*** (10.237)	－0.796*** (－12.169)	0.349*** (7.896)
du × dt	－0.374** (－2.014)	－0.306*** (－3.050)	－0.489*** (－4.914)	－0.268*** (－3.993)

续表

变量	（1）	（2）	（3）	（4）
	lngdp	lnpergdp	lngdp	lnpergdp
L2. lnrescue	0.041 ***	0.034 ***	0.029 ***	0.027 ***
	(2.879)	(4.391)	(4.025)	(5.626)
industry			2.100 ***	2.145 ***
			(12.237)	(18.507)
structure			0.761 **	2.064 ***
			(2.568)	(10.310)
lnfiscal			0.793 ***	− 0.009
			(25.284)	(− 0.435)
traffic			0.310 ***	0.060 ***
			(11.915)	(3.385)
urban			0.014 ***	0.013 ***
			(9.649)	(13.172)
private			2.168 ***	2.447 ***
			(10.034)	(10.565)
edu			0.000 *	0.001 ***
			(1.778)	(8.213)
far			− 0.274 ***	0.010
			(− 10.061)	(0.556)
lnpop			0.382 ***	− 0.096 ***
			(5.272)	(− 3.269)
常数项	12.302 ***	8.850 ***	5.924 ***	6.682 ***
	(180.080)	(239.005)	(17.651)	(19.845)
样本量	1519	1512	1231	1231
R^2	0.040	0.104	0.790	0.691

注：括号中为 t 值。*、* *、* * *分别表示显著性水平为 10% 、5% 和 1% 。

可以发现，在控制了滞后 2 期的国家救助政策后，与表 16 - 4 第 3 列和第 4 列的回归系数相比，灾害冲击对经济发展的不利影响确实显著增大了。这表明汶川地震确实对受灾地的经济发展产生了负向冲击，而国家基于财政投入的救助政策则有助于推动受灾地的地区生产总值和人均生产总值提升，并且灾害救助政策要发挥作用会存在一定的时滞，这也与国家救助政策的实际运行状况和现有关于国家救助政策的研究结论一致。控制变量的信息表明，工业化、城市化水平提升对于经济发展具有重要作用，交通条件改善和人力资本积累有助于推动地区经济增长，财政支出的提升能够显著提升地区生产总值，但对人均生产总值并无显著作用。在经济结构方面，产业结构优化和民营经济发展会显著促进地区经济发展，优化经济结构是推动受灾地灾后经济长期增长的重要抓手。

（二）灾害冲击对经济发展的长期动态影响

表 16 - 4 和表 16 - 5 得出的都是灾害冲击对经济发展的直接影响。然而，大量文献研究表明，自然灾害对经济增长的影响在长期和短期存在较大差异，并且会随着时间的推移和灾后救助政策的不断完善出现动态变化。因此，为了进一步识别灾害冲击对经济发展的长期动态影响，本章根据式（16 - 2），估计地震对受灾地地区生产总值和人均生产总值的动态效应（见表 16 - 6）。

表 16 - 6 的回归结果表明，在不控制国家救助变量时，地震灾害对灾区生产总值和人均生产总值的不利影响并不存在动态变化趋势，即随着时间的推移，灾害冲击对经济发展的显著负向作用会逐渐消失。但是，这一结果在加入了国家救助变量后发生了明显变化。单独控制了国家救助的效应后发现，即使在汶川地震发生 5 年后，地震灾害对受灾地的经济发展也一直存在明显的不利影响，随着时间的推移，这一负向作用甚至会逐渐增大。而国家救助本身对地区经济发展仍然具有显著的提升作用，其余控制变量的结果并无明显变化。动态效应检验的结果进一步支持了表 16 - 5 的结论：汶川地震本身会对受灾地经济发展产生不利影响，但国家救助同样会起到积极作用，如果不单独控制国家救助的效应，灾害冲击与国家救助的作用会混杂在一起，难以准确评估灾害冲击和国家救助分别对受灾地经济发展的影响。因此，加入国家救助变量，不仅有助于更加准确地估计灾害对经济发展的影响，也有助于理解国家灾害救助的作用。

表 16 – 6　灾害冲击影响经济发展的动态效应

变量	(1) lngdp	(2) lnpergdp	(3) lngdp	(4) lnpergdp	(5) lngdp	(6) lnpergdp
du	0.257* (1.827)	0.174** (2.262)	0.400** (2.262)	0.218** (2.279)	0.588*** (6.046)	0.159** (2.390)
dt	0.715*** (9.843)	0.644*** (16.108)	0.509*** (5.928)	0.475*** (10.215)	-0.838*** (-12.845)	0.350*** (7.841)
$dt^{-3} \times du$	-0.019 (-0.084)	-0.017 (-0.140)	-0.229 (-0.770)	-0.032 (-0.200)	-0.132 (-0.557)	0.003 (0.028)
$dt^{-2} \times du$	0.019 (0.083)	0.022 (0.179)	-0.203 (-0.727)	-0.013 (-0.089)	0.163 (1.119)	-0.033 (-0.326)
$dt^{-1} \times du$	-0.016 (-0.070)	-0.019 (-0.151)	-0.311 (-1.073)	-0.117 (-0.750)	-0.345** (-2.070)	0.019 (0.176)
$dt^{0} \times du$	-0.077 (-0.325)	-0.037 (-0.289)	-0.499* (-1.738)	-0.287* (-1.852)	-0.693*** (-4.704)	-0.208** (-2.069)
$dt^{1} \times du$	-0.202 (-0.853)	-0.148 (-1.138)	-0.504* (-1.830)	-0.322** (-2.167)	-0.801*** (-5.628)	-0.263*** (-2.704)
$dt^{2} \times du$	-0.089 (-0.377)	-0.041 (-0.319)	-0.480* (-1.696)	-0.296* (-1.935)	-0.933*** (-6.405)	-0.240** (-2.414)
$dt^{3} \times du$	-0.134 (-0.567)	-0.122 (-0.941)	-0.572** (-2.035)	-0.386** (-2.542)	-0.688*** (-4.841)	-0.313*** (-3.219)
$dt^{4} \times du$	-0.134 (-0.565)	-0.133 (-1.023)	-0.512* (-1.827)	-0.390** (-2.576)	-0.809*** (-5.559)	-0.321*** (-3.225)
$dt^{5} \times du$	-0.132 (-0.557)	-0.066 (-0.512)	-0.540* (-1.915)	-0.329** (-2.165)	-0.953*** (-6.470)	-0.262*** (-2.601)
L2. lnrescue			0.041*** (2.850)	0.033*** (4.322)	0.028*** (4.029)	0.027*** (5.503)
industry					2.097*** (12.327)	2.152*** (18.506)
structure					0.750** (2.554)	2.073*** (10.326)
lnfiscal					0.827*** (26.115)	-0.010 (-0.468)
traffic					0.303*** (11.705)	0.060*** (3.403)
urban					0.014*** (9.664)	0.013*** (13.098)

	(1)	(2)	(3)	(4)	(5)	(6)
	lngdp	ln$pergdp$	lngdp	ln$pergdp$	lngdp	ln$pergdp$
private					2.106***	2.362***
					(9.823)	(11.677)
edu					0.000*	0.001***
					(1.831)	(8.170)
far					-0.269***	0.011
					(-9.941)	(0.582)
lnpop					0.375***	0.026
					(5.220)	(0.522)
常数项	12.178***	8.743***	12.302***	8.850***	7.791	6.690***
	(226.743)	(295.873)	(179.699)	(238.492)	(23.594)	(19.720)
样本量	1989	1978	1519	1512	1231	1231
R^2	0.063	0.153	0.041	0.104	0.796	0.691

注：括号中为 t 值。*、*、***分别表示显著性水平为 10%、5% 和 1%。

动态效应的回归结果也为本章运用双重差分方法的合理性提供了有力支撑。双重差分方法的使用前提是当不存在外部政策冲击时，实验组和对照组并不存在随时间变化的系统性差异。动态效应检验结果表明，在汶川地震的前 3 年、前 2 年实验组和对照组的地区实际生产总值并不存在明显差异，实际人均生产总值在地震发生的前 3 年也均不存在显著差异。这表明，地震灾害对于本章的实验组和对照组而言完全是一种外生冲击，运用双重差分方法评价灾害冲击对经济发展的影响是合理的。

（三）国家救助推动受灾地经济发展的机制检验

前文的研究表明，灾害冲击确实会对经济发展产生不利影响，而国家救助则有助于推动受灾地的生产总值和人均生产总值增长。那么，下一个问题在于，国家救助是通过何种路径对受灾地经济恢复产生作用的。厘清这一问题，不仅可以进一步验证上述结论的稳健性，更能够为我们准确认识国家灾害救助的作用机理、完善国家灾害救助政策提供经验支撑。表 16-7 显示了灾害冲击和国家救助政策对经济发展各要素的具体影响。

表 16 - 7　灾害冲击与国家救助对经济发展的作用机制

变量	(1)	(2)	(3)	(4)	(5)	(6)	(7)
	traffic	urban	lnfisical	industry	structure	private	edu
du	- 0. 116 * *	- 2. 756 * *	0. 108 * *	0. 008	- 0. 004	- 0. 010	81. 527 * * *
	(- 2. 059)	(- 2. 013)	(2. 234)	(0. 570)	(- 0. 531)	(- 1. 204)	(4. 288)
dt	0. 254 * * *	- 0. 196	1. 297 * * *	0. 072 * * *	- 0. 022 * * *	0. 060 * * *	24. 282
	(5. 632)	(- 0. 181)	(34. 134)	(6. 871)	(- 3. 635)	(10. 031)	(1. 615)
du × dt	- 1. 347 * * *	- 19. 746 *	- 1. 989 * * *	- 0. 110 *	- 0. 082 *	- 0. 110 *	- 172. 869
	(- 2. 920)	(- 1. 738)	(- 5. 007)	(- 1. 671)	(- 1. 891)	(- 1. 921)	(- 1. 104)
lnrescue	0. 126 * * *	2. 076 * *	0. 212 * * *	0. 249 *	- 0. 010 *	0. 006	17. 270
	(3. 023)	(2. 016)	(5. 894)	(1. 809)	(- 1. 846)	(1. 025)	(1. 216)
常数项	0. 730 * * *	24. 170 * * *	10. 328 * * *	0. 294 * * *	0. 336 * * *	0. 473 * * *	79. 137 * * *
	(23. 387)	(32. 306)	(392. 46)	(40. 267)	(80. 909)	(105. 79)	(45. 962)
样本量	1713	1766	1768	1766	1766	1418	1757
R^2	0. 037	0. 055	0. 543	0. 040	0. 017	0. 093	0. 029

注：括号中为 t 值。 * 、 * * 、 * * * 分别表示显著性水平为10%、5%和1%。

可以发现，地震灾害对所有与经济发展相关的因素均产生了不利影响。国家救助有助于改善受灾地灾后的交通条件，增加地区财政总支出，提高地区的城市化水平和工业化水平，而这些变量对经济发展均有正向作用。因此，国家救助主要通过这些因素促进了受灾地灾后经济发展。但国家救助并未对地区的产业结构、民营经济发展和人力资本水平产生显著的提升作用，甚至会对第三产业发展产生不利影响。那么，国家救助为什么难以对经济结构优化和人力资本积累产生促进作用呢？一些研究指出，严重的灾害冲击会对居民的迁移和就业行为产生影响，特别是对高素质劳动力和就业灵活性强的部门（Donner 和 Rodriguez，2008；Neumayer 和 Plumper，2007），而第三产业的劳动力素质和就业灵活度要高于第一、第二产业，民营经济的就业灵活度也高于国有经济。因此，国家救助没有能够改善受灾地的经济结构，可能与灾害冲击给个体行为造成的影响有关。而另外一些研究认为，在以灾后重建为目标的国家救助中，政府往往更加注重基础设施和房屋建筑等硬资本的恢复，对经济结构和制度建设等软环境的关注不够，导致救助出现"软硬脱离"的局面（Booth，2011；Clement 等，2012）。

四、稳健性检验

（一）基于 PSM – DID 方法的稳健性检验

虽然动态效应的检验结果表明，在地震发生之前实验组和对照组的经济发展水平并不存在显著差异，但为了进一步降低双重差分方法的估计偏误，本章采用 PSM – DID 方法进行稳健性检验。首先，通过 *earthquake* 对所有控制变量进行 Logit 回归，得到倾向得分。结果表明，ln*rescue*、*private*、ln*fiscal*、*traffic*、*edu*、*urban* 都对被解释变量 *earthquake* 具有显著影响，其中 *private*、*traffic* 和 *urban* 水平低，表明重灾区的经济增长确实落后于其他地区，需要运用 PSM 方法进行匹配。其次，PSM – DID 方法要求在匹配前后各变量在实验组和对照组的分布是平衡的。有效性检验的结果表明，在匹配前后，除工业化水平外，其余变量并无显著变化，符合 PSM – DID 方法的使用条件。基于核匹配的估计结果如表 16 – 9 所示。在运用 PSM – DID 方法进行稳健性检验后，灾害冲击对地区生产总值、人均生产总值增长仍然具有显著的不利影响。这一结果表明，在克服了实验组和对照组变动趋势的系统性差异后，表 16 – 4 和表 16 – 5 基于双重差分方法的估计结果是稳健的。

表 16 – 8　灾害冲击对经济发展的影响：PSM – DID 稳健性检验

变量	对照组	实验组	Diff（BL）	对照组	实验组	Diff（FU）	双重差分
ln*gdp*	12.227	12.520	0.294	13.016	13.081	0.065	– 0.228
标准误			0.100			0.094	0.137
t 值			2.92			0.69	– 1.660
P > | t |			0.004 ***			0.487	0.097 *
ln*pergdp*	8.727	8.915	0.189	9.491	9.502	0.010	– 0.178
标准误			0.069			0.052	0.079
t 值			3.190			0.200	– 2.260

续表

变量	对照组	实验组	Diff（BL）	对照组	实验组	Diff（FU）	双重差分
P＞｜t｜			0.001＊＊＊			0.842	0.024＊＊

注：括号中为 t 值。＊、＊＊、＊＊＊、分别表示显著性水平为10%、5%和1%。在 lngdp、lnpergdp 两个指标下，参与匹配的样本数分别为1248、1240，其中对照组样本分别为707、725，处理组样本分别为541、515，R² 分别为0.081、0.190。

（二）分样本回归结果

除受到双重差分方法共同趋势假设的影响外，本章的结论还可能受到样本选择偏误的影响。在总样本的选择上，不同于张文彬等（2015）只选择了以县为名称的县级行政单位，本章的受灾地样本还包括了区。这虽然扩大了样本容量，但从县域经济发展的现实来看，以区命名的县级行政单位往往毗邻城市，经济社会发展水平较高，而52个重灾县（区）中只包含7个区，基于全样本的回归可能人为扩大了实验组和对照组的差别，导致估计偏误。为此，本章首先剔除了区样本，其次进一步剔除了县级市样本，对表16－5的结果进行稳健性检验，如表16－9所示。在剔除了区样本和县级市样本后，地震灾害仍然会对地区经济发展产生显著的不利影响，而国家救助有助于推动受灾地灾后经济恢复。

表16－9　灾害冲击、国家救助对经济发展的影响：分样本回归

变量	县样本（含县级市）	县样本（含县级市）	县样本	县样本
	lngdp	lnpergdp	lngdp	lnpergdp
du	0.283＊＊＊	0.137＊＊	0.220＊＊	0.086
	(3.504)	(2.478)	(2.490)	(1.460)
dt	−0.851＊＊＊	0.378＊＊＊	−0.775＊＊＊	0.429＊＊＊
	(−11.335)	(7.326)	(−9.901)	(8.186)
du × dt	−0.464＊＊＊	−0.223＊＊＊	−0.432＊＊＊	−0.211＊＊＊
	(−4.182)	(−2.931)	(−3.551)	(−2.588)
L2. lnrescue	0.027＊＊＊	0.027＊＊＊	0.025＊＊＊	0.026＊＊＊
	(3.458)	(5.007)	(2.885)	(4.508)
industry	2.156＊＊＊	2.036＊＊＊	1.736＊＊＊	1.828＊＊＊
	(11.437)	(15.720)	(8.166)	(12.830)

变量	县样本（含县级市）	县样本（含县级市）	县样本	县样本
	lngdp	lnpergdp	lngdp	lnpergdp
structure	0.330 (0.974)	1.765*** (7.592)	−0.654* (−1.706)	1.211*** (4.715)
lnfiscal	0.810*** (22.434)	−0.062** (−2.504)	0.755*** (19.357)	−0.092*** (−3.525)
traffic	0.287*** (10.223)	0.052*** (2.700)	0.284*** (9.869)	0.045** (2.329)
urban	0.017*** (6.195)	0.020*** (10.554)	0.019*** (5.882)	0.021*** (9.801)
private	2.393*** (9.744)	0.254 (1.506)	2.316*** (8.949)	0.240 (1.382)
edu	0.000 (1.068)	0.001*** (8.003)	0.000 (1.090)	0.001*** (8.611)
far	−0.242*** (−8.513)	−0.007 (−0.356)	−0.234*** (−8.072)	−0.001 (−0.074)
lnpop	0.382*** (5.117)	0.089* (1.731)	0.454*** (5.799)	0.060 (1.143)
常数项	−0.790 (−1.453)	6.874*** (18.398)	−0.245 (−0.429)	7.554*** (19.752)
样本量	964	964	863	863
R^2	0.796	0.634	0.785	0.628

注：括号中为 t 值。*、**、***、分别表示显著性水平为 10%、5% 和 1%。

五、结 论

本章以 2008 年汶川地震为例，利用四川省 181 个县（区）2003—2013 年的面板数据，运用双重差分方法系统评价灾害冲击以及国家灾害救助对经济发展的长期影响。研究发现，第一，自然灾害会显著降低受灾地实际生产总值和人均生产总值，并且在控制了国家救助的效应后，这一负向作用在地震发生 5 年后仍然显著存在。第二，本章基于财政支出数据构造国家灾害救助变量，发现以财政投入为主要方式的国家救助能够有效促进受灾地的经济恢复，这一效应主要通过改善受灾地交通条件、扩大财政支出、提高城市化和工业化水平等途径发挥作用。第三，灾害冲击对受灾地的经济结构和人力资本产生了不利影响，但国家救助在优化灾区经济结构、提升灾区人力资本水平方面表现乏力。进一步研究发现，这一结果既包含了灾害冲击对居民自身行为的影响，又与国家救助政策偏向灾后基础设施重建、忽视经济结构调整和人力资本开发等相关。

第十七章　灾害应对中市场化机制的作用分析：基于农业灾害的视角

中国是一个农业大国，农业生产和农民生活受自然灾害的影响大，也是中国灾害应对的重要领域。长期以来，农业灾害的应对也是中国政府灾害救助的核心内容。然而，由于农业灾害的地域影响范围广，又会对农业、农民等产业层面和居民层面产生直接影响，特别是会对农民的收入和消费等微观行为决策产生长期影响，单纯依靠政府即时灾害救助难以形成长效机制。随着中国市场经济发展，以巨灾保险、灾害债券等为代表的市场机制逐渐在中国灾害风险应对中发挥作用。本章在农业灾害的视角下，从农村居民消费角度出发研究中国的市场化进程对平滑农业灾害引起的消费波动的影响，以此来发现市场化在灾害应对中的作用及其具体机制。①

一、问题的提出

中国农村居民的消费是扩大内需和拉动经济增长的重要问题，也是提高农村居民生活水平的必然途径。2008 年开始，政府实行"家电下乡"政策，对农民购买纳入补贴范围的家电产品给予一定比例（13%）的财政补贴，近年来又将补贴政策扩展到了电动车、摩托车等交通工具上，以此激活农民购买能力，扩大农村消费。1978—2011 年，中国农村居民家庭人均消费支出从116.06 元提高到了 5221.1 元，农户家庭消费大幅增长。然而，中国农村实行家庭联产承包责任制以来，中国农户承担着自然、市场、政策等多重收入

---

① 本章部分内容发表于《农村经济》。

风险，遭遇风险的农户很可能会被迫压缩正常的消费支出（马小勇、白永秀，2009）。外部冲击导致的消费不确定性不仅会造成居民消费的福利损失，也会对宏观经济稳定造成不利影响。

不确定性下的居民消费行为一直都备受关注。对于发展中的农业大国而言，农业灾害是一种典型的负向冲击，灾害冲击导致的家庭收入和消费行为变动是理解中国农村居民消费波动的重要视角。已有研究关注了中国农村居民遭受灾害冲击后获得消费平滑的途径，主要针对社会资本是否能够发挥持续性的消费平滑作用（马小勇、白永秀，2009；陆铭等，2010）。以市场化改革为导向的经济转型是理解中国经济增长和社会变迁的重要内容（樊纲等，2011），本章同样以中国1985年以来的市场化进程为背景，考察农业灾害对农村居民消费波动的影响，重点讨论了市场化水平的提高能否在农民面临灾害冲击时提供一种保险机制。与以往研究灾害冲击下农户消费的文献不同，第一，本章使用了中国的省际面板数据，以农业受灾率作为灾害的代理变量，从长期考察了市场化进程中不同受灾程度下农民的消费波动。第二，本章不但关注了以往研究普遍关注的灾害冲击对农民总消费波动的影响，还重点分析了农业灾害对农户家庭七大类分项消费波动的影响，从消费结构的角度细化了灾害冲击对农民消费水平的影响。第三，本章重点关注了市场化对农民消费波动的平滑作用，从推进中国农村市场化进程的角度提出了应对农业灾害冲击的政策建议。

作为农业大国，中国的农业生产自古以来就受到农业灾害的严重影响。近年来，自然灾害和病虫疫灾的频率及影响程度加剧，导致农业因灾损失不断加重，严重影响了农民的收入（陈利、谢家智 2013），负向的外部冲击容易导致农户形成谨慎性的消费策略（邰秀军等，2009）。本章的研究来自两个方面文献的启示：第一是农户面临不确定性时，家庭消费会遭到冲击，农户会调整消费策略；第二是市场化进程中，农户获得消费平滑的途径会发生变化，风险冲击对家庭消费波动的影响也存在差异。

Townsend（1994）建立起来的消费平滑理论认为，在保险市场和借贷市场发挥作用的条件下，家庭的消费并不会受失业、疾病以及其他外部冲击引起的当期收入条件变动的影响，并通过对印度受灾村庄数据的分析验证了这一结论。Jalan 和 Ravallion（1999）通过对中国农村的研究发现，灾害风险在导致了农户收入波动的同时引起了家庭消费的变化，不同于日本具有较好的保险市场来应对收入风险，中国农村居民更多会采取削减日常消费的方式来应对灾害引起的收入风险冲击，即使是在食品消费上也同样如此，并且对于越贫穷的家庭越适用。在市场经济发达的国家，个体购买保险可以帮助减轻灾害事件带来的损失，政府的一些公共计划项目会降低个人参与市场保险的动机，提高个体面临灾害冲击时的受损程度（Lewis 和 Nickerson，1989）。但发展中国家的正式保险不完善，在面临如灾害等外部冲击时，非正式保险起到了平滑消费的作用（Rosenzweig 和 Stark，1989）。Carter 和 Maluccio（2009）对南非、Mogues（2006）对埃塞俄比亚的研究均表明，社会资本对缓解灾害冲击有积极作用。但是个体所拥有的社会网络资本存在差异，依靠社会资本来应对风险冲击具有较大的不确定性。社会资本和社会网络作为非正式制度的代表，帮助农户分担风险和平滑消费的作用会随着市场化的深入逐步减弱（陆铭等，2010）。Mecbler（2009）的研究则发现，不同的经济发展和国家储蓄水平可以解释灾后居民不同的消费行为。Auffret（2003）通过对加勒比地区的经验研究，发现灾害多发地居民的消费波动高于其他地区，提出了灾害消费波动作用的推论。

国内对于外部冲击下居民消费波动的研究，一方面着重于从收入与消费的关系角度入手，认为外部冲击导致农村居民收入不确定性的数值大小及其方向都对农民消费具有显著影响（王健宇、徐会，2010）。收入结构的变动会直接影响农村居民的消费支出和消费结构（陆彩兰、洪银兴等，2012；温涛等，2013）。不同来源的收入，特别是工资收入、转移性收入对增加农村居民的消费有明显作用（祁毓，2010）。金烨等（2011）、巩师恩等（2012）指出，收入不平等会抑制居民消费，收入不平等与消费波动之间呈现显著正相关关系。本章也是基于此，考察了在市场化进程中，农户收入水平的变动对家庭消费波动的影响，发现收入增加有利于平滑消费。另一方面的研究对农村居民消费的"习惯形成"进行了检验。陈彦斌等（2003）发现习惯形成和较弱的财富偏好均能导致更加平滑的消费行为，对中国农村家庭微观面板数据的分析结果表明，农村居民家庭的食品消费有显著的习惯形成效应（贾男、甘犁等，2011）。一些学者从流动性视角出发，认为市场化过程中的劳动力流动是中国农村居民消费观念现代化的动力基础，会对农民的消费行为产生重要影响（刘程、黄春桥，2008）。万广华等（2001）、杜海滔（2005）研究了流动性约束对城乡居民消费的抑制作用，认为破除制度约束对于提高居民消费和扩大内需有重要意义。还有一部分研究强调政府政策保障农民消费的作用。李永友、钟晓敏（2012）认为通过调整政府财政收支策略，可以稳定城乡居民消费预期、提升居民的边际消费倾向。沈毅、穆怀中（2013）对农村医疗消费的研究表明，新型农村社会养老保险对农村居民的消费具有乘数效应，加大养老保险基金投入，可以为农村居民建立稳定的消费预期，减少消费波动。

基于对以往文献的梳理，本章想要考察的是：第一，在中国农村地区，农业灾害是否真的造成了农民的消费波动。第二，在市场化水平不断提高的背景下，从宏观层面来看，市场化自身是否在农民面临灾害冲击时起到了消费平滑作用。第三，市场化进程中农户整体消费水平提高的情况下，面临灾害风险时农户家庭的消费结构会发生何种变化。在农村居民的七大类消费中，哪些消费更容易受到风险冲击的影响。市场化的深入对于农户消费质量的提高有何帮助。

二、市场化机制应对灾害冲击的实证研究

（一）数据选择和指标设计

本章使用的数据为1985—2014年的省际非平衡面板数据，[①] 数据来自《中国农村统计年鉴》《中国统计年鉴》《中国工业经济统计年鉴》《新中

---

① 控制变量中的部分数据缺失，后文有详细说明。

国六十年统计资料汇编》。在数据处理中，由于西藏的数据严重缺漏、重庆1997年后才从四川分离出来，这两个地区被剔除在外。表17-1报告了变量描述性统计结果。

表 17-1 重要变量的描述性统计

变量名称	变量含义	均值	最大值	最小值	标准误	计算方法
Hpfarmcost	消费波动	1.342	98.800	-102.791	27.872	Hp 滤波后的波动项
disrate	农业受灾率	0.334	0.965	0	0.177	农业受灾面积÷农作物播种面积
nsoe	市场化	0.452	0.871	0.064	0.197	1-国有单位投资额÷地区投资总额
industry	工业化水平	0.455	0.684	0.184	0.083	地区工业产值÷地区国内生产总值
urban	城市化水平	38.174	0.893	0.116	0.187	地区城镇人口数÷地区人口总数
logfarminc	农民收入	3.260	4.215	2.432	0.388	农民收入取 log 值
loan	金融发展程度	98.324	3.089	0.354	0.333	地区银行贷款余额÷地区国内生产总值
fixasset	农民家庭生产性固定资产	5013	30377	95.023	4831.901	统计年鉴数据

1. 被解释变量：消费波动

本章关心的是农业灾害对农民消费波动的影响，对于消费波动的度量和表示需要重点说明。部分文献将波动定义为不确定性（申朴、刘康兵，2003；贾男等，2011）。对于波动的度量，马小勇等（2009）通过设置虚拟变量来度量波动大小，陈乐一、傅绍文（2001）划分了消费周期并计算了每个周期内消费增长率的波峰与波谷之间的峰谷落差来表示波动大小，巩师恩等（2012）使用 t 期到 $t+2$ 期的消费增长率的方差表示消费波动大小，申朴等（2003）使用消费数据的标准差来度量消费行为的不确定性。本章对消费波动的度量采用了 Hodrick 和 Prescott（1980）提出并发展起来的 Hp 滤波法，运用 Stata 中的面板 Hp 滤波命令，将农户的消费数据①过滤为长期趋势项和波动项两部分，在剔除了长期趋势项后，以波动项为被解释变量来表征回归中的消费波动。

2. 核心解释变量：农业灾害、市场化

本章使用农业灾害作为对农民消费产生冲击的变量。陆铭等（2010）强调了自然灾害作为解释变量，相对家庭特征具有外生特征，可以较好地避免内生性。与已有文献采用虚拟变量形式（马小勇、白永秀，2009）不同，本章采用各省区市的农业受灾面积与农作物播种面积的比值作为农业灾害的度量指标。

对于市场化的度量，由于本章选用的是 1985—2011 年的省际面板数据，Wang 和樊纲等（2011）建立的各省区市市场化指数同本章的研究区间存在较大的缺漏，因此本章采用各地区"1 - 国有企业单位投资额 ÷ 地区投资总额"的值来反映地区市场化程度，② 结果显示 1985—2013 年中国各地区的市场化水平均有较大提高。

3. 控制变量

在以上核心解释变量之外，本章从已有文献出发，在计量模型中还设置了其他控制变量。王健宇、徐会奇（2010），金烨、李宏斌等（2011）强调收入对城乡居民消费的影响，本章取农民收入的对数值作为控制变量。流动性为农民建立现代消费观念提供了动力基础（刘程、黄春桥，2008），流动性约束下农村居民可能压缩消费（万广华等，2001；杜海涛，2005），本章以地区城镇化率作为流动性的代理变量加以控制。信贷可得度（巩师恩等，2012）、政府的财政政策（李永友，2012）和政府的救灾保障措施等都会影响城乡居民的消费行为，因此，本章还控制了地区信贷

---

① 农民的消费数据来自《中国农村统计年鉴》，统计年鉴中包含了农村居民消费支出和农村居民现金消费支出两种指标，本章选择的是农村居民消费支出。本章以 1985 年为基期，运用居民消费价格指数对农民消费数据进行了处理，得到 1986—2013 年的农民消费数据。

② 较多的文献采用了樊纲等建立的各地区市场化水平指标，但是该指标与本文的研究区间有较大缺漏，无法直接采用。同时，非国有经济的占比被认为是市场化水平的一种度量指标，因此本文选取了"1 - 国有企业投资额 ÷ 地区投资总额"的办法来度量地区的市场化水平。

规模、① 工业化水平和政府的救灾支出。农户个体家庭保有的生产性固定资产②会影响农民灾后的生产恢复，对灾后的家庭收入产生作用，因此，本章也控制了农村居民家庭生产性固定资产原值。考虑到各省份的个体特征和时间效应的影响，本章使用了双向固定效应模型。

（二）计量模型构建

1. 农业灾害是否会加强农民的消费波动？

灾害事件作为一种外部冲击，在控制了其他因素后，农业灾害自身对农民消费波动的影响可以表示为：

$$Hpfarmcost = \alpha_0 + \alpha_1 disrate + \alpha_2 Z_{xt} + \alpha_3 X_j + \gamma^t + \varepsilon_{ij} \quad (17-1)$$

本章使用的是省级面板数据，各省份 j 的农民人均消费是 c_{ij}，被解释变量是 1986—2013 年农村居民的消费波动。首先，用农业受灾率作为农业灾害的代理变量，对消费波动回归来考察农业灾害是否加剧了农民的消费波动。其次逐步加入其他控制变量，并加入农业受灾率与控制变量的交互项来识别灾害对消费波动的影响途径，使用固定效应模型控制了各省份的个体效应，使用双固定模型将时间效应也考虑在内。如果在农业灾害发生后，农民的消费受到了影响，系数 α_1 的值应该统计上显著异于 0。考虑到地区信贷和政府救助对短期消费的影响，控制变量中包含了地区信贷规模和政府救灾支出。农村居民家庭保有的生产性固定资产同样会影响农民对农业灾害的抵御能力。对消费的另一方面冲击可能来自农民对未来收入的预期，农业灾害会使得农民为下一年的防灾减灾和家庭消费保留更多的储蓄，减少本期的消费。

2. 市场化水平能否降低灾害给农民带来的消费波动？

从理论上讲，市场化水平的提高缓解农民外部冲击的作用主要通过两

---

① 地区信贷规模 1986—2008 年的数据来源于《新中国 60 年统计资料汇编》，2009—2013 年的数据来自《中国金融年鉴》中各地区银行贷款总额（余额）与地区国内生产总值的比值。

② 各省份农村居民家庭生产性固定资产数据，1993—2013 的数据直接来源于《中国农村统计年鉴》，1986—1993 年的数据采用各省农村生产性固定资产原值÷各省农村居民户数，各省农村生产性固定资产原值数据来自《中国农村统计年鉴》，各省农村居民户数数据来自于《中国统计年鉴》。

种途径实现。一种途径是市场化的发展推动了农业结构和农民就业结构的变化，收入渠道的拓宽降低了家庭对农业收入的依赖程度，那么农业灾害对家庭收入的冲击就会降低，家庭消费波动会得到平滑。另一种途径是市场经济的发展推动了正式制度在农村的建立，完善的金融保险市场可以为农民提供新的风险分担途径，降低农业灾害带来的损失。同时，市场化水平的提高加强了农村劳动力的流动，减少了村民之间的互动，遭受风险的农民更倾向于向市场保障机制求助。市场化进程中农业灾害对农户消费波动的影响可表示为（17 - 2）：

$$Hpfarmcost = \beta_0 + \beta_1 disrate + \beta_2 nsoe + \beta_3 disrate \times nsoe + \beta_4 Z_{xj} +$$
$$\beta_5 x_j + \gamma t + \varepsilon_{ij} \qquad (17 - 2)$$

其中，各省份的市场化水平为 $nsoe$，代表地区非国有单位固定资产投资占地区固定资产投资总额的比重。式（17 - 2）中的核心解释变量是农业灾害与市场化的交互项 $disrate \times nsoe$。如果市场化在帮助农民应对农业灾害带来的消费波动时是有效的，或者说市场化水平的提高平抑了农业灾害给农民带来的消费冲击，β_3 的系数应该是统计上显著为负的。本章还加入了市场化与农民收入对数的交互项来识别市场化进程平滑农户消费的途径，对消费的分项考察也采用式（17 - 2），交互项的系数仍是关注的重点。

（三）实证结果及其解释

1. 农业灾害加剧了农民消费波动吗？

根据式（17 - 1），本章检验了农业灾害对农民消费波动的影响，分别采用了混合回归、固定效应模型和双固定效应模型。

表 17 - 2 的结果显示，农业灾害确实加强了农村居民的消费波动，这种作用在控制了地区效应和时间效应后同样存在。工业化的发展并不能帮助农民降低灾害冲击引起的消费波动，在同时考虑了地区效应和时间效应后，工业化水平增加了消费波动，但在统计上并不显著。政府救灾支出并没有起到缓解消费波动的作用，表明传统的政府救灾模式的效果值得商榷，也可能是政府的救灾支出更多表现在生产恢复、基础设施建设以及对

受灾农民基本生活资料的补给上，难以反映在农民全年的货币消费上。地区金融发展下信贷规模的提高可以帮助农民平滑消费波动，但在考虑了时间效应后，这种作用便不明显了，可能的原因在于信贷规模并不能代表农户得到的信贷支持，农民融资难问题仍然制约农村经济（钱龙、张桥云，2008）。城市化水平的提高可以帮助农民平滑消费，一方面是因为城市化水平的提高本身就会减少农业灾害的影响范围，另一方面城市化过程中农民工进城后的消费大多在城市中完成，受农业灾害的影响较小。从农民的个体特征来看，家庭持有的生产性固定资产也能起到一定的保险作用，但从长期来看作用仍然有限。而农民收入与农业灾害的交互项表明，提高农民收入仍然是解决风险冲击下农户消费波动的根本途径，特别是加入了农民收入与农业灾害的交互项后，农业灾害对农民消费波动的正向作用明显提高，进一步表明农业灾害通过影响农民收入加剧了农民的消费波动。

表 17 - 2 农业灾害对农民消费波动的影响

被解释变量	消费波动				
解释变量	（1）	（2）	（3）	（4）	（5）
disrate	0. 265 *** (0. 044)	0. 283 *** (0. 053)	0. 266 *** (0. 044)	0. 183 *** (0. 045)	0. 845 ** (0. 392)
urban	- 7. 579 *** (3. 359)	- 33. 91 *** (14. 63)	- 7. 576 *** (3. 359)	- 8. 798 (6. 285)	- 9. 833 (6. 798)
industry	- 10. 891 (7. 058)	- 36. 682 (25. 370)	- 10. 915 (7. 056)	6. 251 (12. 881)	8. 624 (15. 116)
log*farminc*	9. 663 *** (1. 833)	25. 044 *** (6. 677)	9. 664 *** (1. 834)	121. 028 *** (24. 392)	135. 069 *** (27. 440)
loan	- 5. 933 *** (1. 834)	- 20. 32 *** (5. 618)	- 5. 933 *** (1. 833)	0. 702 (2. 719)	0. 151 (2. 79)
respd	- 0. 002 (0. 004)	- 0. 002 (0. 005)	- 0. 003 (0. 004)	- 0. 002 (0. 005)	- 0. 002 (0. 005)
fixasset	- 0. 000 (0. 001)	- 0. 001 * (0. 003)	- 0. 002 (0. 002)	0. 001 (0. 002)	0. 000 (0. 005)
disrate × log*farminc*	—	—	—	—	- 21. 513 ** (10. 352)

续表

被解释变量	消费波动				
解释变量	（1）	（2）	（3）	（4）	（5）
常数项	−16.112＊＊	−28.413＊＊	−16.194＊＊	−324.333＊＊＊	−372.214＊＊＊
	（7.571）	（11.190）	（7.568）	（66.582）	（77.646）
地区效应	不控制	控制	不控制	控制	控制
时间效应	不控制	不控制	不控制	控制	控制
R²	0.02	0.04	0.02	0.43	0.43
截面数	29	29	29	29	29
样本量	717	717	717	717	717

注：括号中为标准误，采用地区变量的聚类稳健标准误。＊＊＊代表1%的水平上显著，＊＊代表5%的水平上显著，＊代表10%的水平上显著。

2. 市场化水平提高是否能够降低农业灾害对农民消费的冲击？

市场化进程推进了资源配置效率的提高，以市场化改革为方向的经济转型使得改革开放以来的中国经济赢得了举世瞩目的成就（樊纲等，2011）。在农村地区，市场经济的发展一方面为农民提供了更多的就业渠道，农业结构调整下，农民收入结构多元化，对农业收入的依赖降低，农业灾害发生时给农民整体收入造成的冲击减小，家庭消费的波动也可以得到平滑。另一方面，市场化水平的提高为农民提供了更多的保险机制，可以帮助农户应对外部冲击，保证家庭生活水平。

表17－3加入了市场化因素，分别采用混合回归、固定效应模型和双固定效应模型来考察市场化进程中农业灾害对农民消费波动的影响，重点关注农业灾害、农业灾害和市场化的交互项。同时加入市场化与农民收入对数的交互项来识别市场化进程平滑农户消费波动的途径。

表17－3　市场化进程中农业灾害对农民消费波动的影响

被解释变量	消费波动				
解释变量	（1）	（2）	（3）	（4）	（5）
disrate	42.595＊＊	54.123＊＊	57.312＊＊	41.255＊＊	45.916＊＊＊
	（12.259）	（24.576）	（26.334）	（15.885）	（15.743）
nsoe	31.517＊＊＊	40.097＊＊＊	36.376＊＊	20.546＊	41.834＊＊＊
	（8.509）	（13.793）	（17.280）	（10.959）	（47.757）

被解释变量	消费波动				
解释变量	(1)	(2)	(3)	(4)	(5)
$disrate \times nsoe$	−65.510 *** (18.957)	−83.420 ** (38.015)	−88.263 ** (40.756)	−63.584 ** (24.577)	−70.786 *** (24.354)
$industry$			−38.430 ** (18.760)	11.258 (16.064)	7.137 (16.154)
$urban$			−42.123 ** (18.915)	−9.421 (6.879)	−1.886 (7.153)
$logfarminc$			23.665 *** (5.455)	125.730 *** (25.468)	155.210 *** (29.890)
$nsoe \times logfarminc$					−35.434 ** (12.980)
$loan$			−21.792 *** (5.487)	−0.234 (2.793)	0.581 (3.037)
$fixasset$			−0.001 (0.000)	0.000 (0.000)	0.000 (0.000)
$respd$			−0.004 (0.005)	−0.002 (0.005)	−0.003 (0.005)
常数项	−19.211 *** (5.141)	−16.212 *** (3.223)	−44.610 *** (20.482)	−353.322 *** (71.940)	−441.20 *** (85.164)
地区效应	不控制	控制	控制	控制	控制
时间效应	不控制	不控制	不控制	控制	控制
R^2	0.020	0.048	0.060	0.440	0.440
截面数	29	29	29	29	29
样本量	754	750	717	717	717

注：括号中为标准误，采用地区变量的聚类稳健标准误。＊＊＊代表1%的水平上显著，＊＊代表5%的水平上显著，＊代表10%的水平上显著。

表17-3的结果显示，农业灾害对农民家庭消费的冲击仍然明显。但农业灾害与市场化的交互项显示，市场化进程中农业灾害对农民消费的冲击得到了一定平抑。值得注意的问题是，单纯看市场化的作用，可以发

现，市场化自身水平的提高加剧了农民家庭消费的波动。[1] 地区信贷规模的发展可以帮助农民在短期内获得平滑消费波动的途径，但在考虑了长期的时间效应后，这种保险作用便不存在了，信贷市场对农户消费平滑的作用有限（马小勇、白永秀，2009）。同样，工业化程度和城市化水平的提高有助于农民在短期内应对外部冲击引起的家庭消费波动，但从长期来看作用却不明显。政府的灾害救济和农民家庭持有的生产性固定资产无论是在短期还是在长期都不能帮助农民在面临负向冲击时保持稳定的消费状况。同表2的结果相似，市场化与农民收入交互项的系数在考虑了地区效应和时间效应后仍显著为负，进一步表明市场化进程可以增加居民的收入水平（刘江会、唐东波，2010；刘拥军、薛孝敬，2003；蒋满霖，2003），农村居民收入水平的提高是农民面临外部冲击时平滑消费的根本途径。

以上已经验证了农民家庭消费在灾害冲击下会发生较大波动，但在家庭消费中，不同的消费类型面临的冲击存在何种差异呢？为了进一步识别面临自然灾害时农民的家庭消费选择，本章通过对农民七大类消费的检验来分析灾害冲击对农户家庭消费结构的影响。[2]。

表 17 - 4　市场化进程中农业灾害对农民各项消费的影响

被解释变量	消费波动			
解释变量	食品消费	衣着消费	教育娱乐消费	住房消费
disrate	47.550 ***	39.533 **	31.306 **	35.248
	(16.690)	(18.489)	(13.241)	(23.493)
nsoe	14.867	25.769	13.272	36.831
	(12.963)	(15.608)	(18.473)	(18.371)

---

①　市场化对农户家庭消费波动的影响加剧与本章采用的 Hp 滤波法有关。Hp 过滤后的波动项被作为消费波动的度量指标，这是一系列绝对数值。市场化进程中农家家庭消费的规模总体上是不断上升的，那么 1985—2013 年，农户家庭消费整体水平的大幅提高本身就体现为一种波动，这是相对于以前低水平消费下产生的自然波动。

②　《中国农村统计年鉴》包含了农村居民在食品、衣着、住房、教育娱乐、家庭设备、医疗保健、交通通信和其他共八个类别上的消费数据。食品、衣着、住房和教育娱乐四项在样本期间数据完整，但家庭设备、医疗保健和交通通信的数据只包含 1993—2013 年，因此本章将它们分为两类报告。本章关注的一个重点是农业灾害和市场化对农民消费结构的具体影响，而其他这一类消费指标并不能为分析提供准确的信息，因此此处并没有考虑其他这一类别。

被解释变量	消费波动			
解释变量	食品消费	衣着消费	教育娱乐消费	住房消费
$disrate \times nsoe$	-73.695***	-61.129***	-48.031**	-53.794
	(25.828)	(28.603)	(20.496)	(36.346)
$industry$	8.794	-2.023	6.658	-2.995
	(18.361)	(17.665)	(8.705)	(17.110)
$urban$	-8.156	-10.086	-6.423	-14.845
	(10.357)	(7.928)	(6.656)	(9.031)
$logfarminc$	129.134***	144.932***	86.378***	69.751*
	(32.440)	(25.502)	(22.560)	(38.974)
$loan$	-3.595	-3.601	1.383	-4.474
	(3.805)	(3.528)	(2.687)	(4.082)
$fixasset$	0.001	-0.000	0.000	-0.000
	(0.000)	(0.000)	(0.000)	(0.000)
$respd$	-0.010	-0.009	0.001	0.002
	(0.007)	(0.005)	(0.004)	(0.009)
常数项	-350.830***	-387.051***	-251.653***	-204.358*
	(91.742)	(71.97)	(57.968)	(109.298)
地区效应	控制	控制	控制	控制
时间效应	控制	控制	控制	控制
R^2	0.345	0.443	0.254	0.246
截面数	29	29	29	29
样本量	717	717	717	717

注：括号中为标准误，采用地区变量的聚类稳健标准误。＊＊＊代表1%的水平上显著，＊＊代表5%的水平上显著，＊代表10%的水平上显著。

表17-4显示了对农民家庭的食品消费、住房消费、衣着消费和教育娱乐消费的检验结果。在控制了时间效应和地区效应后发现，农村家庭在面临灾害冲击时会调整在食品、衣着和教育娱乐方面的支出，其中食品消费波动受灾害影响最大。交互项的系数表明，相对来看，市场化水平提高平滑农民家庭食品和衣着消费的作用更加明显。随着收入水平的提高，农民的食品消费已经实现"从吃饱到吃好"的转变，1990—2010年，农村居

民家庭的食品消费中蛋奶制品的数量提高了近 3 倍，[①] 在面临灾害冲击时，家庭会削减食品消费中调节膳食结构的支出，比如水果、蔬菜、牛奶等。对于满足温饱的食品消费，如面粉、大米等并不会因为农业灾害发生大的变动。因此，农业灾害引起的农民家庭食品消费波动可以被解释为农民食品消费结构在外部冲击下的内部调整。同样的解释也适用于农民家庭衣着消费的波动。收入水平提高时，衣着消费也被从用途上区分开，在面临灾害冲击时，家庭会削减享受型衣着支出（这部分支出在家庭未受灾时并不单纯被用作挡风避寒），而基本的生存型衣着支出则不会发生大的变化。由此可见，灾害冲击下农民家庭的食品、衣着消费波动是内嵌于经济发展和农民收入不断增长的趋势中的，食品和衣着消费内部也存在生存型和享受型两种类型，灾害冲击影响的是享受型消费的波动。教育娱乐消费作为人力资本积累的重要途径，在面临灾害冲击时发生的波动已被很多文献证明（Thomas 等，2004；Emla，2007）。教育娱乐消费的回报周期较长，当家庭面临严重的农业灾害时，为了应对由此产生的收入波动风险，家庭会选择让孩子立即加入农业生产中，灾害风险对教育有着显著的副作用，同时提高了童工数量（Beegle 等，2005）。需要重点解释的是，农村居民的住房消费长期来看并不会因为农业灾害冲击发生明显的波动。一方面，这是由住房消费的自身特征决定的。农村住房的最大用途是满足农户的居住需求，在支出上表现为一次性支出，一旦修筑完成，持续性花费较少，住房消费本身的波动就不明显。另一方面，这展现了农村居民住房消费的刚性需求和集聚现象。在农村的婚姻市场上，住房条件是子女寻求配偶时竞争力的体现，而自身竞争力的大小取决于周围家庭住房条件的好坏，住房赶超引起的集聚性支出行为使住房消费在短期内快速完成。国家的农村住房改善工程和建筑材料价格的波动在宏观层面也会导致农户住房支出的集中，因此在同时控制了地区效应和时间效应后，农业灾害对住房消费波动

---

　　① 根据 2011 年《中国农村统计年鉴》数据计算，1990 年农村居民蛋奶制品消费量为 3.7 千克/人，2010 年上涨为 9.3 千克/人。

的影响就不明显了。

由于数据可得性，根据式（17-2），本章对家庭设备、医疗保健和交通通信三项消费进行了双向固定效应回归，结果如表17-5。

表17-5　市场化进程中农业灾害农户各项消费波动的影响

被解释变量	消费波动		
解释变量	家庭设备消费	医疗保健消费	交通通信消费
disrate	-0.056 (0.064)	0.162 * * (0.080)	-0.158 * (0.090)
nsoe	-0.070 (0.052)	0.071 (0.066)	-0.116 (0.074)
disrate × nsoe	0.086 (0.098)	-0.250 * * (0.124)	0.246 * (0.141)
industry	0.071 (0.090)	0.067 (0.114)	0.026 (0.128)
urban	-0.011 (0.037)	0.001 (0.047)	-0.037 (0.053)
logfarminc	0.013 (0.033)	0.009 (0.042)	0.023 (0.047)
loan	0.011 (0.018)	-0.000 (0.023)	0.009 (0.026)
fixasset	0.000 (0.000)	-0.000 (0.000)	0.000 (0.000)
respd	-0.000 (0.000)	0.000 (0.000)	-0.000 (0.000)
常数项	-0.071 (0.116)	-0.118 (0.146)	-0.045 (0.165)
地区效应	控制	控制	控制
时间效应	控制	控制	控制
R^2	0.257	0.198	0.176
截面数	29	29	29
样本量	715	715	715

注：括号中为普通标准误。 * * *代表1%的水平上显著， * *代表5%的水平上显著， *代表10%的水平上显著。

表17-5的结果表明，家庭设备支出在面临灾害冲击时也没有发生大

的波动。与住房消费类似，耐用消费品和生产性资产的购置支出是在短期内完成的，在长时间段内考察时本身波动就比较小。此外，从全年的消费来看，家庭设备消费的占比较小，家庭设备消费的波动幅度较低。医疗保健消费受到了灾害冲击的影响，市场化水平的提高也相对平抑了农业灾害对医疗保健消费的冲击，但这种关系在采用了地区聚类标准差后变得不明显了。这说明各省份自身的某些特征会影响到农民家庭医疗保健消费的波动，[①] 中国省际由于经济发展水平、财政投入程度不同导致了医疗服务政策的差异（刘德吉等，2010）。地区医疗政策差异会影响农户的医疗支出。本章所要考察的农业灾害与医疗消费波动的关系也自然会受到地区异质性的影响。不同于其他消费，交通通信消费在农业灾害发生时的波动减小，市场化的作用加剧了农业灾害下的交通通信消费波动，考虑了地区差异后这种关系仍然存在。一方面，信息是降低不确定性的重要资源，在农业灾害发生时为了了解灾害状况，农户对信息产品的消费需求增加。另一方面，农业灾害发生时农民与周围人的交流增多，包括亲戚朋友之间的问候、帮助。农业灾害通过这两种途径加强了农户的交通通信消费需求，而农村市场经济的发展可以为农户提供更多的信息获取渠道。相对于没有发生农业灾害的时期，交通通信消费的增加会引起整个时期该项消费的波动。

农户面临农业灾害时家庭消费结构的变动是本章的重点。实证研究的结果表明，从长期来看，农业灾害对日常消费品消费波动的影响要大于耐用型消费品，短期的一次性消费项目对农业灾害的反应并不敏感。

三、结语与启示

农业灾害是影响农业生产和农民收入的重要因素，农民面临的这种意外冲击会对其家庭消费决策产生影响。本章在中国市场化进程的背景下利

---

① 各地区的经济发展水平存在差异，因此在国家统一的政策下又存在差异性的医疗政策。一个突出的表现是有的地区已经实行了全民免费医疗，如陕西省神木市。

用中国的省际面板数据检验了农业灾害对农民家庭消费波动的影响。第一，农业灾害确实提升了农民消费的不稳定性，这种效应在考虑了各地区的平均市场化水平后仍然显著存在。第二，市场化水平的提高可以相对缓解农业灾害对农民消费波动的影响，但总体来看，市场化进程自身通过影响农民收入等途径平抑灾害冲击下的消费波动。第三，对农民家庭消费结构的进一步研究表明，中国农村家庭居民消费中享受型消费对灾害冲击的反应最为敏感。在农民日常生活消费品日益丰富的情况下，部分享受型食品、衣着消费会受到农业灾害的显著影响。与现有的很多研究结果类似，教育娱乐消费在面临灾害冲击时首当其冲，农业灾害影响着农村地区的人力资本投资。对于短期内的大规模消费（住房、家庭设备消费），农业灾害的冲击并不明显。灾害发生时农户对信息消费的需求增加，市场化提供的多种消费途径提高了农户信息消费的波动，进一步表明中国农村地区平日信息消费不足。

中国自古以来就自然灾害多发，农业灾害给中国农民带来的生产和生活冲击应该得到更多重视。在应对灾害冲击时，政府在做好事前防御、事后救助治理的同时，还应该致力于推动中国农村的市场化进程，为农民提供更多的收入来源和正式制度的保障，缓解灾害事件对农民生活和消费的冲击。

第十八章　地方财政支农支出提升农业生产抗灾能力研究

财政支农是现代农业生产的重要资金来源。本章基于农业生产抗灾能力的视角，探究了地方财政支出对农业灾害成灾率的影响，运用中国1997—2013年省际面板数据进行实证检验，通过面板固定效应回归模型、面板方差分解和脉冲响应函数分析，发现地方财政支出的增加能够显著地降低农业生产的成灾比例，提升农业生产的抗灾能力，但地方财政支出对农业生产抗灾能力的影响存在显著的区域异质性，并基于研究结论提出了相应政策启示。

一、问题的提出

近年来，在中国经济持续高速增长的同时，自然灾害的发生频率及相应的经济损失也不断上升。中国是处于经济社会双重转型期的农业大国，农业是具有高社会效益和低经济效益的弱质性产业，作为国民经济的基础性产业关系国计民生。但是伴随经济社会的发展，农业自然灾害发生的频率明显增加，典型的莫过于水旱灾害、病虫灾害等。但是农村经济发展水平较低，基础设施（尤其是生产性基础设施）建设明显滞后，生态环境脆弱，进一步削弱了农业生产的抗灾能力。农业灾害对经济社会造成的巨大损失不仅影响到农业生产，更影响到经济社会稳定。

财政支农作为现代农业生产的重要资金来源，是实现农业现代化的重要保障，也是推动农业生产性基础设施建设、提高农业综合生产能力和农业抗灾能力、降低灾害发生时农业生产的成灾比例的重要手段。中共中央办公厅、国务院办公厅 2015 年 11 月 2 日印发的《深化农村改革综合性实施方案》提出，把农业农村作为财政支出的优先保障领域，确保涉农业务投资只增不减，用以发展农村经济。从这个角度出发研究中国财政支农政策的农业减灾效应，探究财政支农支出对农业自然灾害的影响及其地区差异，对降低农业生产成灾率、提升农业生产抗灾能力具有较好的政策参考价值。

农业生产具有公共品属性和弱质性特征，不仅农业抗灾能力弱，而且农业生产对财政的依赖性更高。财政支农作为财政参与农业生产的重要手段和资金来源，引起了学术理论界的广泛关注，相关研究可分为以下两方面：

一是财政支农对农业生产的影响。这方面的许多经典研究文献主要基于两个视角：一个视角关注财政支农与收入。传统凯恩斯主义经济学认为，政府财政支出的增加能够带动居民收入增长。Fan（2003）、缪小林等（2007）也证实了财政支农资金配置的低效率。在收入的基础上，一些学者进一步探究了财政支农与农村居民消费、财政支农与农村减贫之间的关系。另一个视角关注财政支农与经济增长。肖新成（2005）对中国财政支农与农业经济增长的研究发现，财政涉农业务投资对农业经济增长至关重要，今后农业发展应该大幅度增加财政涉农业务投资。胥巍等（2008）分析了中国财政支农与农业增长的区域差异，发现财政支农绩效评价与经济增长之间存在长期均衡关系，相关性在西部地区表现得更为显著。这一方面的研究还有刘涵（2008）、苏永伟（2015），这些研究都证实了以上结论。

二是对农业灾害的研究。大多数农业灾害的研究都侧重于对农业灾害引起的农业损失和经济损失的评价和测度，在方法和研究思路上较多地体现出地理科学和灾害科学的研究特征。少部分研究关注了外部冲击对农业生产和农民收入波动的影响，并从消费平滑和灾害应对的角度提供了相关的政策建议。可以发现，关于灾害经济的研究长期以来集中在地理科学和灾害科学方面，学界较少涉猎中国财政支农政策对农业减灾效应的影响。但是，政府财政支农支出是影响农业生产和农业防灾减灾的重要因素，科学评价财政支农的减灾绩效，对充分发挥财政支农支出在农业生产中的减灾效应、提高农业生产的抗灾能力，具有重要的现实意义。

二、模型、变量与数据

（一）模型设定

根据主要的研究动机，为了精确揭示地方财政支农支出对农业生产抗灾能力的影响，在实证分析模型中引入其他影响农业生产抗灾能力的影响因子作为控制变量是必要的。为避免不可观测因素导致的模型内生性问题，实证分析中采用面板数据分析方法。实证分析模型如下：

$$dis_{it} = \alpha + \beta_1 fin_{it} + \sum_{j=1} \lambda_j x_{ijt} + \eta_i + \varepsilon_{it} \qquad (18-1)$$

其中，i 表示样本截面单元；t 表示样本时间单元；dis 表示农业生产的抗灾能力；fin 表示地方财政支农支出；x_{ijt} 为一组影响农业生产抗灾能力的控制变量；η_i 表示截面单元不可观测且不随时间变化的区域个体效应；ε_{it} 为与时间、地区无关的残差项。

（二）指标定义

在三次产业中，农业生产对自然灾害的反应最为敏感，农业生产的受灾面积表示农业生产中自然灾害的发生情况，而成灾面积可以表示运用过防灾、减灾措施之后农业生产减收或者绝收的面积。因此，计量模型中采用农业生产的成灾面积与受灾面积的比值来测度农业生产的抗灾能力，比值越小表明农业生产的抗灾能力越强，反之，比值越大表明农业生产的抗灾能力越弱。变量名称记为 dis。

农业生产的天然弱质性使农业生产性基础设施建设投资对地方财政的依赖性较高。计量模型中地方财政支农支出用地方政府财政中用于农林水等涉及农业务的支出来衡量，反映地方财政支农支出的绝对规模。变量名称记为 fin。

其他控制变量为：①工业化。对工业化的衡量采用工业总产值与农业总产值的比值，用以控制工业化对农业生产抗灾能力的影响。变量名称记

为 *ind* 。②第一产业就业人数。劳动力作为农业生产中最重要的投入要素，第一产业就业人数对农业生产的抗灾能力也会产生重要影响，因此把就业人数看作一个控制变量是合理的。变量名称记为 *emp* 。③农业机械总动力。指全部农业机械动力的额定功率之和，控制农业生产方式的现代化水平。农业机械是指用于种植业、畜牧业、渔业、农产品初加工、农用运输和农田基本建设等活动的机械设备。变量名称记为 *amt* 。

（三）数据来源与处理说明

实证分析中，考虑到样本数据的可获得性与可比性，采用 1997—2013 年中国 31 个省（自治区、直辖市）的数据。原始数据均来自《中国统计年鉴》《中国农村统计年鉴》《中国农村住户调查年鉴》、各省（自治区、直辖市）统计年鉴。缺失数据用中国经济与社会发展统计数据库、中国社会科学院金融统计数据库进行补充。考虑到价格波动因素，在数据处理中对相关名义变量用消费者物价指数进行平减。为了消除内生性和异方差问题，所有变量序列均取自然对数进入回归分析。表 18-1 给出了所有变量的描述性统计，可以看出变量间存在较大变差，为经验分析提供了可能。

表 18-1 变量的描述性统计

变量	平均数	中位数	最大值	最小值	标准差	观测值
ln*dis*	3.8886	3.9408	4.4747	0.8440	0.3238	521
ln*fin*	3.9969	3.8689	6.7666	0.2231	1.3824	521
ln*ind*	1.1143	1.0508	4.0553	−1.2730	0.9185	521
ln*amt*	7.2682	7.4148	9.4525	4.3496	1.0482	521
ln*emp*	6.5093	6.7346	8.1786	3.6185	1.1029	521

三、实证检验与分析

（一）面板回归结果与分析

1978 年改革开放以来，中国经济遵循非均衡的发展战略，加之各省份地理环境、要素禀赋的差异等不可观测因素对农业生产抗灾能力产生了不同影响，回归分析中选择固定效应模型可以校正这种异质性因素。面板模型选择的 Hausman 检验信息规则结果也表明应该选择固定效应模型。表 18 - 2 报告了全国及分区域面板固定效应模型的回归结果。

表 18 - 2　面板固定效应模型回归结果

变量	全国	东部地区	中部地区	西部地区
ln*fin*	- 0.0658***	- 0.00454	- 0.0645***	0.0318
	(- 3.98)	(- 0.20)	(- 2.74)	(- 1.48)
ln*ind*	0.0317	- 0.0753	- 0.0795	- 0.0955
	(- 1.01)	(- 1.16)	(- 1.34)	(- 1.58)
ln*amt*	- 0.00883	- 0.133**	- 0.0617	- 0.171***
	(- 0.20)	(- 2.17)	(- 0.95)	(- 2.60)
ln*emp*	0.068*	0.185*	0.171*	0.180*
	(- 1.68)	(- 1.93)	(- 1.84)	(- 1.92)
常数项	3.737***	3.742***	3.381***	4.019***
	(- 20.39)	(- 5.2)	(- 4.88)	(- 5.59)
观测值	521	521	521	521

注：括号内为 t 统计量；＊表示 $p < 0.1$，＊＊表示 $p < 0.05$，＊＊＊表示 $p < 0.01$。

全国样本的回归结果表明，地方财政支农支出对农业成灾率的反应系数为负值，而且通过了统计显著性检验，即全国层面地方财政支农支出的增加能够显著地降低农业生产的成灾比例，提升农业生产的抗灾能力；工业化在全国层面对农业成灾率的反应系数为正，农业机械总动力的反应系数为负，但是二者的回归系数均不具有统计显著性；第一产业就业人数对农业成灾率的反应系数在10%的显著性水平下显著为正，即第一产业就业人数的增加并不能提升农业生产的抗灾能力。分区域的回归结果表明，地方财政支出对农业生产抗灾能力的影响存在显著的区域异质性。东部地区地方财政支农支出对农业成灾率的反应系数为负值，但是不具有统计显著性；中部地区的回归结果与全国基本一致，即中部地区地方财政支出支出的增加可以有效降低农业灾害发生时的成灾比例；西部地区地方财政支农支出对农业成灾率的反应系数为正但不具有统计显著性。就控制变量而言，工业化在三大地区的回归系数均为负且未能通过统计显著性检验；农业机械总动力在东部地区和西部地区的回归系数显著为负，在中部地区系数为负却不显著；第一产业就业人数在三大地区对成灾率的反应系数与全国基本一致，即第一产业就业人数的增加并不能提升农业生产的抗灾能力。

（二）方差分解

方差分解用以分析每一个变量结构冲击对内生变量变化的贡献度，以此来评价不同结构冲击的重要性，可以精确刻画地方财政支农支出对农业生产抗灾能力的动态影响。根据面板数据的时间跨度，表18-3报告了第3、6、9、15、15个预测期的方差分解结果。

从全国方差分解的结果可以看出，农业生产的抗灾能力即农业灾害成灾比例具有显著的路径依赖特征，在预测期内对自身波动变化的解释度始终在90%以上。地方财政支农支出对农业生产抗灾能力的解释度随预测期的推移逐步增强，但解释度非常有限，不到1%。就其他控制变量而言，农业机械总动力对农业生产抗灾能力的解释度在预测期内保持在0.3%的水平；第一产业就业人数的解释度随时间的推移逐渐增大，并于第12个预测期稳定在1.5%的水平；工业化对农业生产抗灾能力的解释度在预测期内基本保持稳定，在3.3%的水平上波动。从分区域的方差分解中可以看出，东部地区农业生产抗灾能力受自身的影响最大，解释度高达97%，地方财政支农支出对农业生产抗灾能力的影响在第6个预测期之后趋于稳定，为0.8%，解释度依然有限；中部地区农业生产抗灾能力受自身波动影响的力度随时间的推移逐渐降低，第15个预测期的解释度为32.3%，地方财政支农支出对农业生产抗灾能力的解释度存在"倒U"形趋势，即随着时间的推移，中部地区地方财政支农支出对农业生产抗灾能力的解释度先上升，在第6个预测期达到最大，之后出现下降趋势；西部地区农业生产抗灾能力波动依然受自身变化的影响，解释度随时间的推移逐年降低，但始终在80%以上，地方财政支农支出对西部地区农业生产抗灾能力的解释度随时间的推移逐渐增加，第5个预测期的解释度为2.2%。可以看出，地方财政支农支出对农业生产抗灾能力的影响存在显著的区域异质性。

表 18 - 3　方差分解

变量	lndis				
时期	3	6	9	12	15
全国 lndis	0. 955	0. 947	0. 944	0. 941	0. 940
lnfin	0. 001	0. 003	0. 005	0. 007	0. 009
lnamt	0. 003	0. 003	0. 003	0. 003	0. 003
lnemp	0. 006	0. 013	0. 014	0. 015	0. 015
lnind	0. 035	0. 034	0. 033	0. 034	0. 033
东部 lndis	0. 971	0. 971	0. 970	0. 970	0. 970
lnfin	0. 006	0. 008	0. 008	0. 008	0. 008
lnamt	0. 003	0. 001	0. 001	0. 001	0. 001
lnemp	0. 013	0. 012	0. 012	0. 012	0. 012
lnind	0. 008	0. 008	0. 008	0. 008	0. 008
中部 lndis	0. 845	0. 682	0. 544	0. 423	0. 323
lnfin	0. 036	0. 049	0. 038	0. 029	0. 023
lnamt	0. 002	0. 018	0. 046	0. 081	0. 118
lnemp	0. 068	0. 156	0. 229	0. 283	0. 321
lnind	0. 049	0. 095	0. 143	0. 185	0. 214
西部 lndis	0. 981	0. 918	0. 879	0. 859	0. 847
lnfin	0. 005	0. 012	0. 016	0. 020	0. 022
lnamt	0. 003	0. 005	0. 012	0. 018	0. 021
lnemp	0. 001	0. 002	0. 004	0. 008	0. 015
lnind	0. 010	0. 063	0. 088	0. 095	0. 095

（三）脉冲响应函数

脉冲响应函数可以用来分析系统结构中各因素冲击对其他变量序列的动态性影响。考虑到面板数据的时间跨度，本章根据信息规则在滞后 2 期报告了 6 个预测期的冲击反应。冲击反应函数是由 Monte Carlo 模拟 500 次得到（见图 18 - 1），图 18 - 1 中上线和下线表示置信区间。

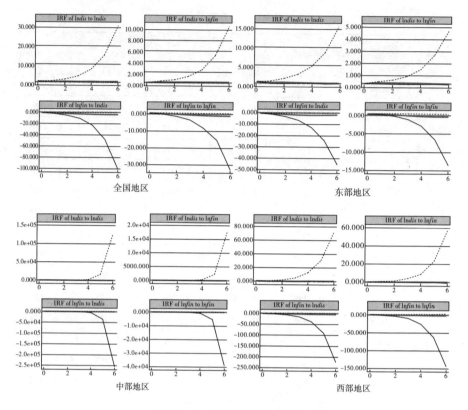

图 18-1　脉冲响应函数分析

　　从全国的脉冲响应函数图中可以看出，给地方财政支农支出一个结构性冲击，农业生产的抗灾能力对该结构冲击的反应为负。本章农业生产的抗灾能力用灾害发生时的成灾比例来测度，是一个反向指标，即成灾比例越小，表示农业生产的抗灾能力越强，因此，负的反应即是提升农业抗灾能力的正效应。但是这种冲击效应的作用力比较弱。分区域的脉冲响应函数图表明，东部地区的农业生产抗灾能力对地方财政支农支出的结构性冲击的冲击反应与全国基本一致，即给予地方财政支农支出一个正向的结构性冲击，会导致农业生产抗灾能力显著提升，但这种冲击反应的作用力度同样较小；中部地区农业生产抗灾能力对地方财政支农支出的冲击反应不敏感，在预测期内冲击反应线基本与 0 重合，即给予中部地区地方财政支农支出结构性冲击不会引起农业生产抗灾能力的显著变化；西部地区农业生产抗灾能力对地方财政支农支出的冲击反应力度也比较弱，冲击反应线在0的水平线上微小波动，即给予西部地区地方财政支农支出结构性冲击，农业生产抗灾能力只会出现轻微的波动。

四、结论与政策建议

本章从农业生产抗灾能力的视角探究了地方财政支农支出对农业灾害成灾率的影响。通过面板固定效应回归模型、面板方差分解和脉冲响应函数分析发现：地方财政支农支出的增加能够显著地降低农业生产的成灾比例，提升农业生产的抗灾能力。但地方财政支农支出对农业生产抗灾能力的影响存在显著的区域异质性，东部地区和西部地区地方财政支农支出对农业成灾率的反应系数不具有统计显著性，而中部地区的回归结果则与全国基本一致。农业生产的抗灾能力即农业灾害成灾比例具有显著的路径依赖特征，地方财政支农支出对农业生产抗灾能力的解释度随预测期的推移逐步增强，但解释度非常有限。区域间地方财政支农支出对农业生产抗灾能力的解释度存在差异，这种差异表现在解释力度和时间路径上。给地方财政支出一个结构性冲击，农业生产的抗灾能力对该结构冲击的反应为负。考虑到农业生产的抗灾能力的测度是一个反向指标，因此负的反应即是提升农业抗灾能力的正效应。东部地区的农业生产抗灾能力对地方财政支农支出的结构性冲击的冲击反应与全国基本一致，中部、西部地区农业生产抗灾能力对地方财政支农支出的冲击反应不敏感。基于以上的研究结论，有以下的政策启示：

①深化财税体制改革，提高地方财政涉农业务支出比重，把"三农"视作地方财政支出的重要领域，设置地方财政"三农"专项保障基金，确保地方财政涉农业务投资只增不减；进一步发挥中央财政的转移支付和政策引导性功能，建立逐步向中部、西部地区的转移支付制度，引导地方财政进行农业综合开发治理、农田水利建设、抗灾作物育种等基础性投资。②优化地方财政支农支出结构，科学界定地方财政支农支出的规模和结构边界，提高财政支农资金的投资绩效。不仅要保障农业基本建设支出、农

机补贴、农业科技三项费用，还应该结合不同区域的发展阶段及农业生产中灾害发生实际，利用地方财政支出进行有效的农业生产防灾减灾性基础设施建设，提高农业生产的抗灾能力。③充分发挥财政的积极引导作用，建立农业生产保险政策。发展农业保险是农业供给侧结构性改革的重要任务，农业保险供给要适应现代农业生产的变化，进一步扩充内涵、优化结构、强化农业保险和农业生产的关联度，全面提升农业保险的供给能力和服务水平，改善农业生产的弱质性，提高农业生产抗灾能力。④提升城镇化和工业化对农业农村的反哺水平和质量。现阶段，中国已经进入城市支持农村、工业反哺农业的新发展阶段，因此，提升农业生产抗灾能力不应局限在农业生产范围之内，应该充分挖掘可以提升农业生产抗灾能力的手段和资源，强化农业在国民经济中的基础性地位，切实有效地提升农业生产的抗灾能力，降低农民农业生产的经营性风险。

第十九章　预防自然灾害的激励机制研究

经济利益与生态利益、区域利益与公共利益、当前利益与长远利益之间存在冲突与矛盾，使得以眼前利益最大化为目标的企业、家庭和政府等经济活动主体，不会积极主动地预防自然灾害。本章研究了在物质利益的驱使下，预防自然灾害面临的现实约束和预防自然灾害激励机制的着力点，提出了构建激励各主体持续预防自然灾害的长效机制。

一、预防自然灾害的现实约束：利益冲突

在物质利益的驱使下，企业和家庭等微观经济主体对自然环境进行无情的索取和恣意的破坏，个人经济利益的满足以侵占公共的生态环境权益为代价；以政府官员任期内的政绩为指标的考核体系使得各级地方政府只关注当下经济的发展，不会主动重视自然灾害的预防，在获得区域利益的同时损害整体的生态环境权益。追求最大化的经济利益构成了各主体行为选择的"万有引力"，当代人为了实现当前利益不顾及后代人生态权益的现象屡见不鲜。自然灾害预防过程中面临着经济利益与生态利益、区域利益与公共利益、当前利益与长远利益之间的冲突与矛盾，进而导致各主体不会积极主动地预防自然灾害。

（一）经济利益与生态利益的冲突

生态利益是全社会的公共利益。预防自然灾害要求各经济主体从生态系统中获得经济利益的同时，保持生态环境生产力的可持续运行，进而预防自然灾害风险。积极预防自然灾害带来的优良生态环境，对于"利润最

大化者"来说，属于具有明显"异己性"的共同财产：预防灾害的成本由防灾主体个人承担，而防灾的成效却要由全体居民共享。在经济利益驱使下，各主体只关注取得经济利益最为直接的途径和结果，只注重如何通过最低的成本换取最大限度的交换价值，将对自然界的适应与利用变为对自然界的占有与征服，理所当然地将自然界当作经济利益的"供养者"，在将自然界中的原料和燃料转变为能够带来经济利益的产品的同时，将大量副产品和废弃物排放到生态环境中。然而，经济条件的人为控制、要素的反生态配置、活动周期的极度压缩具有严重的反自然性，使自然环境在形成使用价值的同时，生态失衡日益严重。可以看出，在环境灾害防治的过程中，经济利益与环境利益之间存在冲突。因此，经济主体不大可能从生态环境利益的角度考虑并实现自身的经济利益，不会主动地采取有效的措施规避自然灾害风险，环境灾害的预防无从谈起。

（二）区域利益与公共利益的冲突

地方政府作为中央政府的延伸，在预防自然灾害具体政策实施的过程中，中央政府这一委托人将实际执行权和控制权移交到地方政府这一代理人手中。从理论上讲，地方政府必然会积极主动地执行其预防自然灾害的相关职能。在现行政治体制下，中央以地方官员所在地区的业绩对其任期内的政绩进行考核。而预防灾害效益的显现是一个长期过程，防治环境灾害的时间贴现率低于地方政府官员的时间贴现率，对地方政府官员的政绩不能产生立竿见影的影响，从而诱发各级地方政府官员倾向于追求其任期内当地经济规模的增长，对预防灾害采取"不作为"的态度，或希望通过"搭便车"坐享其他区域的防灾绩效。同时，为了平衡政府各部门中的利益关系，地方政府表面上承诺会积极投身预防自然灾害，积极维护全社会公共的生态环境利益，实则会凭借经济实权和信息不对称的优势，对有关防灾政策进行"扭曲性创新"，以"上有政策下有对策"的方式，尽可能地减少或避免本地区区域利益的损失。与此同时，新上任的政府官员为了实现本届绩效的最大化，拒绝承担并履行与上届政府相关的防治环境灾害任务，甚至会不顾当地经济社会的实际情况与承受力，透支下届政府能够用于防治环境灾害的财力，对需要作出长期规划和投入的防治环境灾害的工程敬而远之。因此，在"唯功绩制"的晋升机制下，地方政府总是以其任期内区域利益最大化作为防治环境灾害的抉择标准，公共权力难以沿着保护全体公民公共利益的方向运转。

（三）当前利益与长远利益的冲突

预防自然灾害作为一个关系全局的举措，涉及整个社会和全人类的利益。后代人利益的维护是当代人代行的，这就要求当代人具有较强的利他主义观念。然而，在当前利益和长远利益面前，各家庭更倾向于选择当前利益，进而将自然界仅仅看成增加当前利益的载体，将满足当前利益视为其消费活动的价值判断，认为自己不重视防灾的微小行为不足以造成自然灾害，不会顾及自己的行为在长期不可预期的自然灾害后果，不愿主动采取有效措施规避自己的逐利行为潜在的灾害风险。当前利益的获得会使人们陶醉在这一"伟大胜利"之中，为后代人保留良好的生态环境的审慎常常屈服于当前更大的利益，进而导致征服自然环境的诉求不断升级。然而，这种以当前利益为目标的资源耗竭型的生产生活方式，使对资源的利用超过自然资源的再生和复原能力，排放的废弃物超过生态系统的净化能力。所谓"微不足道"的影响聚集起来便会形成诱发自然灾害的"微小行为的暴行"，使生态环境在满足人们当前利益的同时，再生能力与承载能力逐渐下降，影响后代人从平等享有生态系统服务的权利中取得的利益。

二、预防自然灾害激励机制的着力点：经济补偿机制

防灾减灾的经济收益低下是企业、家庭和地方政府对防灾减灾缺乏主动性与积极性的主要原因。为了纠正预防自然灾害进程中的目标偏差，对各行为主体防灾减灾的成本进行必要的补偿，应对追求经济利益最大化的企业减免税费，对广大家庭进行现金补偿，并优化政府的绩效考核机制，增加防灾减灾在地方政府政绩考核中的比重。这是提高经济主体参与防灾

减灾的"保留价格"的重要途径，是激励企业、家庭和政府参与防灾减灾的积极性与主动性的重要动力机制。

（一）对企业防治自然灾害实行税收优惠

税收作为国家调节经济的有力杠杆，根据税收调节机制的原理，对注重生态环境保护、积极防灾减灾的企业实行税收优惠，提供一定的所得税减免，能够激励企业这一市场经济中最为主要的微观主体防灾减灾的积极性。在增值税的征收上，对企业购置的具有防灾功能的设备实行进项抵扣，以鼓励企业购置与使用先进的防灾设备，鼓励企业加大在预防自然灾害方面的投资力度，实行环保投资的退税等。加大税收的优惠力度，如通过对综合利用"三废"和进行清洁生产的企业给予一定的税收优惠，降低企业生产过程中的各种税负，扶植并引导对生态环境无害的产业和环保产业的发展。在此基础上，灵活运用关税政策（如降低税率和特别关税等），制定利用全球范围内的节能和环保技术的税收政策，促进对该类技术的吸收、消化和运用，鼓励企业采用有利于生态环境的技术，并激励其开发高效、洁净的新能源。

（二）对家庭防治自然灾害进行现金补偿

家庭作为社会中最基本最广泛的行为主体，其是否支持生态型产品直接关系到正规社会防灾减灾的成效大小。对广大家庭选择生态型产品的行为进行现金补偿，是提高家庭防灾减灾意识、促使其选择生态型产品的有效途径。现金补贴作为促使广大家庭加大生态型产品消费最为直接的补偿形式，能够直接增加家庭的收入，激励广大家庭优化其日常消费行为，注重生态品消费对优化生态环境的重要性，进而达到可持续地参与防灾减灾的目的。同时，为了进一步加强现金补贴的激励效用，在扩大现金补贴规模的基础上，不断完善补贴资金的发放细则，保障资金及时、准确地发放，切实提高广大家庭选择生态型产品、注重生态环境保护、预防自然灾害的积极性。在落实与完善现金补贴的基础上，建立相应的补偿基金，并不断完善基金的管理、发放与监管等实施细则，最终使补偿基金能够覆盖全国。

（三）优化地方政府防治自然灾害的政绩考核

预防自然灾害作为关系人类生产和经济发展全局的重要举措，地方政府在其中扮演着主导者、引导者和监督者的角色。要保证防灾建设富有成效，必须发挥各级地方政府的巨大作用。政绩考核安排直接影响地方政府防灾减灾的执行情况，合理科学的政绩考核可以将政府导向积极参与预防自然灾害的轨道。制定科学、合理的政绩考核机制，是各级地方政府防灾减灾职能得以正常发挥的保证。只有将预防自然灾害纳入政府绩效考核体系中，从以 GDP 为主导的传统政绩考核向包含各地防灾减灾情况的政绩考核转变，才能全面地评价政府防灾减灾职能的执行情况，激励各级地方政府防灾减灾的积极性和主动性，保证各级地方政府不会因有限政期内的政绩考核而单一追求地区经济规模的增长。

三、防治自然灾害激励机制的发展：各主体防治灾害的长效机制

对追求经济利益最大化的企业减免税费，对广大家庭进行现金补偿，并优化政府的绩效考核机制，在我国提倡和呼吁预防自然灾害的阶段虽然有着不可代替的作用，但这一直接减少企业成本、增加家庭收入和改善政府考核的做法具有暂时性，不能从根本上保证各主体一直关注并实施防灾减灾。从长期来看，在依靠国家经济补偿改变各主体的短期偏好之后，激励机制要能保证在取消经济补偿后，企业、家庭和政府仍能主动地预防自然灾害。因此，在防灾减灾实施一段时间后，必须构建激励各主体持续预防自然灾害的长效机制。

（一）深化企业防治灾害的激励机制

企业作为社会经济中重要的行为主体，其预防自然灾害的实施情况直接决定着我国整体防灾减灾的效益。首先，应建立排污交易机制，在满足预防自然灾害要求的条件下，建立起科学、合法的污染物排放权利。由政

府确定出某一区域的防灾目标，在此基础上评估出该区域的环境容量，进而推算出能够允许的污染物最大排放量。将最大排放量分割成若干个排污权，通过竞价拍卖、定价出售等方式对这些权利进行分配，并通过建立相应的排污权交易市场对这一权利进行交易，从而解决防灾设备资产专用性强、企业不愿投入的问题。与此同时，在排污权交易的市场上，各企业会从自身经济利益出发，自主地决定污染治理的程度，从而买入或卖出排污权：排污权的卖方为了获得更大的经济利益，会提高其预防灾害设备的质量；排污权的买方为了减少生产成本，会降低污染生态环境物质的排放量，并进行生产工艺的创新，提升治污技术与水平。由此，在生产工艺上注重保护生态环境、预防自然灾害的企业就可以通过市场获得更多的收益。因此，排污权交易的引入不仅起到了激励污染排放量较大的企业升级防灾技术的作用，也给污染排放量较小的企业带来了经济激励，用最小的代价减少污染物，进而预防自然灾害。

其次，建立专利保护机制。专利作为相关机构授予的专用权利，规定给予发明者独占权的保护，他人未经专利权人的许可，不得随意使用，他人要想使用已经获得专利保护的技术和发明，必须给专利的拥有者支付较高的报酬，以补偿所有者在发明过程中的人力、财力等方面的支出。为具有防灾功能的相关技术授予专利性保护，可以防止其他企业使用或复制该企业的防灾技术，为企业获取并维持竞争优势提供保障，消除发明者使用并公开技术的顾虑与担心。防灾技术的发明者能通过专利转让或许可获得更大的价值补偿，从而调动了企业相关人员发明防灾技术的积极性。与此同时，在使用其他企业已经获得专利保护的技术必须支付高价的刺激下，其他企业会在已有发明基础上尽快创造出更具有防灾功能的生态技术，并申请专利保护。专利保护正是通过这一激励机制促使防灾减灾技术形成"发明补偿—获利—再发明"的良性循环，促进防灾减灾技术的不断创新。因此，这种为谋求各自经济利益而展开的专利竞争，成为各企业创新防灾减灾技术的原动力，不断推动防灾减灾技术的进步。

（二）深化家庭防治灾害的激励机制

家庭作为社会经济中最为重要的行为主体，其在日常生活中保护生态环境、预防自然灾害的意识与行为直接决定着我国预防灾害的效果。首先，应引入科学合理的资源定价机制。自然资源作为企业生产的重要因素，市场上的所有商品几乎都直接或间接包含着自然资源的参与和贡献。必须通过对环境资源进行定价，改变市场中商品的价格信号，纠正广大家庭"资源无价"的错误观念，促使家庭认识到生态型产品具有保护生态环境和预防自然灾害的潜在功能，生态型产品的成本较高，价格也理应高于普通产品。

其次，在实施生态工程的地区注重培育生态产业。生态产业的发展基于生态系统的承载能力，以本地的生态环境资源为依托，将产业经济与地区生态环境融合起来，属于具有和谐功能的生态网络型产业。为促进工程实施地区经济的持续发展，在要求生态工程所在区域的家庭积极预防自然灾害的同时，应将生态工程与当地产业结构调整和经济发展方式转型相结合，在发展经济的同时兼顾生态的保持与恢复和自然灾害的预防。利用国家生态工程建设的专项资金，充分发挥各地区生态环境的比较优势，形成具有区域特色的生态产业结构。在解决生态工程实施区域广大家庭长远生计问题的基础上，有效减少生态工程建设的阻力，进一步激励当地家庭参与到保护生态环境、预防自然灾害的进程中。

（三）深化政府防治灾害的激励机制

政府作为对企业和家庭等主体保护生态环境、预防自然灾害的监管者，其监管职能的执行情况和预防自然灾害的成效之间存在密切的关系。首先，建立健全政府防灾减灾信息披露机制。地方政府作为具有相对独立利益结构的主体，在现行的政治经济体制下，其最大的效用偏好在于通过政绩表现最大限度地谋求政治晋升，各级地方政府官员倾向于通过追求其任期内当地经济规模的增长体现其政绩。因此，为了充分发挥地方政府的防灾减灾监管职能，应在收集整理地方政府履行防灾减灾监管职能的显性和隐性信息的基础上，采取适当的形式在一定范围内进行公开，接受广大家庭和企业的意见和建议，通过家庭监督、企业互促相结合的方式激励地方政府形成认真履行防灾减灾监管职能的长效机制。

其次，引入责任追究机制。行使权力的同时必然要受到相应的监督，侵犯权利也必须要进行赔偿。各级地方政府在履行预防自然灾害的职能过程中权、责、利分离是我国防灾效率低下的重要原因。责任追究机制从本质上讲是一种效率机制，为了提高地方政府预防自然灾害的执行力，应根据各地区生态环境的现状和防灾减灾的具体状况，建立各级地方政府领导干部预防自然灾害责任终身追究制，有效避免地方政府官员为了追求政绩而引进与当地生态环境承载力不相符的企业与产业，促使地方政府在预防自然灾害的过程中提高公共服务的质量，提高政府防灾减灾监管的执行力度与执行效率。

参考文献

[1] Acemoglu, D., Aghion, P., Hemous, B. D. The Environment and Directed Technical Change [J]. *The American Economic Review*, 2012, 102 (1): 131 – 166.

[2] AlbalaBertland, J. M. Natural Disaster Situations and Growth: A Macroeconomic Model for Sudden Disaster Impacts [J]. *Journal of World Development*, 1993, 21 (9): 1417 – 1434.

[3] Alex, Y. L., TheLikelihood of Having Flood Insurance Increases with Social Expectations [J]. *Area*, 2013, 45 (1): 70 – 76.

[4] Ang, J. Does Foreign Aid Promote Growth? Exploring the Role of Financial Liberalization [J]. *Review of Development Economics*, 2010, 14: 197 – 221.

[5] Ashenfelter, Orley, Card David. Using the Longtitudinal Structure of Earnings to Estimate Effects of Training Programs [J]. *Review of Economics and Statistics*, 1985, 67 (4): 648 – 660.

[6] Beegle, K., R. H. Dehejia, R. Gatti. Child Labor and Agricultural Shocks [J]. *Journal of Development Economics*, 2005, 81 (1): 80 – 96.

[7] Beegle, K., R. H. Dehejia, R. Gatti. Child Labor and Agricultural Shocks [J]. *Journal of Development Economics*, 2005, 81 (1): 80 – 96.

[8] Beggs, J. J., V. A. Haines, J. S. Hurlbert. Situational Contingencies Surrounding the Receipt of Informal Support [J]. *Social Forces*, 1996, 75 (1): 201 – 222.

[9] Belongia, M. T., Gilbfrt, R. A. The Effects of Federal Credit Programs on

Farm Output ［J］. *American Journal of Agricultural Economics*, 1990, 72（3）: 769 – 773.

［10］Bhavan, T., Changsheng Xu, Chunping Zhong. Growth Effect of Aid and Its Volatility: An Individual Country in South Asian Economics［J］. *Business and Economic Horizon*, 2010, 3:1 – 9.

［11］Boone, Peter. Politics and Effectiveness of Foreign Aid［J］. *European Economic Review*, 1996, 40:289 – 329.

［12］Borghesi, S., Cainelli, G., Mazzanti, M. Linking Emission Trading to Environmental Innovation: Evidence from the Italian Manufacturing Industry［J］. *Research Policy*, 2015, 44（3）:669 – 683.

［13］Braun, E., Wield, D. Regulation as a Means for the Social Control of Technology［J］. *Technology Analysis & Strategic Management*, 1994, 6（3）:259 – 272.

［14］Brollo, F., Nannicini, T., Perotti, R., Tabellini, G. The Political Resource Curse［J］. *American Economic Review*, 2013, 103:1759 – 1796.

［15］Busse, M., Gr? ning, S. Does Foreign Aid Improve Governance? ［J］. *Economic Letters*, 2009, 104（2）:76 – 78.

［16］C. Cindy Fan, Mingjie Sun. Regional Inequality in China, 1978 – 2006 ［J］. *Eurasian Geography and Economics*, 2008, 49（1）: 1 – 18.

［17］Carden, Art. Can't Buy Me Growth: on Foreign Aid and Economic Change［J］. *The Journal of Private Enterprise*, 2007, 25:105 – 123.

［18］Carter, M. R., J. A. Maluccio. Social Capital and Coping with Economic Shocks: An Analysis of Stunting of South African Children［J］. *World Development*, 2003, 31（7）:1147 – 1163.

［19］Carter, M. R., M. Castillo. Trustworthiness and Social Capital in South Africa［J］. *Economic Development and Cultural Change*, 2011, 59（4）:325 – 336.

［20］Carter, M. R., J. Maluccio. Social Capital and Coping with Economic Shocks: An Analysis of Stunting of South African Children［J］. *World Develop-

ment,2003,31(7):1147 – 1163.

[21]Cavallo,E. A. ,Noy,I. The Economics of Natural Disasters:A Survey [J]. *Social Science Electronic Publishing*,2009,47(200919):3530 – 3542.

[22]Cavallo,E. ,Galiani,S. ,Noy,I. ,Pantano,J. Catastrophic Natural Disasters and Economic Growth[J]. *Review of Economics and Statistics*,2013,95: 1549 – 1561.

[23]Checchi,D. ,Penalosa,C. G. Risk and the Distribution of Human Capital[J]. *Economic Letters*,2004,8:53 – 61.

[24] Chivers,J. ,N. E. Flores. Market Failure in Information:The National Flood Insurance Program[J]. *Land Economics*,2002,78(4):515 – 521.

[25] Clemens,M. A. ,Radelet,S. ,Bhavnani,R. R. ,Bazzi,S. Counting Chickens when They Hatch: Timing and the Effects of Aid on Growth[J]. *The Economic Journal*,2012,122:590 – 617.

[26]Costanza,R. ,Fioramonti,L. ,Kubiszewski,I. The UN Sustainable Development Goals and the Dynamics of Well – being [J]. *Frontiers in Ecology and the Environment*,2016,14(2):59 – 59.

[27] Cuaresma,J. C. Natural Disasters and Human Capital Accumulation [J]. *World Bank Economic Review*,2010,24(2):280 – 302.

[28]Cuaresma,J. C. ,Hlouskova,J. ,Obersteiner,M. Natural Disasters As Creative Destruction? Evidence from Developing Countries[J]. *Economic Inquiry*, 2008,46:214 – 226.

[29]David Booth. Aid,Institutions and Governance:What Have We Learned? [J]. *Development Policy Review*,2011,29:5 – 26.

[30] Caruso,G. ,Miller,S. Long Run Effects and Intergenerational Transmission of Natural Disasters:A Case Study on The 1970 Ancash Earthquake[J]. *Journal of Development Economics*,2015,117:134 – 150.

[31]Donner,W. ,Rodriguez,H. Population Composition,Migration and Inequality[J]. *Social Forces*,2008,82(2):1089 – 1114.

[32] Dryzek, J. S. , Stevenson, H. Global Democracy and Earth System Governance[J]. *Ecological Economics*, 2011, 70(11):1865 – 1874.

[33] None. The Effects of Risk on Education in Indonesia[J]. *Economic Development and Cultural Change*, 2007, 56(1):1 – 25.

[34] Faere, R. , Grosskopf, S. , Lovell, C. A. K. , etal. Multilateral Productivity Comparisons When Some Outputs are Undesirable: A Nonparametric Approach [J]. *The Review of Economics and Statistics*, 1989, 71(1):90.

[35] Fan, S. C. Public Investment, and Poverty Reduction: What We Learn from India and China[R]. Tokyo: Paper Prepared for the ADBI Conference, 2003, 6:12 – 13.

[36] Ferng, J. J. Toward a Scenario Analysis Framework for Energy Footprints[J]. *Ecological Economics*, 2002, 40(1):53 – 69.

[37] Fischer, C. , Newell, R. G. Environmental and Technology Policies for Climate Mitigation [J]. *Journal of Environmental Economics & Management*, 2008, 55(2):0 – 162.

[38] Gabriel Felbermayr, Jasmin Groschl. Naturally Negative: The Growth Effects of Natural Disasters [J]. *Journal of Development Economics*, 2014, 111:92 – 106.

[39] GalikChristopher, AbtRobert, LattaGregory. The Environmental and Economic Effects of Regional Bioenergy Policy in The Southeastern U. S. [J]. *Energy Policy*, 2015, (10): 335 – 336.

[40] Ganapati, N. E. In Good Company: Why Social Capital Matters for Women during Disaster Recovery [J]. *Public Administration Review*, 2012, 72(3):419 – 427.

[41] Gare, A. Toward an Ecological Civilization [J]. *Process Studies*, 2010, 39(1): 5 – 38.

[42] Caruso, Germán, Miller, S. Long Run Effects and Intergenerational Transmission of Natural Disasters: A Case Study on The 1970 Ancash Earthquake

[J]. *Journal of Development Economics*, 2015, 117: 134 – 150.

[43] Gruber, J., Poterba, J. Tax Incentives and the Decision to Purchase Health Insurance: Evidence from the Self – Employed[J]. *Working papers*, 1994, 109(3): 701 – 33.

[44] Guglielmo Barone, Sauro Mocetti. Natural Disasters, Growth and Institutions: A Tale of Earthquakes[J]. *Journal of Urban Economics*, 2014, *Vol. 84, pp*: 52 – 66.

[45] Stéphane Hallegatte, Dumas, P. Can Natural Disasters have Positive Consequences? Investigating The Role of Embodied Technical Change[J]. *Ecological Economics*, 2009, 68(3): 777 – 786.

[46] Hansen, H, Tarp, F. Aid and Growth Regressions[J]. *Journal of Development Economics*, 2000, 64(2): 547 – 570.

[47] Hatemi, A, Irandoust, A. Foreign Aid and Economic Growth New Evidence from Panel Cointegration[J]. *Journal of Development Economics*, 2005, *Vol.* 30: 71 – 80.

[48] Heckman, J., H. Ichimura, P. E. Todd. Matching As an Econometric Evaluation Estimator: Evidence from Valuating a Job Training Program[J]. *Review of Economic Studies*, 1994, *Vol.* 64(4), *pp*: 605 – 654.

[49] Heckman, J, H, Ichimura, P. E. Todd. Matching As an Economic Evaluation Estimator[J]. *Review of conomic Studies*, 1998, *Vol.* 65(2): 261 – 294.

[50] Heyes, A. Is Environmental Regulation Bad for Competition? A Survey [J]. *Journal of Regulatory Economics*, 2009, 36(1): 1 – 28.

[51] Heylen, F, Pozzi, L. Crises and Human Capital Accumulation (Crises et Accumulation de Capital Humain)[J]. *Canadian Journal of Economics*, 2010, 40 (4): 1261 – 1285.

[52] Hilary Sigman. Decentralization and Environmental Quality: An International Analysis of Water Pollution[R]. NBER Working Paper No. 13908, 2003: 1 – 25.

[53]Hodrick,R. J,Prescott,E. C. Post − WarU. S. Business Cycles:An Empirical Investigation [J]. *Social Science Electronic Publishing*,1997,29（1）:1 − 16.

[54]Jaffe,A. B,Palmer,K. Environmental Regulation and Innovation:A Panel Data Study [J]. *Review of Economics and Statistics*,1997,79（4）:610 − 619.

[55]Jalan,J,Ravallion,M. Are the Poor Less Well Insured? Evidence on Vulnerability to Income Risk in Rural China[J]. *Journal of Development Economics*,1999,58.

[56]KlompJeroen. Economic Development and Natural Disasters:A Satellite Data Analysis[J]. *Global Environmental Change*,2016,36:67 − 88.

[57]Klomp,J,Valckx,K. Natural Disasters and Economic Growth:A Meta − analysis[J]. *Global Environmental Change*,2014,26:183 − 195.

[58]Kimura,H,Mori,Y,Sawada,Y. Aid Proliferation and Economic Growth:A Cross − Country Analysis [J]. *World Development*,2012,40（1）:1 − 10.

[59]Kunreuther,H. Mitigating Disaster Losses through Insurance[J]. *Insurance Mathematics and Economics*,1997,19（3）:262 − 262.

[60]Lee,J. Veloso,F. M,Hounshell,D. A. Linking Induced Technological Change,and Environmental Regulation:Evidence from Patenting in the U. S. Auto Industry[J]. *Research Policy*,2011,40（9）:1240 − 1252.

[61]Leiter,A. M ,Oberhofer,H ,Raschky,P. A . Creative Disasters? Flooding Effects on Capital,Labour and Productivity Within European Firms[J]. *Environmental and Resource Economics*,2009,43（3）:333 − 350.

[62]Levin,A,Lin,C. F,Chu,C. S. J. Unit Root Tests in Panel Data:Asymptotic and Finite − sample Properties[J]. *Journal of Econometrics*,2002,108（1）:1 − 24.

[63]Lewis,T,D. Nickerson. Self − insurance Against Natural Disasters[J].

Journal of Environmental Economics and Management,1989,16:209 – 223.

［64］Loayza,N,Olaberria,E,Rigolini,J,Christiaensen,L. Natural Disasters and Growth:Going Beyond the Averages［J］. *World Development*,2012,*Vol.* 40: 1317 – 1336.

［65］Maddala,G. S,Wu,S. A Comparative Study of Unit Root Tests with Panel Data and a New Simple Test［J］. *Oxford Bulletin of Economics and Statistics*,1999,61(*S*1):631 –652.

［66］Magdoff,F. Harmony and Ecological Civilization:Beyond the Capitalist Alienation of Nature［J］. *Monthly Review*,2012,64(2):1 –9.

［67］Mallik, Girijasankar. Foreign Aid and Economic Growth:A Cointegration Analysis of the Six Poorest African Countries［J］. *Economic Analysis and Policy*,2008,38(2):251 –260.

［68］Eric Neumayer and Thomas Plümper. The Gendered Nature of Natural Disasters:The Impact of Catastrophic Events on the Gender Gap in Life Expectancy, 1981 –2002［J］. *Annals of the Association of American Geographers*,2007, 97(3):551 –566.

［69］Moussiopoulos,N, Achillas,C, Vlachokostas,C,et al. Environmental, Social and Economic Information Management for the Evaluation of Sustainability in Urban areas:A System of Indicators for Thessaloniki, Greece［J］. *Cities*, 2010,27(5):377 –384.

［70］Noy,I. The Macroeconomic Consequences of Disasters［J］. *Journal of Development Economics*,2009,88(2):0 –231.

［71］Papanek,G. F. "Aid, Foreign Private Investment, Savings and Growth in Less Developed Countries"［J］. *Journal of Political Economics*,1973,81(1): 120 –130.

［72］Park, A, Wong , C. A, Ren, C. Distributional Consequences of Reforming Local Public Finance in China［J］. *China Quarterly*, 1998, 147(3) : 1001 –1032.

[73] Raschky, P. A, Schwindt, M. On the Channel and Type of Aid: The Case of International Disaster Assistance[J]. *European Journal of Political Economy*, 2012, 28(1): 119 – 131.

[74] Peuckert, J. What Shapes the Impact of Environmental Regulation on Competitiveness? Evidence from Executive Opinion Surveys[J]. *Environmental Innovation and Societal Transitions*, 2014, 10: 77 – 94.

[75] Philippe Auffert. High Consumption Volatility: The impact of Natural Disaster? [R]. *Word bank policy research working paper* 2962, *January* 2003.

[76] Porter, M. E. America's Green Strategy[J]. *Scientific American*, 1991. (4): 168.

[77] Porter, M. E. and C. vander Linde, Green and Competitive: Ending the Statement[J]. *Harvard Business Review*, 1995, 73(5): 120 – 134.

[78] Preston, F. A global redesign? Shaping the Circular Economy [J]. *Energy, Environment and Resource Governance*, 2012(2): 1 – 20.

[79] Leiter, A. M, Oberhofer, H, Raschky, P. A. Creative Disasters? Flooding Effects on Capital, Labour and Productivity Within European Firms[J]. *Environmental and Resource Economics*, 2009, 43(3): 333 – 350.

[80] Raghuram, G. Rajan and Arvind Subramanian. Aid and Growth: What does the cross – country evidence really show? [J]. *The Review of Economics and Statistics*, 2008, *Vol* 90: 643 – 665.

[81] Rasmussen, T. N. Macroeconomic Implications of Natural Disasters in the Caribbean[J]. *Imf Working Papers*, 2005, 04: 224.

[82] Mechler, R. Disasters and Economic Welfare: can National Savings help Explain Post – disaster Changes in Consumption? [J]. *Social Science Electronic Publishing*, 2009.

[83] Rosenzweig, M. R. Risk, Implicit Contracts and the Family in Rural Areas of Low – income Countries [J]. *Economic Journal*, 1988, 98 (393): 1148 – 1170.

[84] Russell Smith, J, Lindenmayer, D, Kubiszewski, I, et al. Moving beyond Evidence – free Environmental Policy [J]. *Frontiers in Ecology and the Environment*, 2015, 13(8): 441 – 448.

[85] S, Djankov, J, Montalvo, M, Reynal – Querol. The Curse of Aid [J]. *Journal of Economic Growth*, 2008, *Vol.* 13: 169 – 194.

[86] Sang, C. H, Zhao, C, Yu, C. J. Data Mining Application And Government Governance from The Perspective of Ecological Civilizationconstruction [J]. *Risti – revista Iberica de Sistemase Tecnologias Deinformacao*, 2016: 173 – 186.

[87] Skidmore, M. , Toya, H. Do Natural Disasters Promote Long – run Growth? [J]. *Economic Inquiry*, 2002, 40(4): 664 – 687.

[88] Slettebak, R. T. Don't Blame the Weather! Climate – related Natural Disasters and Civil Conflict [J]. *Journal of Peace Research*, 2012, 49 (1): 163 – 176.

[89] Strobl, E. The Economic Growth Impact of Hurricanes: Evidence from U. S Coastal Countries [J]. *Review of Economics and Statistics*, 2011, *Vol.* 93(2), *pp*: 575 – 589.

[90] Str? mberg, D. Natural Disasters, Economic Development, and Humanitarian Aid [J]. *Journal of Economic Perspectives*, 2009, 21(3): 199 – 222.

[91] Testa, F. , Annunziata, E. , Iraldo, F. , et al. Drawbacks and Opportunities of Green Public Procurement: An Effective Tool for Sustainable Production [J]. *Journal of Cleaner Production*, 2016, 112: 1893 – 1900.

[92] ThomasDuncan, Kathleen Beegle, Elizabeth Frankenberg, Bondan Sikoki, John Strauss, and Graciela Teruel. Education during a Crisis [J]. *Journal of Development Economics*, 2004, 74(1): 53 – 86.

[93] Tone, K, Biresh, K, Sahoo. Scale, Indivisibilities and Production Function in Data Envelopment Analysis [J]. *International Journal of Production Economics*, 2003, 84(2).

[94] Tone, K. A. Slacks – based Measure of Efficiency in Data Envelopment

Analysis［J］. *European Journal of Operational Research*，2001，130（3）：498 – 509.

［95］Townsend，Robert，M. Risk and Insurance in Village India［J］. *Econometrica*，1994，62（3），539 – 591.

［96］Training Programs［J］. *Review of Economics and Statistics*，*Vol.* 67（4），*pp*：648 – 660.

［97］WACKERNAGEL. M. Methodological Advancements in Footprint Analysis［J］. *Ecological Economics*，2009，68（7）：1925 – 1927.

［98］Xilin Zhang，Ashok Kumar. Evaluating Renewable Energy – based Rural Electrification Program in Western China：Emerging Problems and Possible Scenarios［J］. *Renewable and Sustainable Energy Reviews*，2011，15（1）.

［99］Yuanxi Huang，Daniel Todd，Lei Zhang. Capitalizing on Energy Supply：Western China's Opportunity for Development［J］. *Resources Policy*，2011，36（3）.

［100］［美］阿尔温·托夫勒. 未来的震荡［M］. 任小明，译. 成都：四川人民出版社，1985.

［101］［英］阿诺德·汤因比. 人类与大地母亲［M］. 徐波，译. 上海：上海人民出版社，2001.

［102］［英］埃里克·诺伊迈耶. 强与弱：两种对立的可持续性范式［M］. 王寅通，译. 上海：上海译文出版社，2006.

［103］白新文，任孝鹏，郑蕊，李纾.5·12 汶川地震灾区居民的心理和谐状况及与政府满意度的关系［J］. 心理科学进展，2009，17（3）：574 – 578.

［104］包庆德，王金柱. 技术与能源：生态文明及其实践构序［J］. 南京林业大学学报（人文社会科学版），2006（1）：23 – 29，35.

［105］包庆德. 消费模式转型：生态文明建设的重要路径［J］. 中国社会科学院研究生院学报，2011（2）：28 – 33.

［106］［加］本·阿格尔. 西方马克思主义概论［M］. 慎之，等，译. 北京：中国人民大学出版社，1991.

[107]蔡乌赶,周小亮.中国环境规制对绿色全要素生产率的双重效应[J].经济学家,2017(9):27–35.

[108]常建新,姚慧琴,姜丽雅.西部地区全要素生产率与经济增长实证分析:基于 DEA – Malmquist 生产率指数方法[J].未来与发展,2011,(10):41–45.

[109]陈墀成,洪烨.物质变换的调节控制——《资本论》中的生态哲学思想探微[J].厦门大学学报(哲学社会科学版),2009(2):35–41.

[110]陈刚.FDI 竞争、环境规制与污染避难所——对中国式分权的反思[J].世界经济研究,2009(6):3–7,43,87.

[111]陈锦泉,郑金贵.生态文明视角下的美丽乡村建设评价指标体系研究[J].江苏农业科学,2016,44(9):540–544.

[112]陈俊.机理·思维·特点:习近平生态文明思想的三维审视[J].天津行政学院学报,2017(1).

[113]陈乐一,傅绍文.中国消费波动实证研究[J]财贸经济,2001(9):74–77.

[114]陈利,谢家智.农业巨灾保险合作的联盟博弈与模式选择[J].保险研究,2013(11):3–11.

[115]陈强.气候冲击、政府能力与中国北方农民起义(公元25—1911年)[J].经济学(季刊),2015,14(4):1347–1374.

[116]陈诗一.能源消耗、二氧化碳排放与中国工业的可持续发展[J].经济研究,2009,44(4):41–55.

[117]陈诗一.节能减排与中国工业的双赢发展:2009–2049[J].经济研究,2010,45(3):129–143.

[118]陈晓丹,车秀珍,杨顺顺,邬彬.经济发达城市生态文明建设评价方法研究[J].生态经济,2012(7):52–56.

[119]陈学明."生态马克思主义"对于我们建设生态文明的启示[J].复旦学报(社会科学版),2008(4):8–17.

[120]陈彦斌,肖争艳,邹恒甫.财富偏好、习惯形成和消费与财富的波

动率[J].经济学(季刊),2003(4):147-156.

[121]陈悦,陈超美,等.CiteSpace知识图谱的方法论功能[J].科学学研究,2015,33(2):242-253.

[122]陈悦,陈超美,等.引文空间分析原理与应用[M].北京:科学出版社,2014:74-84.

[123]陈悦,刘则渊.悄然兴起的科学知识图谱[J].科学学研究,2005,23(2):149-154.

[124]陈振明,陈炳辉,骆沙舟."西方马克思主义"的社会政治理论[M].北京:中国人民大学出版社,1997.

[125]成金华,李悦,陈军.中国生态文明发展水平的空间差异与趋同性[J].中国人口·资源与环境,2015,25(5):1-9.

[126]成金华.科学构建生态文明评价指标体系[N].光明日报,2013-02-06(011).

[127]程恩富,王中保.论马克思主义与可持续发展[J].马克思主义研究,2008(12):51-58.

[128]池子华,李红英.晚清直隶灾荒及减灾措施的探讨[J].清史研究,2001(2):72-92.

[129][美]丹尼尔·A.科尔曼.生态政治:建设一个绿色社会[M].梅俊杰,译.上海:上海译文出版社,2006.

[130]单豪杰.中国资本存量K的再估计[J].数量经济技术经济研究,2008(10):10-31.

[131]邓建,王新宇.区域发展战略对我国地区能源效率的影响——以东北振兴和西部大开发战略为例[J].中国软科学,2015(10):146-154.

[132]邓小平.邓小平文选:第2卷[M].北京:人民出版社,1983:351.

[133]董锁成,史丹,李富佳,刘佳骏,李飞,叶振宇,李泽红,李宇,张荣霞,任扬,李静楠,张文彪.中部地区资源环境、经济和城镇化形势与绿色崛起战略研究[J].资源科学,2019,41(1):33-42.

[134]董直庆,陈锐.技术进步偏向性变动对全要素生产率增长的影响

[J].管理学报,2014,11(8):1199-1207.

[135]杜海韬,邓翔.流动性约束和不确定性状态下的预防性储蓄研究——中国城乡居民的消费特征分析[J].经济学(季刊),2005(1):297-316.

[136]杜丽群,陈阳.新时代中国生态文明建设研究述评[J].新疆师范大学学报(哲学社会科学版),2019,40(3):2,71-81.

[137]杜宇,刘俊昌.生态文明建设评价指标体系研究[J].科学管理研究,2009,27(3):60-63.

[138]杜玉文.唐末五代时期西北地缘政治的变化及特点[J].人文杂志,2011,(2):141-147.

[139]樊纲,王小鲁,朱恒鹏中国市场化指数:各省区市场化相对进程2011年度报告[M].北京:经济科学出版社,2011.

[140]樊纲,王小鲁,马光荣.中国市场化进程对经济增长的贡献[J].经济研究,2011,46(9):4-16.

[141]范一大.自然灾害风险管理与预警能力建设研究[J].中国减灾;2008(5):21.

[142]方世南.社会主义生态文明是对马克思主义文明系统理论的丰富和发展[J].马克思主义研究,2008(4):17-22.

[143]冯孝杰,魏朝富,谢德体,邵景安,张彭成.农户经营行为的农业面源污染效应及模型分析[J].中国农学通报,2005(12):354-358.

[144]冯银,成金华,张欢.基于资源环境AD-AS模型的湖北省生态文明建设研究[J].理论月刊,2014(12):134-137.

[145]傅京燕,司秀梅,曹翔.排污权交易机制对绿色发展的影响[J].中国人口·资源与环境,2018,28(8):12-21.

[146]傅强,马青,Sodnomdargia Bayanjargal.地方政府竞争与环境规制:基于区域开放的异质性研究[J].中国人口·资源与环境,2016,26(3):69-75.

[147]傅勇,张晏.中国式分权与财政支出结构偏向:为增长而竞争的代

价[J].管理世界,2007(3):4-22.

[148]淦未宇,徐细雄,易娟.我国西部大开发战略实施效果的阶段性评价与改进对策[J].经济地理,2011,31(1):40-46.

[149]高珊,黄贤金.基于绩效评价的区域生态文明指标体系构建——以江苏省为例[J].经济地理,2010,30(5):823-828.

[150]高彦彦,郑江淮,孙军.从城市偏向到城乡协调发展的政治经济逻辑[J].当代经济科学,2010,32(5):23-31,124.

[151]高媛,马丁丑.兰州市生态文明建设评价研究[J].资源开发与市场,2015,31(2):155-159.

[152]高志刚,尤济红.环境规制强度与中国全要素能源效率研究[J].经济社会体制比较,2015(6):111-123.

[153]葛继红,周曙东.农业面源污染的经济影响因素分析——基于1978-2009年的江苏省数据[J].中国农村经济,2011(5):72-81.

[154]巩师恩,范从来.收入不平等、信贷供给与消费波动[J].经济研究,2012,47(S1):4-14.

[155]谷树忠,胡咏君,周洪.生态文明建设的科学内涵与基本路径[J].资源科学,2013,35(1):2-13.

[156]关海玲,江红芳.城市生态文明发展水平的综合评价方法[J].统计与决策,2014(15):55-58.

[157]郭佳.生态文明建设进程中绿色消费观的培育[J].世纪桥,2019(1):48-50.

[158]郭强等.竭泽而渔不可行——为什么要建设生态文明[M].北京:人民出版社,2008.

[159]郭学军,张红海.论马克思恩格斯的生态理论与当代生态文明建设[J].马克思主义与现实,2009(1):141-144.

[160]郭妍,张立光.环境规制对工业企业R&D投入影响的实证研究[J].中国人口·资源与环境,2014,24(S3):104-107.

[161]郭正阳,董江爱.防灾减灾型社区建设的国际经验[J].理论探索,

2011(04):121 - 123,131.

[162]国家统计局工业统计司:中国工业统计年鉴(1999—2012 年)[M].北京:中国统计出版社,2013.

[163]国家统计局能源统计司:2013 中国能源统计年鉴[M].北京:中国统计出版社,2012.

[164]韩超,桑瑞聪.环境规制约束下的企业产品转换与产品质量提升[J].中国工业经济,2018(2):43 - 62.

[165]韩晶,刘远,张新闻.市场化、环境规制与中国经济绿色增长[J].经济社会体制比较,2017(5):105 - 115.

[166]何爱平,李雪娇,邓金钱.习近平新时代绿色发展的理论创新研究[J].经济学家,2018(6):5 - 12.

[167]何爱平,石莹,赵仁杰.以生态文明看待发展[M].北京:科学出版社,2016.

[168]何爱平,赵仁杰,张志敏.灾害的社会经济影响及其应对机制研究进展[J].经济学动态,2014(11):130.

[169]何爱平.发展的政治经济学:一个理论分析框架[J].经济学家,2013(5):5 - 13.

[170]何爱平.我国西部农业灾害的特点及减灾对策研究[J].经济地理,2001(1):19 - 22,46.

[171]何福平.我国建设生态文明的理论依据与路径选择[J].中共福建省委党校学报,2010(1):62 - 66.

[172]何凌云,黄季焜.土地使用权的稳定性与肥料使用——广东省实证研究[J].中国农村观察,2001(5):42 - 48,81.

[173]何天祥,廖杰,魏晓.城市生态文明综合评价指标体系的构建[J].经济地理,2011,31(11):1897 - 1900,1879.

[174]何小钢,王自力.能源偏向型技术进步与绿色增长转型——基于中国 33 个行业的实证考察[J].中国工业经济,2015(2):50 - 62.

[175][美]赫伯特·马尔库塞.单向度的人[M].刘继,译.上海:上海译

文出版社,2006.

[176][美]赫尔曼·E.戴利.超越增长:可持续发展的经济学[M].诸大建,等,译.上海:上海世纪出版社,2006.

[177][美]塞缪尔·亨廷顿.文明的冲突与世界秩序的重建[M].周琪,等,译.北京:新华出版社,1999.

[178]洪远朋,等.利益关系总论[M].上海:复旦大学出版社,2011.

[179]侯佳儒,曹荣湘.生态文明与法治建设[J].马克思主义与现实,2014(6):9-11.

[180]胡彪,王锋,李健毅,于立云,张书豪.基于非期望产出 SBM 的城市生态文明建设效率评价实证研究——以天津市为例[J].干旱区资源与环境,2015,29(4):13-18.

[181]华启和,徐跃进.马克思的生态经济思想及其当代意义[J].江西社会科学,2008(1):237-240.

[182]黄建欢,吕海龙,王良建.金融发展影响区域绿色发展的机理——基于生态效率和空间计量的研究[J].地理研究,2014(3):532-545.

[183]黄勤,曾元,江琴.中国推进生态文明建设的研究进展[J].中国人口·资源与环境,2015,25(2):111-120.

[184]黄万华,王娟,何立华,刘渝.环境规制竞争对区域环境质量影响机理的博弈分析[J].统计与决策,2015(22):58-60.

[185]黄英君,赵雄,李江艳.国际巨灾风险管理文献计量分析[J].保险研究,2013(7):108-118.

[186]纪玉山.正确认识凯恩斯消费理论确立与生态文明相和谐的消费观[J].税务与经济,2008(1):1-5.

[187]贾美芹.略论我国自然灾害对宏观经济增长的影响——基于内生经济增长理论视角[J].经济问题,2013(8):54-57,82.

[188]贾男,张亮亮,甘犁.不确定性下农村家庭食品消费的"习惯形成"检验[J].经济学(季刊),2012,11(1):327-348.

[189]蒋满霖.农村市场化与增加农民收入[J].农村经济,2003(1):

68 - 70.

[190]蒋小平. 河南省生态文明评价指标体系的构建研究[J]. 河南农业
大学学报,2008(1):61 - 64.

[191]康同辉,余菜花,等. 基于 CSSCI 的 2000—2010 年旅游学科研究
知识图谱分析[J]. 旅游学刊,2013,28(3):114.

[192][美]莱斯特·R. 布朗. B 模式 2.0:拯救地球,延续文明[M]. 林
自新,等,译. 北京:东方出版社,2006.

[193]赖斯芸,杜鹏飞,陈吉宁. 基于单元分析的非点源污染调查评估方
法[J]. 清华大学学报(自然科学版),2004(9):1184 - 1187.

[194]蓝庆新,彭一然,冯科. 城市生态文明建设评价指标体系构建及评
价方法研究——基于北上广深四城市的实证分析[J]. 财经问题研究,2013
(9):98 - 106.

[195]李斌,彭星,欧阳铭珂. 环境规制、绿色全要素生产率与中国工业
发展方式转变——基于 36 个工业行业数据的实证研究[J]. 中国工业经济,
2013(4):56 - 68.

[196]李冰清,田存志. CAPM 在巨灾保险产品定价中的应用[J]. 南开
经济研究,2002(04):41 - 42,61.

[197]李勃昕,韩先锋,宋文飞. 环境规制是否影响了中国工业 R&D 创
新效率[J]. 科学学研究,2013,31(7):1032 - 1040.

[198]李飞,董锁成,李宇,黄永斌. 中国东部沿海地区农业污染风险地
域分异研究[J]. 资源科学,2014,36(4):801 - 808.

[199]李海鹏,张俊飚. 中国农业面源污染的区域分异研究[J]. 中国农
业资源与区划,2009,30(2):8 - 12.

[200]李洁,周应恒. 农村环境教育在控制农村面源污染中的作用[J].
南京农业大学学报(社会科学版),2007(3):89 - 93.

[201]李良美. 生态文明的科学内涵及其理论意义[J]. 毛泽东邓小平理
论研究,2005(2):47 - 51.

[202]李猛. 中国环境破坏事件频发的成因与对策——基于区域间环境

竞争的视角[J].财贸经济,2009(9):82-88.

[203]李全喜.习近平生态文明建设思想的内涵体系、理论创新与现实践履[J].河海大学学报(哲学社会科学版),2015,17(3):9-13,89.

[204]李汝资,宋玉祥,李雨停,陈晓红.近10年来东北地区生态环境演变及其特征研究[J].地理科学,2013,33(8):935-941.

[205]李胜兰,初善冰,申晨.地方政府竞争、环境规制与区域生态效率[J].世界经济,2014,37(4):88-110.

[206]李文庆.宁夏生态文明建设路径研究[J].宁夏社会科学,2017(S1):139-143.

[207]李晓龙,徐鲲.地方政府竞争、环境质量与空间效应[J].软科学,2016,30(3):31-35.

[208]梁流涛,冯淑怡,曲福田.农业面源污染形成机制:理论与实证[J].中国人口·资源与环境,2010,20(4):74-80.

[209]梁文森.生态文明指标体系问题[J].经济学家,2009(3):102-104.

[210]林德明,刘则渊.国际地震预测预报研究现状的文献计量分析[J].中国软科学,2009(6):62-70.

[211]蔺雪春.环境挑战、生态文明与政府管理创新[J].社会科学家,2011(9):70-73.

[212]刘爱军.生态文明与中国环境立法[J].中国人口·资源与环境,2004(1):38-40.

[213]刘春兰,王海燕,吴成亮.环境规制对中国工业全行业技术创新的影响研究[J].科技管理研究,2014,34(20):5-9.

[214]刘德吉,胡昭明,程璐,汪凯.基本民生类公共服务省际差异的实证研究——以基础教育、卫生医疗和社会保障为例[J].经济体制改革,2010(2):35-41.

[215]刘涵.财政支农支出对农业经济增长影响的实证分析[J].农业经济问题,2008(10):30-35.

[216]刘建民,陈霞,吴金光.财政分权、地方政府竞争与环境污染——基于272个城市数据的异质性与动态效应分析[J].财政研究,2015(9):36-43.

[217]刘江会,唐东波.财产性收入差距、市场化程度与经济增长的关系——基于城乡间的比较分析[J].数量经济技术经济研究,2010,27(4):20-33.

[218]刘晶.生态文明建设的总体性与复杂性:从多中心场域困境走向总体性治理[J].社会主义研究,2014(6):31-41.

[219]刘静暖,纪玉山.气候变化与低碳经济中国模式——以马克思的自然力经济理论为视角[J].马克思主义研究,2010(8):48-60,159.

[220]刘克非,李志翠,徐波.西部大开发成效与中国区域经济收敛性——基于横截面数据与面板数据的综合考察[J].云南财经大学学报,2013(5):59-65.

[221]刘仁胜.生态马克思主义概论[M].北京:中央编译出版社,2007.

[222]刘瑞明,赵仁杰.西部大开发:增长驱动还是政策陷阱——基于PSM-DID方法的研究[J].中国工业经济,2015(6):32-43.

[223]刘生龙,王亚华,胡鞍钢.西部大开发成效与中国区域经济收敛[J].经济研究,2009,44(9):94-105.

[224]刘思华.对建设社会主义生态文明论的若干回忆——兼述我的"马克思主义生态文明观"[J].中国地质大学学报(社会科学版),2008(4):18-30.

[225]刘思华.生态马克思主义经济学原理[M].北京:人民出版社,2006.

[226]刘伟,童健,薛景.行业异质性、环境规制与工业技术创新[J].科研管理,2017,38(5):1-11.

[227]刘希刚,王永贵.习近平生态文明建设思想初探[J].河海大学学报(哲学社会科学版),2014,16(4):27-31,90.

[228]刘湘溶.经济发展方式的生态化与我国的生态文明建设[J].南京社会科学,2009(6):33-37.

[229]刘拥军,薛敬孝.加速农业市场化进程是增加农民收入的根本途径[J].经济学家,2003(1):68 – 73.

[230]刘於清.习近平新时代中国特色社会主义生态思想的渊源、特征与贡献[J].昆明理工大学学报(社会科学版),2018,18(3):42 – 47.

[231]刘则渊,王贤文.生态经济学研究前沿及其演进的可视化分析[J].西南林学院学报,2008(8):4 – 10.

[232]刘则渊.生态城市前沿探索——可持续发展的大连模式[M].北京:科学出版社,2011:12 – 35.

[233]刘志彪.为高质量发展而竞争:地方政府竞争问题的新解析[J].河海大学学报(哲学社会科学版),2018,20(02):1 – 6,89.

[234]卢晶亮,冯帅章,艾春荣.自然灾害及政府救助对农户收入与消费的影响:来自汶川大地震的经验[J].经济学(季刊),2014,13(2):745 – 766.

[235]卢现祥.马克思是制度经济学家吗[J].经济学家,2006(3):5 – 12.

[236]陆铭、张爽、佐宏藤,市场化进程中社会资本还能充当保险机制吗? ——中国农村家庭灾后消费的经验研究[J] 世界经济文汇 ,2010(1):16 – 38 .

[237]陆张维,徐丽华,吴次芳,等.西部大开发战略对于中国区域均衡发展的绩效评价[J].自然资源学报,2013,28(3):361 – 371.

[238]栾江.农业劳动力转移与化肥施用存在要素替代关系吗? ——来自我国粮食主要种植省份的经验证据[J].西部论坛,2017,27(4):12 – 21.

[239]罗东,矫健.国家财政支农资金对农民收入影响实证研究[J].农业经济问题,2014(12):48 – 53.

[240]罗能生,王玉泽.财政分权、环境规制与区域生态效率——基于动态空间杜宾模型的实证研究[J].中国人口 o 资源与环境,2017,27(4):110 – 118.

[241]吕尚苗.生态文明的环境伦理学视野[J].南京林业大学学报(人文社会科学版),2008(3):139 – 144.

［242］吕薇.营造有利于绿色发展的体制机制和政策环境［J］.经济纵横,2016(2):4－8.

［243］马继东.福斯特的生态学马克思主义理论对我国建设社会主义生态文明的启示［J］.社会主义研究,2008(3):31－34.

［244］马骥,蔡晓羽.农户降低氮肥施用量的意愿及其影响因素分析——以华北平原为例［J］.中国农村经济,2007(9):9－16.

［245］［德］马克思.1844年经济学哲学手稿［M］.北京:人民出版社,2000:56.

［246］［德］马克思.资本论:第1卷［M］.北京:人民出版社,2004.

［247］［德］马克思.资本论:第3卷［M］.北京:人民出版社,2004.

［248］［德］马克思,恩格斯.马克思恩格斯全集:第21卷［M］.北京:人民出版社,1965.

［249］［德］马克思,恩格斯.马克思恩格斯全集:第25卷［M］.北京:人民出版社,1974.

［250］［德］马克思,恩格斯.马克思恩格斯全集:第31卷［M］.北京:人民出版社,1972.

［251］［德］马克思,恩格斯.马克思恩格斯全集:第4卷［M］.北京:人民出版社,1972.

［252］［德］马克思,恩格斯.马克思恩格斯全集:第1卷［M］.北京:人民出版社,1972.

［253］［德］马克思,恩格斯.马克思恩格斯全集:第3卷［M］.北京:人民出版社,1979.

［254］［德］马克思,恩格斯.马克思恩格斯全集:第42卷［M］.北京:人民出版社,1979.

［255］［德］马克思,恩格斯.马克思恩格斯全集:第46卷［M］.北京:人民出版社,1979.

［256］［德］马克思,恩格斯.马克思恩格斯全集:第47卷［M］.北京:人民出版社,1979:569.

[257] [德]马克思,恩格斯.马克思恩格斯全集:第4卷[M].北京:人民出版社,1979:384.

[258] [德]马克思,恩格斯.马克思恩格斯选集:第4卷[M].北京:人民出版社,1995:386-387.

[259] [德]马克思,恩格斯.马克思恩格斯选集:第2卷[M].北京:人民出版社,1995.

[260] [德]马克思,恩格斯.选集:第4卷[M].北京:人民出版社,1995.

[261] [德]马克思,恩格斯.马克思恩格斯选集:第1卷[M].北京:人民出版社,1979:92.

[262] [德]马克思,恩格斯.马克思恩格斯选集:第3卷[M].北京:人民出版社,1995.

[263] [德]马克思,恩格斯.马克思恩格斯选集:第4卷[M].北京:人民出版社,1995:385.

[264] [德]马克斯·霍克海默,西奥多·阿道尔诺.启蒙辩证法[M].渠敬东,等,译.上海:上海人民出版社,2003.

[265] 马新.生态文明建设的制约因素与破解途径——基于"五位一体"和"四个全面"视角[J].辽宁工业大学学报(社会科学版),2019,21(2):1-4.

[266] 毛其淋.地方政府财政支农支出与农村居民消费——来自中国29个省市面板数据的经验证据[J].经济评论,2011(5):86-97.

[267] 毛新.基于马克思物质变换理论的中国生态环境问题研究[J].当代经济研究,2012(7):10-15.

[268] 毛泽东.毛泽东选集:第5卷[M].北京:人民出版社,1977:380.

[269] 孟福来.生态文明的提出、问题及对策思考[J].西北大学学报(哲学社会科学版),2010,40(3):168-170.

[270] 宓泽锋,曾刚,尚勇敏,陈思雨,朱菲菲.中国省域生态文明建设评价方法及空间格局演变[J].经济地理,2016,36(4):15-21.

[271] 闵继胜,孔祥智.我国农业面源污染问题的研究进展[J].华中农

业大学学报(社会科学版),2016(2):59-66,136.

[272]谬小林,姚永秀.云南省财政支农对农民收入动态冲击效应分析[J].云南财经大学学报,2007(5):85-90.

[273]缪小林,王婷,高跃光.转移支付对城乡公共服务差距的影响——不同经济赶超省份的分组比较[J].经济研究,2017,52(2):52-66.

[274]牛文元.生态文明的理论内涵与计量模型[J].中国科学院院刊,2013,28(2):163-172.

[275]潘家华.持续发展途径的经济学分析[M].北京:社会科学文献出版社,2007:118-120.

[276]彭曦,陈仲常.西部大开发政策效应评价[J].中国人口o资源与环境,2016,26(3):136-144.

[277]钱春萍,代山庆.论习近平生态文明建设思想[J].学术探索,2017(4):14-19.

[278]钱箭星,肖巍.马克思生态思想的循环经济引申[J].复旦学报(社会科学版),2009(4):94-101.

[279]钱龙,张桥云.构建政府担保机制解决农民融资困难——基于信息不对称的视角[J].中国软科学,2008(12):46-53,85.

[280]钱争鸣,刘晓晨.环境管制与绿色经济效率[J].统计研究,2015,32(7):12-18.

[281]秦建军,武拉平.财政支农投入的农村减贫效应研究——基于中国改革开放30年的考察[J].财贸研究,2011(3):19-27,85.

[282]秦书生,杨硕.习近平的绿色发展思想探析[J].理论学刊,2015(6):4-11.

[283]秦晓楠,卢小丽,武春友.国内生态安全研究知识图谱——基于CiteSpace的计量分析[J].生态学报,2014(7):3693-3702.

[284]全为民,严力蛟.农业面源污染对水体富营养化的影响及其防治措施[J].生态学报,2002(3):291-299.

[285]荣开明.努力走向社会主义生态文明新时代——略论习近平推进

生态文明建设的新论述[J].学习论坛,2017,33(1):5-9.

[286]润东,徐丹丹.我国政治经济学研究领域前沿动态追踪——对2000年以来CNKI数据库的文献计量分析[J].经济学动态,2015(1):86.

[287][美]塞缪尔·鲍尔斯,理查德·爱德华兹,弗兰克·罗斯福.理解资本主义[M].孟捷,等,译.北京:中国人民大学出版社,2010.

[288]邵传林,何磊.退耕还林:农户、地方政府与中央政府的博弈关系[J].中国人口.资源与环境,2010(2):116-121.

[289]邵光学.论生态文明建设的四个纬度[J].技术经济与管理研究,2014(12):92-95.

[290]邵帅,齐中英.西部地区的能源开发与经济增长——基于"资源诅咒"假说的实证分析[J].经济研究,2008(4):147-160.

[291]申朴,刘康兵.中国城镇居民消费行为过度敏感性的经验分析:兼论不确定性、流动性约束与利率[J].世界经济,2003(1):61-66.

[292]深化农村改革综合性实施方案[N].人民日报,2015-11-03(006).

[293]沈满洪.生态文明制度的构建和优化选择[J].环境经济,2012(12):18-22.

[294]沈能,刘凤朝.高强度的环境规制真能促进技术创新吗?——基于"波特假说"的再检验[J].中国软科学,2012(4):49-59.

[295]沈能.环境效率、行业异质性与最优规制强度——中国工业行业面板数据的非线性检验[J].中国工业经济,2012(3):56-68.

[296]沈毅,穆怀中.新型农村社会养老保险对农村居民消费的乘数效应研究[J].经济学家,2013(4):32-36.

[297]师博,姚峰,李辉.创新投入、市场竞争与制造业绿色全要素生产率[J].人文杂志,2018(1):26-36.

[298]施建祥,邬云玲.我国巨灾保险风险证券化研究——台风灾害债券的设计[J].金融研究,2006(5):103-112.

[299]石莹,何爱平.丝绸之路经济带的能源合作与环境风险应对[J].

改革,2015(2):115－123.

[300]史培军.五论灾害系统研究的理论与实践[J].自然灾害学报, 2009(5):1－9.

[301]苏永伟.基于 ECM 模型的财政支农支出对农业经济增长的效应 分析[J].社会科学家,2015(6):78－82.

[302]邰秀军,李树苗,李聪,黎洁.中国农户谨慎性消费策略的形成机 制[J].管理世界,2009(7):85－92.

[303]谭周令,程豹.西部大开发的净政策效应分析[J].中国人口·资 源与环境,2018,28(3):169－176.

[304]唐彦东,于汐.灾害经济学研究综述[J].灾害学,2013,28(1): 117－120,145.

[305]唐彦东,于汐,刘春平.汶川地震对阿坝州经济增长影响理论与实 证研究[J].自然灾害学报,2014,23(5):90－97.

[306]陶鹏.基于脆弱性视角的灾害管理整合研究[M].北京:社会科学 文献出版社,2013.

[307]童星,张海波.基于中国问题的灾害管理分析框架[J].中国社会 科学,2010(1):132－146,223－224.

[308]涂正革.环境、资源与工业增长的协调性[J].经济研究,2008(2): 93－105.

[309]万广华,张茵,牛建高.流动性约束、不确定性与中国居民消费 [J].经济研究,2001(11):35－44,94.

[310]万俊人.道德之维——现代经济伦理导论[M].广州:广东人民出 版社,2000.

[311]汪克亮,孟祥瑞,杨力,程云鹤.生产技术异质性与区域绿色全要 素生产率增长——基于共同前沿与2000—2012年中国省际面板数据的分析 [J].北京理工大学学报(社会科学版),2015,17(1):23－31.

[312]汪寿阳,等.突发性灾害对我国经济影响与应急管理的研究[M]. 北京:科学出版社,2010.

[313]王兵,刘光天.节能减排与中国绿色经济增长——基于全要素生产率的视角[J].中国工业经济,2015(5):57-69.

[314]王成城,蒋海萍,吴婷,等.中国低碳研究领域知识图谱:基于共词网络的计量研究[J].中国人口资源与环境,2013(9):19-27.

[315]王宏斌.当代中国建设生态文明的途径选择及其历史局限性与超越性[J].马克思主义与现实,2010(1):187-190.

[316]王会,王奇,詹贤达.基于文明生态化的生态文明评价指标体系研究[J].中国地质大学学报(社会科学版),2012,12(3):27-31,138-139.

[317]王建勋,李宏,闫天池.国外灾害经济研究的主要进展与启示[J].西北农林科技大学学报(社会科学版),2011(7):112-117.

[318]王金霞.加快推进生态文明制度建设[J].经济研究导刊,2014(36):222-223.

[319]王娟茹,张渝.环境规制、绿色技术创新意愿与绿色技术创新行为[J].科学学研究,2018,36(2):352-360.

[320]王磊.特性提炼:习近平生态文明建设思想的理论特色论略[J].理论导刊,2017(11):41-45.

[321]王洛林,魏后凯.我国西部大开发的进展及效果评价[J].财贸经济,2003(10):5-12,95.

[322]王洛林,魏后凯.我国西部开发的战略思路及发展前景[J].中国工业经济,2001(3):5-19.

[323]王伟光.利益论[M].北京:人民出版社,2010:177-187.

[324]王文普.环境规制竞争对经济增长效率的影响:基于省级面板数据分析[J].当代财经,2011(9):22-34.

[325]王小鲁,樊纲,余静文.中国分省份市场化指数报告[M].北京:社会科学文献出版社,2016.

[326]王晓丽,栾希.自然灾害对吉林省经济增长的影响[J].当代经济研究,2013(11):47-51.

[327]王雪松,任胜钢,袁宝龙.我国生态文明建设分类考核的指标体系

和流程设计[J].中南大学学报(社会科学版),2016,22(1):89-97.

[328]王艳艳,刘树坤.灾害经济研究综述[J].灾害学,2005,20(1):104-109.

[329]王雨辰.论生态学马克思主义与我国的生态文明理论研究[J].马克思主义研究,2011(3):76-82,128,159.

[330]王玉庆.生态文明——人与自然和谐之道[J].北京大学学报(哲学社会科学版),2010,47(1):58-59.

[331]王治河.中国式建设性后现代主义与生态文明的建构[J].马克思主义与现实,2009(1):26-30.

[332][加]威廉·莱斯.自然的控制[M].岳长龄,等,译.重庆:重庆出版社,1993.

[333]尉建文,谢镇荣.灾后重建中的政府满意度——基于汶川地震的经验发现[J].社会学研究,2015,30(1):97-113,243-244.

[334]魏后凯,孙承平.我国西部大开发战略实施效果评价[J].开发研究,2004(3):21-25.

[335]魏志华,林亚清,吴育辉,等.家族企业研究——一个文献计量分析[J].经济学季刊,2013(10):28.

[336]温莲香.论马克思生产力理论中的自然力向度[J].当代经济研究,2013(2):11-16,93.

[337]习近平.习近平谈治国理政[M].北京:外文出版社,2014.

[338]习近平.之江新语[M].杭州:浙江人民出版社,2007.

[339]夏飞,曹鑫,赵锋.基于双重差分模型的西部地区"资源诅咒"现象的实证研究[J].中国软科学,2014(9):127-135.

[340]夏光."生态文明"概念辨析[J].环境经济,2009(3):61.

[341]肖新成.财政资金支农投入与农业经济增长关联度[J].重庆工商大学学报.西部论坛,2005(5):71-73.

[342]小约翰·柯布,王伟.中国的独特机会中国的独特机会:直接进入生态文明[J].江苏社会科学,2015(1):130-135.

［343］谢荣辉.环境规制、引致创新与中国工业绿色生产率提升［J］.产业经济研究,2017(2):38－48.

［344］胥巍,曹正勇,傅新红.我国东、西部财政支农对农业经济增长贡献的比较研究——基于协整分析与误差修正模型［J］.软科学,2008(5):95－99.

［345］徐春.对生态文明概念的理论阐释［J］.北京大学学报(哲学社会科学版),2010,47(1):61－63.

［346］徐怀礼.国外灾害经济问题研究综述［J］.经济学家,2010(11):99－104.

［347］徐绍史.13年间中央财政对西部转移支付8.5万亿［EB/OL］.中国新闻网,［2013－10－22］.http://www.china news.com/ gn /2013/10－22/5411214. shtml.

［348］徐选华,洪享.集体社会资本与农民灾后心理健康的关联机制——基于湖南农村洪涝灾区调查的多水平实证研究［J］.灾害学,2015,30(2):32－40.

［349］许崇正.马克思可持续发展经济思想与人的全面发展［J］.经济学家,2007(5):67－74.

［350］许飞琼,华颖.举国救灾体制下的社会参与机制重建［J］.财政研究,2012(6):41－44.

［351］许飞琼.农业灾害经济:周期波动与综合治理［J］.经济理论与经济管理,2010(8):74－79.

［352］许欣.东北振兴战略演进轨迹及其未来展望［J］.改革,2017(12):15－24.

［353］郇庆治.生态文明概念的四重意蕴:一种术语学阐释［J］.江汉论坛,2014(11):5－10.

［354］闫文娟.财政分权、政府竞争与环境治理投资［J］.财贸研究,2012,23(5):91－97.

［355］闫绪娴.灾害损失与经济增长:基于中国2002—2011年的省际面

板数据分析[J].宏观经济研究,2014(5):99-106.

[356]严耕,林震,杨志华.中国省域生态文明建设评价报告(ECI2010)[M].北京:社会科学文献出版社,2010.

[357]杨海生,陈少凌,周永章.地方政府竞争与环境政策——来自中国省份数据的证据[J].南方经济,2008(6):15-30.

[358]杨虎涛.两种不同的生态观——马克思生态经济思想与演化经济学稳态经济理论比较[J].武汉大学学报(哲学社会科学版),2006(6):735-740.

[359]杨俊,邵汉华,胡军.中国环境效率评价及其影响因素实证研究[J].中国人口 o 资源与环境,2010,20(2):49-55.

[360]杨萍.自然灾害对经济增长的影响——基于跨国数据的实证分析[J].财政研究,2012(12):49-52.

[361]杨雪伟.湖州市生态文明建设评价指标体系探索[J].统计科学与实践,2010(1):51-53.

[362]杨志江,文超祥.中国绿色发展效率的评价与区域差异[J].经济地理,2017,37(3):10-18.

[363]姚旭兵,罗光强,黄毅.基于门槛模型的财政支农收入效应研究[J].经济问题探索,2015(6):10-17.

[364]姚志远.中国各省绿色发展水平差异性分析[J].中国人口·资源与环境,2013,23(S1):301-303.

[365]殷洁,戴尔阜,吴绍洪.中国台风灾害综合风险评估与区划[J].地理科学,2013,33(11):1370-1376.

[366]尹传斌,朱方明,邓玲.西部大开发十五年环境效率评价及其影响因素分析[J].中国人口·资源与环境,2017,27(3):82-89.

[367]尤济红,王鹏.环境规制能否促进 R&D 偏向于绿色技术研发?——基于中国工业部门的实证研究[J].经济评论,2016(3):26-38.

[368]于伟咏,漆雁斌,余华.农资补贴对化肥面源污染效应的实证研究——基于省级面板数据[J].农村经济,2017(2):89-94.

[369]余谋昌.生态文明:建设中国特色社会主义的道路——对十八大大力推进生态文明建设的战略思考[J].桂海论丛,2013(1):20-28

[370]余伟,陈强,陈华.环境规制、技术创新与经营绩效——基于37个工业行业的实证分析[J].科研管理,2017,38(2):18-25.

[371]俞海,夏光,杨小明,尚素娟.生态文明建设:认识特征和实践基础及政策路径[J].环境与可持续发展,2013,38(1):5-11.

[372]俞可平.科学发展观与生态文明[J].马克思主义与现实,2005(4):4-5.

[373]袁航,朱承亮.西部大开发推动产业结构转型升级了吗?——基于PSM-DID方法的检验[J].中国软科学,2018(6):67-81.

[374][美]约翰·贝拉米·福斯特,张峰.生态马克思主义政治经济学——从自由资本主义到垄断阶段的发展[J].马克思主义研究,2012(5):97-104.

[375][美]约翰·福斯特.生态危机与资本主义[M].耿建新,宋兴无,译,上海:上海译文出版社,2006.

[376]岳书敬,杨阳,许耀.城市转型与城市集聚的综合绩效——基于绿色发展效率的视角[J].财经科学,2015(12):80-91.

[377][美]詹姆斯·奥康纳.自然的理由:生态学马克思主义研究[M].唐正东,臧佩洪,译.南京:南京大学出版社,2003:503-504.

[378]张成,陆旸,郭路,于同申.环境规制强度和生产技术进步[J].经济研究,2011(2):113-124.

[379]张成,周波,吕慕彦,刘小峰.西部大开发是否导致了"污染避难所"?——基于直接诱发和间接传导的角度[J].中国人口o资源与环境,2017,27(4):95-101.

[380]张春华.中国生态文明制度建设的路径分析——基于马克思主义生态思想的制度维度[J].当代世界与社会主义,2013(2).

[381]张华."绿色悖论"之谜:地方政府竞争视角的解读[J].财经研究,2014,40(12):114-127.

[382]张华.地区间环境规制的策略互动研究——对环境规制非完全执行普遍性的解释[J].中国工业经济,2016(7):74-90.

[383]张晖,胡浩.农业面源污染的环境库兹涅茨曲线验证——基于江苏省时序数据的分析[J].中国农村经济,2009(4):48-53,71.

[384]张继权,冈田宪夫,多多纳裕一.综合自然灾害风险管理——全面整合的模式与中国的战略选择[J].自然灾害学报,2006(1):29-37.

[385]张军慧,廖晓虹,曾好.关于建立巨灾保险制度的构想[J].财经科学,1998(S1):77-78.

[386]张俊岭,郭清,安平.灾害风险管理的国际经验与启示——基于管理模式视角[J].中国减灾,2013(5):32-33.

[387]张首先.困境与出路:生态文明建设的全球视界及运行机制[J].中国地质大学学报(社会科学版),2010,10(1):48-51,64.

[388]张淑荣,陈利顶,傅伯杰.农业区非点源污染敏感性评价的一种方法[J].水土保持学报,2001(2):56-59.

[389]张维庆.关于建设生态文明的思考[J].人口研究,2009,33(5):1-7.

[390]张文彬,李国平,彭思奇.汶川震后重建政策与经济增长的实证研究[J].软科学,2015,29(1):24-28.

[391]张先锋,杨栋旭,孙红燕,等.西部大开发战略实施的转型升级效果评价——采用合成控制法对技术进步和生态环境保护的考察[J]西部论坛,2016(3):62-71.

[392]张显东,梅广清.西方灾害经济学模型述评[J].灾害学,1999,14(1):91-96.

[393]张云飞.生态理性:生态文明建设的路径选择[J].中国特色社会主义研究,2015(1).

[394]张子龙,王开泳,陈兴鹏.中国生态效率演变与环境规制的关系——基于SBM模型和省际面板数据估计[J].经济纬纬,2015,32(3):126-131.

［395］张子龙,薛冰,陈兴鹏,李勇进.中国工业环境效率及其空间差异的收敛性［J］.中国人口·资源与环境,2015,25(2):30－38.

［396］赵兵.当前生态文明建设的新动向和路径选择［J］.西南民族大学学报(人文社科版),2010,31(2):152－154.

［397］赵成.论生态文明建设的实践基础——生态化的生产方式［J］.学术论坛,2007(6):19－23.

［398］赵成.马克思的生态思想及其对我国生态文明建设的启示［J］.马克思主义与现实,2009(2):188－190.

［399］赵建军.建设生态文明的重要性和紧迫性［J］.理论视野,2007(7):32－34.

［400］赵延东.社会资本与灾后恢复——一项自然灾害的社会学研究［J］.社会学研究,2007(5):164－187,245.

［401］赵延东.社会资本与灾后恢复——一项自然灾害的社会学研究［J］.社会学研究,2007(5):164－187,245.

［402］郑功成.国家综合防灾减灾的战略选择与基本思路［J］.华中师范大学学报(人文社会科学版),2011(5).

［403］郑功成.灾害经济学［M］.北京:商务印书馆,2010:14.

［404］郑佳佳.西部大开发提高了西部地区的碳排放绿色贡献度吗?——基于双倍差分法的经验分析［J］.经济经纬,2016,33(4):26－31.

［405］中共中央文献研究室.十八大以来重要文献选编(上)［M］.北京:中央文献出版社,2014.

［406］中共中央文献研究室.十八大以来重要文献选编(中)［M］.北京:中央文献出版社,2016.

［407］中共中央文献研究室.习近平关于社会主义生态文明建设论述摘编［M］.北京:中央文献出版社,2017.

［408］中共中央文献研究室.习近平总书记重要讲话文章选编［M］.北京:党建读物出版社,中央文献出版社,2016.

［409］中国煤炭工业协会.中国煤炭工业发展研究报告［M］.北京:中国

经济出版社,2013.

[410]中共中央马克思恩格斯列宁斯大林著作编译局,编译.列宁全集:第16卷[M].北京:人民出版社,1988:136.

[411]中共中央马克思恩格斯列宁斯大林著作编译局,编译.列宁全集:第55卷[M].北京:人民出版社,1990:75.

[412]周宏春,江晓军.习近平生态文明思想的主要来源、组成部分与实践指引[J].中国人口·资源与环境,2019(1).

[413]周宏春.关于生态文明建设的几点思考.中共中央党校学报,2013(3):77-81.

[414]周黎安.中国地方官员的晋升锦标赛模式研究[J].经济研究,2007(7):36-50.

[415]周立.公共物品、责任归属与发展观反思——中国农村环境保护等公共问题与一个案例[J].浙江学刊,2006(1):48-53.

[416]周杨.党的十八大以来习近平生态文明思想研究述评[J].毛泽东邓小平理论研究,2018(12):13-19,104.

[417]周杨.新时代生态文明建设的实践路径[J].中共天津市委党校学报,2018,20(6):63-71.

[418]朱炳元.关于《资本论》中的生态思想[J].马克思主义研究,2009(01):46-55,159.

[419]朱玉林,李明杰,刘旖.基于灰色关联度的城市生态文明程度综合评价——以长株潭城市群为例[J].中南林业科技大学学报(社会科学版),2010,4(5):77-80.

[420]祝伟,陈秉正.我国居民巨灾保险需求影响因素分析——以地震风险为例[J].保险研究,2015(2):14-23.

[421]卓志,段胜.防减灾投资支出、灾害控制与经济增长——经济学解析与中国实证[J].管理世界,2012(4):1-8,32.

索 引

B

变革（CH3）

成灾率（CH18）

C

Citespace（CH15）

D

地方财政（CH18）

地方政府竞争（CH11）

E

二重差分法分析（CH10）

F

非正式制度（CH13，CH14）

G

高质量发展（CH11）

个体行为（CH14）

H

环境规制（CH11，CH12）

J

激励（CH1）

激励机制（CH19）

计量分析（CH15）

技术偏向（CH12）

经济利益（CH9）

竞争（CH3）

K

抗灾能力（CH18）

可持续发展（CH5）

L

理论基础（CH2）

利益（CH1）

利益悖论（CH3）

利益冲突（CH19）

路径研究（CH1、CH8）

绿色发展（CH6）

绿色发展效率（CH11）

绿色全要素生产率（CH12）

M

马克思主义经济学（CH5）

N

农业生产（CH18）

农业污染（CH9）

农业灾害（CH17）

Q

企业技术选择（CH12）

S

生态马克思主义（CH4）

生态文明（CH1、CH2、CH3、
　CH4、CH5、CH8）

生态文明建设（CH7）

市场化机制（CH17）

丝绸之路经济带（CH7）

W

文献计量研究（CH15）

汶川地震（CH16）

物质变换（CH4）

雾霾（CH8）

X

西部大开发（CH10）

西部地区（CH7）

习近平绿色发展理念（CH6）

Z

灾害（CH13，CH14）

灾害冲击（CH17）

灾害经济（CH15）

灾害经济学（CH13）

灾害救助机制（CH16）

灾害经济（CH14）

政策效应分析（CH10）

政府主导（CH16）

政治经济学（CH4、CH9）

支农支出（CH18）

知识图谱（CH15）

制度研究（CH1、CH8）

中国工业行业（CH12）

中国特色社会主义政治经济学（CH6）

自然灾害（CH19）

后　记

生态文明建设关系人民福祉，关乎民族未来。党的十八大把生态文明建设纳入中国特色社会主义事业"五位一体"总体布局，明确提出大力推进生态文明建设，努力建设美丽中国，实现中华民族永续发展。党的十九大报告中，习近平总书记特别指出，要牢固树立社会主义生态文明观，推动形成人与自然和谐发展现代化建设新格局。本书在理论和实践两个层面研究了中国特色社会主义经济发展中的生态文明建设，并就生态文明建设中的重大问题展开专题研究，具有重要的理论与实践价值。

从政治经济学的角度研究我国的生态文明建设和绿色发展是西北大学经济管理学院政治经济学团队的一个重要研究方向。近年来，研究团队相继承担国家社科基金一般项目"我国生态文明建设策略和路径的政治经济学研究"、国家社科基金后期资助项目"绿色发展视域下自然灾害的经济影响及其应对——理论解释与中国的经验证据"、陕西省高校人文社会科学青年英才支持计划等相关课题，在《经济学动态》《中国人口·资源与环境》《中国软科学》《经济学家》《改革》等权威与核心期刊发表相关论文40余篇，在科学出版社等国家级出版社出版了《以生态文明看待发展》《中国灾害经济报告》《区域经济可持续发展导论》《区域灾害经济研究》《人口、资源与环境经济学》等专著或教材。作为生态文明建设系列研究的阶段性总结，本书首先在理论上解读了生态文明建设的经济学内涵，从马克思主义政治经济学视角建立了生态文明建设一般分析框架，探讨了我国生态文明建设的理论基础及理论创新；其次对我国生态文明建设中的具体实践问题进行实证分析；最后，对生态建设中的灾害应对专题展开了进一步的理论和实证研究。

本书是对前期研究成果的总结与提升，大纲由笔者设计，书稿内容在课题组成员充分的资料收集、理论论证和多次讨论的基础上分工协作完成。本书最后由我统一定稿，其中我的博士——西安电子科技大学马克思主义学院李雪娇讲师参与了统稿和部分章节的编写工作，我的博士张志敏、石莹、邓金钱、张艳、博士生赵仁杰参与了书稿讨论和部分章节初稿的撰写，赵帅、安梦天、田雪航、段洁、李清华、白证尹参与了资料收集和部分章节初稿的撰写工作。本书写作过程中得到了许多老师和同行的支持与帮助，部分书稿曾以论文形式入选中国政治经济学年会、中国《资本论》研究会、全国高校《资本论》研究会、全国高校社会主义理论与实践研讨会等全国性学术会议，吸收了与会专家的指导意见。西北大学研究生院院长任保平教授，西北大学经济管理学院师博教授、高煜教授、宋宇教授给予了大力支持，任保平教授多次提出了建设性的指导意见。中国经济出版社贺静编辑也提出了许多中肯的意见，本书的顺利出版离不开她辛苦细致的编辑工作，在此一并表示感谢！

本书参考了国内外相关有关研究成果和文献资料，凡直接引用思想、观点、数据的文献均在文中注明并列入参考文献，如有遗漏之处，敬请谅解。本书不足之处在所难免，也恳请读者批评指正。

何爱平

2019 年 7 月 11 日